现代数学基础丛书·典藏版 20

微分动力系统原理

张筑生 著

科学出版社

北 京

内 容 简 介

本节阐述微分动力系统的基本理论，侧重于结构稳定性问题. 本书所介绍的材料达到一定深度，叙述详尽细致，深入浅出.

本书可供大学数学系高年级学生、研究生、教师和有关的科学工作者参考.

图书在版编目(CIP)数据

微分动力系统原理/张筑生著.—北京：科学出版社，1987.2（2016.6 重印）
（现代数学基础丛书·典藏版；20）
ISBN 978-7-03-006046-4

Ⅰ.①微… Ⅱ.①张… Ⅲ.①微分方程－动力系统 Ⅳ.①O175

中国版本图书馆 CIP 数据核字(2016) 第 113025 号

责任编辑：张 扬／责任校对：林青梅
责任印制：徐晓晨／封面设计：王 浩

科学出版社出版
北京东黄城根北街 16 号
邮政编码：100717
http://www.sciencep.com

北京厚诚则铭印刷科技有限公司印刷
科学出版社发行 各地新华书店经销
*
1987 年 2 月第 一 版 开本：B5(720×1000)
2016 年 6 月印 刷 印张：22 1/2
字数：286 000

定价：158.00 元

序　　言

上世纪末到本世纪初，Poincaré 等人从经典力学和微分方程定性理论的研究中，提出动力系统的概念．微分动力系统的现代研究，则始于本世纪六十年代初 Peixoto 等人的工作．在 Smale 和其他许多学者的倡导和推动下，这一学科的基本理论的研究取得了重大的进展．自七十年代以来，微分动力系统的研究，更广泛地向各个应用领域发展．在经济数学、气象预报、数值计算、统计力学等领域里，微分动力系统理论的应用已经崭露头角．在系统控制、天体力学、流体力学、振动理论、化学反应、生理过程、生态和人口问题等许多方面的研究中，微分动力系统也展示了广泛应用的前景．这一学科之所以受到普遍重视，不仅因其丰富而深入的理论，而且特别是由于它的广泛而有成效的应用．

微分动力系统理论的基本教材，国外已有几种，例如 [1]，[2] 和 [3]．从选材的角度来看，[1] 无疑是一本很好的书．该书能抓住要点介绍微分动力系统理论的一些重要问题，安排紧凑，不枝不蔓．遗憾的是，该书作者对细节太不注意，证明中错漏甚多，又随意使用较深的数学工具而不做必要的准备．这一切给读者造成很大的困难，甚至使得一些初学者望而生畏．[2] 和 [3] 比 [1] 出版得晚，书中列举了不少浅易的例子，在可读性方面下了较多的工夫．但这两本书在内容的深入程度上不如 [1]，对局部的或低维的情形介绍较多，对一般情形讨论较少．另外，在结构方面，这两本书也由于穿插例子太多而显得有些松散．

作为“现代数学基础丛书”之一，作者希望本书能成为研究生和高年级大学生的一份既可读，又有一定深度的教材．在编写过程中曾经参考 [1]—[3] 以及其他一些文献．作者曾参加由廖山涛先生和丁同仁先生主持的几次微分动力系统讨论班，从中获益甚多，在此谨向讨论班主持人及其他参加者表示衷心的感谢.

作者曾用本书初稿在北京大学和其他地方对研究生和高年级大学生试讲过几次，消除了原稿中一些叙述不妥之处. 但本书不足之处一定还很多，作者诚恳地欢迎同志们提出批评和建议.

作者

一九八五年八月

于北京大学

符　号　表

$a \in A$	a 是集合 A 的元素
$A \subset B$	集合 A 是集合 B 的子集
$A \cup B$	集合 A 与集合 B 的并集
$A \cap B$	集合 A 与集合 B 的交集
$A \backslash B$	集合 A 与集合 B 的差集
$A \times B$	集合 A 与集合 B 的直积
$A/\sim$	集合 A 对等价关系 $\sim$ 的商集
$\varnothing$	空集
$\# S$	集合 S 的基数
$\mathrm{int} S$	集合 S（在给定拓扑空间中）的内点集
$\bar{S}$	集合 S（在给定拓扑空间中）的闭包
$\mathbf{N}$	自然数集
$\mathbf{Z}$	整数集
$\mathbf{Z}_+$	非负整数集
$\mathbf{Q}$	有理数集
$\mathbf{R}$	实数集
$\mathbf{C}$	复数集
S^1	单位圆周
T^2	二维环面
$f: X \to Y$	f 是从 X 到 Y 的映射
$x \longmapsto f(x)$	x 点映到 $f(x)$ 点
id 或 I	恒同映射
$g \circ f$	映射 g 与映射 f 的复合
$f^0 = id$	f 的 0 次迭代
$f^n = f \circ f^{n-1}$	f 的 n 次迭代

$f|S$　映射 f 在集合 S 上的限制

$C^0(M,N)$　M 到 N 的连续映射的集合

$\mathrm{Homeo}(M)$　M 的自同胚映射的集合

$C^r(M,N)$　M 到 N 的 C^r 映射的集合

$\mathrm{Diff}^r(M)$　M 到 M 的 C^r 微分同胚的集合

$\mathrm{Orb}_f(x)$　f 过 x 点的轨道

$\mathrm{Orb}_f^+(x)$　f 从 x 点出发的正半轨

$\mathrm{Orb}_f^-(x)$　f 从 x 点出发的负半轨

$\mathrm{Fix}(f)$　f 的不动点集

$\mathrm{Per}(f)$　f 的周期点集

$\mathrm{EPer}(f)$　f 的终于周期点集

$\mathrm{PP}(f)$　f 的周期点的周期的集合

$\omega_f(x)$　$\mathrm{Orb}_f(x)$ 的 ω 极限点集

$\alpha_f(x)$　$\mathrm{Orb}_f(x)$ 的 α 极限点集

$L_f(x)=\omega_f(x)\cup\alpha_f(x)$　$\mathrm{Orb}_f(x)$ 的极限点集

$L(f)$　f 的极限集

$\Omega(f)$　f 的非游荡点集

$R(f)$　f 的链回归点集

$W_V^s(x,f)$，$W_\varepsilon^s(x,f)$

　或 $W_{loc}^s(x,f)$　f 对 x 点的局部稳定集

$W_V^u(x,f)$，$W_\varepsilon^u(x,f)$

　或 $W_{loc}^u(x,f)$　f 对 x 点的局部不稳定集

$W^s(x,f)$　f 对 x 点的稳定集

$W^u(x,f)$　f 对 x 点的不稳定集

$W^s(\Lambda,f)$　f 对不变集 Λ 的稳定集

$W^u(\Lambda,f)$　f 对不变集 Λ 的不稳定集

$\forall$　对一切

$\exists$　存在

$\exists!$　存在唯一的

$\cdot\ni\cdot$　使得

$\Longrightarrow$　蕴含

$\Longleftrightarrow$　必须而且只须

$\Box$　表示证明完成；

或者表示证明简单不再写出

目　　录

第一章　动力系统概说

§1　动力系统概念的发展

动力系统的概念，起源于常微分方程定性理论的研究．考虑定义于 $\mathbb{R}^m$ 上的微分方程组

$$\frac{dx}{dt}=\Phi(x) \tag{1.1}$$

和初始条件

$$x(0)=x_0, \tag{1.2}$$

这里 $\Phi\in C^1(\mathbb{R}^m,\ \mathbb{R}^m)$，$x_0\in\mathbb{R}^m$．我们知道方程组(1.1)满足初始条件(1.2)的解 $\varphi(t,x_0)$ 总是局部存在的．如果 Φ 满足一定的条件[1]，那么解 $\varphi(t,x_0)$ 可以对一切 $t\in\mathbb{R}$ 和 $x_0\in\mathbb{R}^m$ 有定义．把 x_0 写作 x，解 $\varphi(t,x)$ 应满足以下关系:

(i) $\varphi(0,x)=x$，$\forall x\in\mathbb{R}^m$;

(ii) $\varphi(s+t,x)=\varphi(s,\varphi(t,x))$,

$$\forall s,t\in\mathbb{R},\ x\in\mathbb{R}^m.$$

满足上列条件(i)和(ii)的映射 φ: $\mathbb{R}\times\mathbb{R}^m\to\mathbb{R}^m$ 称为 $\mathbb{R}^m$ 中的动力系统或者流．对于给定的 $x\in\mathbb{R}^m$，我们把点集

$$\mathrm{Orb}_\varphi(x)=\{\varphi(t,x)\mid t\in\mathbb{R}\}\subset\mathbb{R}^m$$

称为流 φ 经过点 x 的轨道．从上世纪末开始，Poincaré 等人就对

---

1) 例如满足这样的条件

$$|\Phi(x)|\leqslant\Psi(|x|)\quad\left(|x|=\sqrt{\sum_{i=1}^{m}x_i^2}\right),$$

这里 Ψ: $[0,+\infty)\to\mathbb{R}$ 连续，当 $r>0$ 时 $\Psi(r)>0$ 并且对某 $\alpha>0$ 有

$$\int_\alpha^{+\infty}\frac{dr}{\Psi(r)}=+\infty.$$

(参看[4]，第Ⅰ章，定理 2.5.)

这样的系统的轨道结构展开了研究.

受到上述研究的启发，人们考虑更一般的连续映射 φ: $\mathrm{R}\times X\to X$，这里 X 是一个拓扑空间. 如果 φ 满足条件:

(i) $\varphi(0,x)=x$, $\forall x\in X$;

(ii) $\varphi(s+t,x)=\varphi(s,\varphi(t,x))$,

$$\forall s,t\in\mathrm{R},\ x\in X,$$

则称 φ 为 X 上的一个拓扑动力系统. 本世纪初期，Birkhoff 等人开展了拓扑动力系统一般理论的研究.

虽然拓扑动力系统研究的对象很普遍，但由于没有在相空间引入微分结构，缺少强有力的分析工具，难以进一步深入. 到了本世纪六十年代，从 Peixoto 的工作[5]开始，人们展开了对微分流形上的微分动力系统的研究，获得了一系列深刻的结果. Smale, Sinai, Anosov, Moser 和我国的廖山涛教授等，对微分动力系统的研究作出了卓越的贡献(参看[6]，[7]等).

§2 流与离散的动力系统

设 X 是拓扑空间 (C^r 微分流形)，φ: $\mathrm{R}\times X\to X$ 是连续映射 (C^r 映射)，如果 φ 满足:

(i) $\varphi(0,x)=x$, $\forall x\in X$;

(ii) $\varphi(s+t,x)=\varphi(s,\varphi(t,x))$,

$$\forall s,t\in\mathrm{R},\ x\in X,$$

则称 φ 为 X 上的 C^0 **流** (C^r **流**) 或 C^0 **动力系统** (C^r **动力系统**).

微分流形课程告诉我们: 紧致 $C^r(r\geqslant 1)$ 微分流形上的任何 C^r 向量场生成 M 上的一个 C^r 流(参看[8]，第 5 章，定理 5.36).

设 X 是拓扑空间 (C^r 流形)，φ 是 X 上的 C^0 流 (C^r 流)，对于任意取定的 $t\in\mathrm{R}$，由 $\varphi^t(x)=\varphi(t,x)$ 定义了一个连续映射 (C^r 映射) φ^t: $X\to X$. 这映射满足:

(i) $\varphi^0=id$;

(ii) $\varphi^{s+t}=\varphi^s\circ\varphi^t$, $\forall s,t\in\mathrm{R}$.

由此我们看到，对任意取定的 t，φ^t 具有逆映射 φ^{-t}，因而 φ^t 是一个同胚（C^r 微分同胚），或者说是一个拓扑变换（C^r 变换）。因此，流是一个单参数变换群，参数取值的范围是实数加群 $(\mathbf{R}, +)$.

如果对流 φ 进行离散采样，即考察它每隔一定的时间 τ 的状况，我们得到一个双边序列：

$$\cdots, \varphi^{-2\tau}, \varphi^{-\tau}, \varphi^0 = id, \varphi^{\tau}, \varphi^{2\tau}, \cdots$$

这序列由同胚 $f = \varphi^{\tau}$ 所生成：

$$\varphi^{k\tau} = \varphi^{\tau} \circ \varphi^{\tau} \circ \cdots \circ \varphi^{\tau} = f \circ f \circ \cdots \circ f = f^k,$$

$$\varphi^{-k\tau} = \varphi^{-\tau} \circ \varphi^{-\tau} \circ \cdots \circ \varphi^{-\tau} = f^{-1} \circ f^{-1} \circ \cdots \circ f^{-1} = f^{-k}.$$

我们称 φ^{τ} 为流 φ 的时刻 τ 映射. 特别地，称 φ^1 为流 φ 的时刻 1 映射.

一般地，任意一个同胚（C^r 微分同胚）f，虽然不一定是某个流的时刻 τ 映射，也能生成一个双边序列

$$\cdots, f^{-2}, f^{-1}, f^0, f^1, f^2, \cdots,$$

这里

$$f^0 = id, f^k = f \circ f^{k-1}, f^{-k} = (f^{-1})^k.$$

显然上面的双边序列满足：

(i) $f^0 = id$;

(ii) $f^{k+l} = f^k \circ f^l$, $\forall k, l \in \mathbf{Z}$.

与流的情形相类比，人们称这种由同胚（C^r 微分同胚）生成的双边序列为**离散的动力系统**. 离散的动力系统也是一个单参数变换群，其参数取值范围是整数加群 $(\mathbf{Z}, +)$.

我们来讨论流与离散的动力系统之间的关系. 上面已经谈到，流经过离散采样产生一个离散的动力系统. 流的时刻 τ 映射总是一个同胚. 反过来，任意一个同胚却不一定能够嵌入流作为时刻 τ 映射. 但是，采取另一种被称为"扭扩"（suspension）的方式，可以把任意的同胚与适当的流联系起来.

设 M 是一个 C^r 流形（其维数 $\dim M = m$），而 $f: M \to M$ 是一个 C^r 微分同胚. 在 $\mathbf{R} \times M$ 上我们定义一个十分简单的流：

$$\psi^t(r,x)=(t+r,x).$$

考虑 $\mathbb{R}\times M$ 上的等价关系"$\sim$":

$$(r,x)\sim(s,y)\Longleftrightarrow r-s\in\mathbf{Z},\ y=f^{r-s}(x).$$

按这等价关系可以做 $\mathbb{R}\times M$ 的商空间

$$\widetilde{M}=\mathbb{R}\times M/\sim.$$

由流形论中的讨论可知，$\widetilde{M}$ 具有 C^r 流形结构，它是一个 $m+1$ 维的 C^r 流形(参看[9]，第 III 章，定理 8.3)．容易验证以下事实：如果 $(r,x)\sim(s,y)$，那么

$$\psi^t(r,x)=(t+r,x)\sim(t+s,y)=\psi^t(s,y).$$

因而 ψ^t 诱导出 $\widetilde{M}$ 上的一个 C^r 流 $\tilde{\varphi}^t$．若把M与 $\widetilde{M}_0=\{0\}\times M/\sim$ 等同起来，则 f 可以视为 $\widetilde{M}_0$ 上的 C^r 微分同胚．可以看出：流 $\tilde{\varphi}^t$ 从 $\widetilde{M}_0$ 上任意一点 x 出发的轨道都还要返回 $\widetilde{M}_0$，而第一次返回 $\widetilde{M}_0$ 的点恰为 $f(x)$．我们说 $\widetilde{M}_0$ 是流 $\tilde{\varphi}^t$ 的一个截面，而 f 恰好为流 $\tilde{\varphi}^t$ 关于截面 $\widetilde{M}_0$ 的第一返回映射（Poincaré 映射）．

上面的讨论说明，流与离散动力系统是密切相关的．人们对流的研究成果，往往能应用于微分同胚的情形．反之，一般说来，研究微分同胚所获得的信息，也能启发我们对流作相应的讨论．由于 Smale 等人的大力提倡，自六十年代以来，对离散动力系统的研究迅速发展起来．鉴于对微分同胚的动力性态的研究往往显得简洁、富于几何直观并且易于着手，本书主要着重于离散情形的讨论．

§3 轨道与不变集

设 X 是一个拓扑空间(C^r 流形)，$f:X\to X$ 是一个同胚(C^r 微分同胚)．我们把集合

$$\mathrm{Orb}_f(x)=\{f^k(x)\mid k\in\mathbf{Z}\},$$
$$\mathrm{Orb}_f^+(x)=\{f^k(x)\mid k\in\mathbf{Z}_+\}$$

和

$$\mathrm{Orb}_f^-(x)=\{f^{-k}(x)\mid k\in\mathbf{Z}_+\}$$

分别称为离散动力系统 f 过 x 点的轨道，正半轨和负半轨. 显然有

$$\mathrm{Orb}_f(x) = \mathrm{Orb}_f^+(x) \cup \mathrm{Orb}_f^-(x).$$

在不会混淆时，往往就省去上述记号中的下标 f 而以 $\mathrm{Orb}(x)$ 等代替 $\mathrm{Orb}_f(x)$ 等.

如果存在 $n \in \mathbf{N}$，使得 $f^n(x) = x$，则称 x 为 f 的周期点，并把使得 $f^n(x) = x$ 成立的最小的自然数 n 称为 x 的周期. 特别地，周期为 1 的点 x 称为是 f 的不动点，因为它满足 $f(x) = x$. f 的周期点集合和不动点集合分别记为 $\mathrm{Per}(f)$ 和 $\mathrm{Fix}(f)$. 自然有

$$\mathrm{Fix}(f) \subset \mathrm{Per}(f).$$

过周期点的轨道称为周期轨道. 一条轨道为周期轨道的充分必要条件是它为有限轨道.

集合

$$\omega(x) = \bigcap_{n \in \mathbf{N}} \overline{\{f^k(x) \mid k \geqslant n\}},$$

$$\alpha(x) = \bigcap_{n \in \mathbf{N}} \overline{\{f^{-k}(x) \mid k \geqslant n\}}$$

和

$$\mathrm{L}(x) = \omega(x) \cup \alpha(x)$$

分别称为轨道 $\mathrm{Orb}_f(x)$ 的 ω 极限点集，α 极限点集和极限点集. 由定义可以看出 $\omega(x)$，$\alpha(x)$ 和 $\mathrm{L}(x)$ 都是闭集. 如果 X 是紧致的，那么

$$\omega(x) \neq \varnothing, \ \alpha(x) \neq \varnothing, \ \forall x \in X.$$

又记

$$\mathrm{L}(f) = \bigcup_{x \in X} \mathrm{L}(x).$$

点 $x \in X$ 称为是 f 的游荡点，如果存在 x 的邻域 U，使得

$$f^k(U) \cap U = \varnothing, \ \forall k \in \mathbf{Z} \setminus \{0\}.$$

不是游荡点的点称为非游荡点. 这就是说，如果对 x 的任意邻域 U 都存在整数 $k \neq 0$，使得

$$f^k(U) \cap U \neq \varnothing,$$

则称 x 为 f 的**非游荡点**. f 的全体非游荡点的集合记为 $\Omega(f)$. 由定义可知，f 的游荡点的集合是开集，因而 f 的非游荡点的集合 $\Omega(f)$ 是闭集. 容易证明

$$\left.\begin{matrix}\omega(x)\\ \alpha(x)\end{matrix}\right\}\subset\Omega(f),\ \forall x\in X,$$

因而当 X 是紧致空间时 $\Omega(f)\neq\varnothing$.

如果集合 $\Lambda\subset X$ 满足:

$$y\in\Lambda\Longrightarrow \mathrm{Orb}_f(y)\subset\Lambda,$$

则称 Λ 为 f 的**不变集**. 显然 Λ 为 f 的不变集的充分必要条件是它满足

$$f(\Lambda)\subset\Lambda,\ f^{-1}(\Lambda)\subset\Lambda, \tag{3.1}$$

或者等价地:

$$f(\Lambda)=\Lambda. \tag{3.2}$$

容易证明 $\mathrm{Orb}_f(x)$, $\omega(x)$, $\alpha(x)$, $\mathrm{Per}(f)$, $\mathrm{Fix}(f)$ $\Omega(f)$ 等都是 f 的不变集(习题 3.5). 如果 Λ 是 f 的非空闭不变集,并且不存在真包含于它之中的非空闭不变集,则称 Λ 为 f 的**极小集**.

习　　题

3.1　试证明: $\omega(x)\subset\Omega(f)$, $\alpha(x)\subset\Omega(f)$.

3.2　试证明: $x\in\Omega(f)$ 的充分必要条件是: 对 x 的任意邻域 U，存在无穷多个整数 k 使得

$$f^k(U)\cap U\neq\varnothing.$$

3.3　试证: Λ 对 f 不变的充分必要条件是 $X\backslash\Lambda$ 对 f 不变.

3.4　试证: 如果 Λ 对 f 不变,那么 $\bar{\Lambda}$ 也对 f 不变.

3.5　试证 $\mathrm{Orb}_f(x)$, $\omega(x)$, $\alpha(x)$, $\mathrm{Per}(f)$, $\mathrm{Fix}(f)$ 和 $\Omega(f)$ 都是 f 的不变集.

§4　拓 扑 共 轭

定义 4.1　设 X 和 Y 是拓扑空间 (C^r 微分流形)，$f: X\to X$ 和

g: $Y \to Y$ 是同胚 (C^r 微分同胚). 如果存在从空间 X 到空间 Y 的同胚 h: $X \to Y$, 使得

$$h \circ f = g \circ h,$$

即使得以下图表可交换,

$$\begin{array}{ccc} X & \xrightarrow{f} & X \\ {\scriptstyle h}\downarrow & & \downarrow{\scriptstyle h} \\ Y & \xrightarrow{g} & Y \end{array}$$

则称 f 与 g 拓扑共轭.

显然拓扑共轭是一等价关系.

拓扑共轭 h 把系统 f 过 x 点的轨道变成系统 g 过 $h(x)$ 点的轨道:

$$h(\mathrm{Orb}_f(x)) = \mathrm{Orb}_g(h(x));$$

把轨道 $\mathrm{Orb}_f(x)$ 的 ω 极限点 (α 极限点) 变成轨道 $\mathrm{Orb}_g(h(x))$ 的 ω 极限点 (α 极限点):

$$h(\omega_f(x)) = \omega_g(h(x))$$

$$(h(\alpha_f(x)) = \alpha_g(h(x)));$$

把 f 的 n 周期点变成 g 的 n 周期点; 把 f 的非游荡点变成 g 的非游荡点, 等等. 一句话, 拓扑共轭的两个系统, 有相同的轨道结构. 因此对动力系统的研究来说, 拓扑共轭的两个系统可以认为是一样的.

对于许多情形来说, 拓扑共轭的要求似乎太强一点. 于是人们寻求某些较弱的关系, 其中之一就是所谓 Ω 共轭, 即限制在各自的 Ω 集上的拓扑共轭.

定义 4.2 系统 f 和 g 称为是 Ω 共轭的, 如果存在同胚 h: $\Omega(f) \to \Omega(g)$, 使得以下的图表可交换:

$$\begin{array}{ccc} \Omega(f) & \xrightarrow{f|\Omega(f)} & \Omega(f) \\ {\scriptstyle h}\downarrow & & \downarrow{\scriptstyle h} \\ \Omega(g) & \xrightarrow{g|\Omega(g)} & \Omega(g) \end{array}$$

显然 Ω 共轭也是一种等价关系.

以下的问题具有十分重要的意义：什么样的微分动力系统在"小扰动"之下不改变它的轨道的结构（Ω 集的结构）？ 这就是所谓结构稳定性问题（Ω 稳定性问题），属于微分动力系统研究的中心问题. 要明确地给出结构稳定性和 Ω 稳定性的定义，先要解释什么是所谓"小扰动". 为此，需要引入映射空间的拓扑. 这些将在以下两节中进一步讨论.

习　　题

4.1 设 $f, g: X \to X$ 是同胚，h 是从 f 到 g 的拓扑共轭，求证：

(i) h 是从 f^{-1} 到 g^{-1} 的拓扑共轭；

(ii) h 是从 f^k 到 g^k 的拓扑共轭 ($\forall k \in \mathbf{Z}$)；

(iii) h^{-1} 是从 g 到 f 的拓扑共轭.

§5　映射空间的拓扑

设 $U \subset \mathbf{R}^m$ 是一个开集，我们赋予映射集合 $C^r(U, \mathbf{R}^n)$ 以所谓 C^r 弱拓扑，即"在任何紧集上直到 r 阶微分一致收敛的拓扑". 我们来描述这拓扑的基本邻域系. 任意 $f \in C^r(U, \mathbf{R}^n)$ 的基本邻域形如

$$\begin{aligned}&\mathscr{U}(f; K, \varepsilon)\\&= \{g \in C^r(U, \mathbf{R}^n) \mid \sup_{x \in K} \|D^i g(x) - D^i f(x)\| < \varepsilon,\\&\qquad\qquad i = 0, \cdots, r\},\end{aligned}$$

这里 $K \subset U$ 是任意紧集，ε 是任意正实数.

需要说明的是： i 阶微分 $D^i g(x)$ 是一个 i 重线性映射，$\|D^i g(x)\|$ 表示这 i 重线性映射的范数. 依照我们对 $\mathbf{R}^m$ 和 $\mathbf{R}^n$ 的范数的选取，$\|D^i g(x)\|$ 可以有几种形式不同但彼此等价的表示，例如可取

$$\|D^i g(x)\| = \max_{1\leqslant i\leqslant n} \sum_{\substack{j_1,\cdots,j_m\geqslant 0\\ j_1+\cdots+j_m=i}} \left|\frac{\partial^i g_i(x)}{\partial x_1^{j_1}\cdots\partial x_m^{j_m}}\right|.$$

读者容易验证，按照由上述邻域系给出的拓扑，收敛性意味着在任意紧集 $K\subset U$ 上直到 r 阶微分的一致收敛性.

这拓扑是可以距离化的. 事实上，我们可以把 U 表示成可数个紧集之并集

$$U = \bigcup_{l=1}^{\infty} K_l,$$

例如可取

$$K_l = \left\{x\in U \,\middle|\, |x| \leqslant l, \rho(x, \ \mathbb{R}^m\backslash U) \geqslant \frac{1}{l}\right\},$$

这里 $|\cdot|$ 表示 $\mathbb{R}^m$ 中的范数，ρ 表示 $\mathbb{R}^m$ 中由这范数给出的距离. 对任意紧集 $K\subset U$，记

$$\|g\|_K^{(r)} = \max_{0\leqslant i\leqslant r} \sup_{x\in K} \|D^i g(x)\|.$$

我们可以在 $C^r(U,\mathbb{R}^m)$ 上引入距离

$$d_r(f,g) = \sum_{l=1}^{\infty} \frac{\|f-g\|_{K_l}^{(r)}}{2^l(1+\|f-g\|_{K_l}^{(r)})}.$$

这距离决定的拓扑与我们上面给出的拓扑一致.

现在考虑从 C^r 微分流形 M 到 C^r 微分流形 N 的 C^r 映射的集合 $C^r(M,N)$. 与上面的做法类似，我们也可以赋予这集合以 C^r 弱拓扑. 这在某种意义下也是“在任意紧集上直到 r 微分一致收敛的拓扑”. 但在这里我们需要把紧集分成若干块，使得每一块落在一个局部坐标卡（chart）之中.

设 $f\in C^r(M,N)$；(U,φ) 和 (V,ψ) 分别是 M 和 N 的局部坐标卡；$\overline{U}$ 是紧致的，$f(\overline{U})\subset V$；$K\subset U$ 是紧致集；ε 是任意正实数. 我们置

$$\begin{aligned}&\mathscr{U}(f;(U,\varphi),(V,\psi),K,\varepsilon)\\ &\quad=\{g\in C^r(M,N)\,|\,g(\overline{U})\subset V,\\ &\qquad \|\psi\circ g\circ\varphi^{-1}-\psi\circ f\circ\varphi^{-1}\|_K^{(r)}<\varepsilon\}.\end{aligned}$$

以所有这种形式的集合为子基生成的拓扑，称为 C^r 弱拓扑.

本书主要涉及 $M=N$ 是紧致 C^r 流形的情形. 以 $\mathrm{Diff}^r(M)$ 表示 M 到自身的 C^r 微分同胚的集合. 根据流形论的研究可知: $\mathrm{Diff}^r(M)$ 是 $C^r(M,M)$ 中的开集. 以下，凡谈到 $\mathrm{Diff}^r(M)$ 中的 C^r 拓扑，均指它作为 $C^r(M,M)$ 的子集诱导出的拓扑.

§6 结构稳定性与 Ω 稳定性

设 $\mathscr{E}$ 是 $\mathrm{Diff}^r(M)$ 中的一个等价关系. 如果 $f\in\mathrm{Diff}^r(M)$ 所在的 $\mathscr{E}$ 等价类包含 C^r 拓扑中 f 的一个邻域(换句话说: C^r 邻近 f 的 $g\in\mathrm{Diff}^r(M)$ 都与它 $\mathscr{E}$ 等价)，则称 f 是 C^r-$\mathscr{E}$ 稳定的. 特别地，如果 $\mathscr{E}$ 是拓扑共轭关系或者是 Ω 共轭关系，则称这样的 $\mathscr{E}$ 稳定性为结构稳定性或者 Ω 稳定性.

结构稳定性与 Ω 稳定性属于微分动力系统研究的中心问题. 下面给出它们的更具体的定义:

定义 6.1 $f\in\mathrm{Diff}^r(M)$ 称为是 C^r 结构稳定的 (C^r-Ω 稳定的)，如果存在 f 在 C^r 拓扑中的邻域 $\mathscr{U}$，使得任意 $g\in\mathscr{U}$ 都与 f 拓扑共轭 (Ω 共轭).

C^r 结构稳定 (C^r-Ω 稳定)的系统在 C^r 小扰动之下不改变其轨道结构 (Ω 集结构).

在微分动力系统研究中，涉及最多的是 C^1 结构稳定性 (C^1-Ω 稳定性). 对这种情形，我们一般就不再明确地说出“C^1”这个限定词，而只是简单地称为结构稳定性 (Ω 稳定性).

在某些问题的研究中，还会涉及到 f 在某不变集 Λ 的结构稳定性和在某点 p 的局部结构稳定性. 下面我们就来介绍这些概念.

定义 6.2 设 M 是一个 C^r 微分流形，$U\subset M$ 是一个开集，$f\in C^r(U,M)$ 是从 U 到象集 $f(U)$ 的微分同胚，$\Lambda\subset U$ 是 f 的一个紧致的不变集，d 是与 M 的拓扑相容的任意一个距离. 我们说 f 在 Λ 是 C^r 结构稳定的，如果对任意 $\varepsilon>0$，存在 f 在 $C^r(U,M)$

中的邻域 $\mathscr{U}$，使得对任意 $g\in\mathscr{U}$，存在关于 g 不变的子集 $\Lambda_g\subset U$ 和同胚

$$h:\Lambda\to\Lambda_g$$

满足

(i) $d(h(x),x)<\varepsilon,\ \forall x\in\Lambda$;

(ii) $h\circ f|\Lambda=g\circ h|\Lambda$，即下面的图表可交换

$$\begin{array}{ccc}\Lambda & \xrightarrow{f} & \Lambda\\ {\scriptstyle h}\downarrow & & \downarrow{\scriptstyle h}\\ \Lambda_g & \xrightarrow{g} & \Lambda_g\end{array}$$

易见上述定义实际上不依赖于距离 d 的具体选择.

f 在不变集 Λ 上的结构稳定性意味着：经过 C^r 小扰动，f 的不变集 Λ 不改变其动力结构，仅仅 Λ 中各点的位置有少许移动.

定义 6.3 设 $U,V\subset M$ 是开集，$f\in C^r(U,M)$ 和 $g\in C^r(V,M)$ 分别是到各自的象集的微分同胚，$p\in U$，$q\in V$. 我们说 f 在 p 点与 g 在 q 点是局部拓扑共轭的，如果存在 p 点的开邻域 $U'\subset U$，q 点的开邻域 $V'\subset V$ 和同胚

$$h:\ U'\cup f(U')\to V'\cup g(V'),$$

满足

(i) $h(p)=q$,

(ii) $h(U')=V'$,

(iii) $h\circ f|U'=g\circ h|U'$，即下面的图表可交换.

$$\begin{array}{ccc}U' & \xrightarrow{f} & f(U')\\ {\scriptstyle h}\downarrow & & \downarrow{\scriptstyle h}\\ V' & \xrightarrow{g} & g(V')\end{array}$$

定义 6.4 设 $U\subset M$ 是开集，$f\in C^r(U,M)$ 是到其象集的微分同胚，$p\in U$. 我们说 f 在 p 点是局部结构稳定的，如果对于 p 点的任意邻域 $V\subset U$，存在 f 在 $C^r(U,M)$ 中的邻域 $\mathscr{V}$，使得任意 $g\in\mathscr{V}$ 都在某点 $q\in V$ 与 f 在 p 点局部拓扑共轭.

习　　题

6.1 （基本假设同定义 6.3）如果 p 不是 f 的不动点，q 不是 g 的不动点，则 f 在 p 点与 g 在 q 点总是局部共轭的。

由此，我们看到，局部共轭的概念仅仅对于不动点才不是平凡的。

6.2 设 p 是 f 的 n 周期点，q 是 g 的 n 周期点，f^n 在 p 点与 g^n 在 q 点局部拓扑共轭。试证：存在 p 点的开邻域 U'，q 点的开邻域 V' 和同胚

$$h: U'\cup f(U')\cup\cdots\cup f^n(U')\to V'\cup g(V')\cup\cdots\cup g^n(V'),$$

使得

$$h\circ f^k|U'=g^k\circ h|U',\ k=1,2,\cdots,n.$$

§7　半动力系统

上面的讨论涉及的都是由同胚（C^r 微分同胚）生成的系统。如果我们更一般地考虑连续映射（C^r 映射）的迭代：

$$f^0=id,\ f^1,\ f^2,\ f^3,\cdots,$$

这样得到的系统就是拓扑半动力系统（C^r 微分半动力系统）。与上面的讨论相类似，我们也可以引入与轨道有关的各种概念，也可以定义拓扑共轭以及各种稳定性。但要指出，这时一般只能涉及非负整数次的迭代。例如只能讨论 ω 极限点集而不能讨论 α 极限点集。所谓轨道只相当于原来的正半轨

$$\mathrm{Orb}_f(x)=\{f^k(x)\,|\,k\in\mathbb{Z}_+\}.$$

游荡点与非游荡点的定义只涉及正次数的迭代。f 的不变集 Λ 应满足的关系只是

$$f(\Lambda)\subset\Lambda.$$

其他定义也作相应的改变。

半动力系统轨道的一个特殊现象是可能出现非周期的有限轨道。例如：如果 $x\notin\mathrm{Per}(f)$，但存在 $m\in\mathbb{N}$，使得 $f^m(x)\in\mathrm{Per}(f)$，

那么 $\mathrm{Orb}_f(x)$ 就是非周期的有限轨道. 为了概括周期的和非周期的有限轨道，我们引入终于周期点和终于周期轨道的概念. 如果存在 $m\in\mathbf{Z}_+$，使得 $f^m(x)\in\mathrm{Per}(f)$（注意！包括 $m=0$，$x\in\mathrm{Per}(f)$ 的情形），则称 x 为 f 的终于周期点. f 的终于周期点的集合记为 $\mathrm{EPer}(f)$. 显然有

$$\mathrm{Per}(f)\subset\mathrm{EPer}(f)=\bigcup_{m=0}^{\infty}f^{-m}(\mathrm{Per}(f)).$$

对于半动力系统，一条轨道为有限轨道的充分必要条件是它为终于周期轨道.

第二章　Sarkovskii 定理

本章和下章分别介绍线段上半动力系统的 Sarkovskii 定理和圆周上动力系统的旋转数理论．通过这些材料我们看到：即使是半动力系统和动力系统的最简单的模型也呈现出丰富多彩、引人入胜的图景．这些材料本身也是很有用的．近年来由于有广泛的应用而引起人们很大兴趣的 Chaos 研究，即起源于本章中所涉及的某些问题．

当然，一维问题的处理方式往往有其特殊性．这里的证明一般不能推广到高维情形．这一点也应加以注意．

§1　定理的陈述

我们把 **R** 中的闭区间称为线段．本章讨论线段 $I=[0,1]$ 的连续自映射所生成的半动力系统．一个自然的问题是：这样的系统可以有怎样的周期轨道？周期为 1 的轨道(不动点)很容易从图示中看出：函数图象与"对角线"的交点表示不动点．周期 >1 的轨道却不具有如此明显的几何直观．正因为如此，虽然人们研究线段到自身的连续映射已有久远的历史，但是一直到近期人们才发现，这样的映射的周期点的周期呈现出令人惊异的整齐的规律性．这种规律性由 A. N. Sarkovskii 在 1964 年证明的定理所揭示(参看 [10])．

先介绍 Sarkovskii 序．按照下述方式给自然数重新排列次序：首先排列所有大于 1 的奇数 $3,5,7,\cdots$；接着排列所有的形如 $3\times2,5\times2,7\times2,\cdots$ 这样的数；然后排列所有的形如 3×2^2，$5\times2^2,7\times2^2,\cdots$这样的数，…；依次这样排下去，最后再按降幂顺序排列所有的 2 的方幂$\cdots2^4,2^3,2^2,2,1$．如果用$\lhd$表示这种顺序，

我们有

$$3 \lhd 5 \lhd 7 \lhd \cdots \lhd 3 \times 2 \lhd 5 \times 2 \lhd 7 \times 2 \lhd$$
$$\cdots \lhd 3 \times 2^2 \lhd 5 \times 2^2 \lhd 7 \times 2^2 \lhd \cdots$$
$$\cdots \lhd 2^4 \lhd 2^3 \lhd 2^2 \lhd 2 \lhd 1.$$

定义 1.1 按照上述方式给自然数排列的顺序称为 Sarkovskii 序.

Sarkovskii 定理陈述如下.

定理 1.2 设 $f: I \to \mathbf{R}$ 是从线段 $I = [0, 1]$ 到实数轴 $\mathbf{R}$ 的连续映射. 如果 f 具有周期为 m 的周期点,它就具有按 Sarkovskii 序排列在 m 之后的一切自然数为周期的周期点，即具有一切周期 $\lhd m$ 的周期点.

注记 1.3 这里稍微拓广了周期点的定义：设 f: $I \to \mathbf{R}$ 是连续映射，$x \in I$；如果存在 $n \in \mathbf{N}$，使得 $x, f(x), \cdots, f^{n-1}(x) \in I$，$f^n(x) = x$，则称 x 为 f 的周期点，并把这样的 n 中之最小者称为 x 的周期. f 的周期点的集合记为 $\mathrm{Per}(f)$. f 的周期点的周期的集合记为 $\mathrm{PP}(f)$. 注意：$\mathrm{Per}(f) \subset I$ 而 $\mathrm{PP}(f) \subset \mathbf{N}$. 用这些记号，上述 Sarkovskii 定理可以陈述为：

$$m \in \mathrm{PP}(f), m \lhd n \Longrightarrow n \in \mathrm{PP}(f).$$

Sarkovskii 定理的原证[10]有一些含糊之处,后来经 Stefan[11] 予以澄清. 以后又有不少作者给出了简化的证明. 在以下几节中介绍的证法属于 L. Block, J. Guckenheimer, M. Misiurewicz 和 L. S. Young (参看 [12]). 证明虽然富于技巧性,却是一些极简单的事实的反复运用.

§2 一些特殊情形

Sarkovskii 定理长期不为西方学者所知. 到了 1975 年, T. Y. Li 和 J. A. Yorke 才又重新证明了该定理的一个特殊情形：如果连续函数 f: $I \to \mathbf{R}$ 具有 3 周期点，它就具有一切周期的周期点. (参看 [13]，该文的重要意义在于它第一次提出了 Chaos 的概念，开辟了一个重要的研究方向.)我们先来介绍这一较简单的特殊情形的证明.

定义 2.1 设 $I\subset\mathbb{R}$ 是给定的线段，$f:I\to\mathbb{R}$ 是连续映射，K, $L\subset I$ 是 I 的子线段. 如果 $f(K)\supset L$，我们就说 K 能够 f 覆盖 L，记为 $K\overset{f}{\longrightarrow\!\!\!\triangleright} L$，在不至于引起混淆的地方就简单地记为 $K\longrightarrow\!\!\!\triangleright L$，甚至 $K\to L$.

以下设 $f:I\to\mathbb{R}$ 是给定连续映射，而 J, K, L 等表示 I 的子线段.

引理 2.2 $J\subset I$ 是线段 $\Longrightarrow f(J)$ 是线段.

证明. 这是连续函数性质的简单应用，留给读者作为练习.□

引理 2.3 我们有：

$$K\overset{f}{\longrightarrow\!\!\!\triangleright} L\Longleftrightarrow \exists\ J=[\gamma,\delta]\subset K\cdot\ni\cdot f(J)=L.$$

并且可以要求上述子线段 J 是极小的，即 J 的任何真子线段 J_1 都不能使 $f(J_1)=L$.

证明. 记 $L=[\sigma,\tau]$. 因为 $f(K)\supset L$，所以存在 $\alpha,\beta\in K$，使得 $f(\alpha)=\sigma$, $f(\beta)=\tau$. 不妨设 $\alpha<\beta$ ($\alpha>\beta$ 的情形可类似地讨论). 记

$$\gamma=\sup\{\xi\in K\,|\,\xi<\beta,\ f(\xi)=\sigma\},$$
$$\delta=\inf\{\eta\in K\,|\,\gamma<\eta,\ f(\eta)=\tau\}.$$

则 $J=[\gamma,\delta]$ 满足要求. □

引理 2.4 $K\overset{f}{\longrightarrow\!\!\!\triangleright} K\Longrightarrow f$ 在 K 中有不动点.

证明. 设 $K=[\sigma,\tau]$. 由引理 2.3，存在极小的 $J=[\alpha,\beta]\subset K$，使得 $f(J)=K$，这里 $\sigma\leqslant\alpha<\beta\leqslant\tau$. 可能出现两种情形：

(A) $f(\alpha)=\sigma\leqslant\alpha$, $f(\beta)=\tau\geqslant\beta$;

(B) $f(\alpha)=\tau>\alpha$, $f(\beta)=\sigma<\beta$.

对这两种情形，都存在 $\xi\in[\alpha,\beta]$，使得 $f(\xi)=\xi$. □

引理 2.5 如果

$$I_1\longrightarrow\!\!\!\triangleright I_2\longrightarrow\!\!\!\triangleright\cdots\longrightarrow\!\!\!\triangleright I_{n-1}\longrightarrow\!\!\!\triangleright I_n\longrightarrow\!\!\!\triangleright I_1,$$

那么

$$\exists x \in \mathrm{Fix}(f^n) \cdot \ni \cdot f^{j-1}(x) \in I_j (j = 1, \cdots, n).$$

证明．由引理 2.3，存在 $J_j \subset I_j$ $(j = 1, 2, \cdots, n)$．使得 $f(J_n) = I_1$，$f(J_{j-1}) = J_j (j = 2, \cdots, n)$．因为

$$J_1 \overset{f^n}{\longrightarrow\!\!\triangleright} J_1,$$

所以存在 $x \in \mathrm{Fix}(f^n) \cap J_1$，使得 $f^{j-1}(x) \in J_j (j = 1, 2, \cdots, n)$．□

引理 2.6

(i) $f^N(x) = x \Longleftrightarrow x$ 的周期 n 能整除 N.

(ii) 设 x 是 f 的 n 周期点，m 与 n 互素，则 x 是 f^m 的 n 周期点.

证明．留作练习．□

定理 2.7 $3 \in \mathrm{PP}(f) \Longrightarrow \mathrm{N} \subset \mathrm{PP}(f)$.

证明． 首先，我们指出一项简单的事实： f 的任意一条 3 周期轨道 x_0，$x_1 = f(x_0)$，$x_2 = f(x_1)$，总可以适当地重新编号为 y_0，$y_1 = f(y_0)$，$y_2 = f(y_1)$，使得以下两种情形之一成立

(A) $y_0 < y_1 < y_2$;

(B) $y_0 > y_1 > y_2$.

以下不妨设 3 周期轨道 x_0，$x_1 = f(x_0)$，$x_2 = f(x_1)$ 满足

$$x_0 < x_1 < x_2.$$

记

$$K = [x_0, x_1], \quad J = [x_1, x_2],$$

则有

$$\circlearrowleft J \rightleftarrows K.$$

对任意自然数 $m \neq 3$，考虑以下的 f 覆盖关系：

$$\underbrace{J \longrightarrow\!\!\triangleright J \longrightarrow\!\!\triangleright \cdots \longrightarrow\!\!\triangleright}_{m-1} J \longrightarrow\!\!\triangleright K \longrightarrow\!\!\triangleright J.$$

由引理 2.5 可知，存在 $\xi \in \mathrm{Fix}(f^m) \cap J$，使得

$$f^{j-1}(\xi) \in J (j = 1, \cdots, m-1), \quad f^{m-1}(\xi) \in K.$$

下面指出 $f^k(\xi)$ 不是 3 周期轨道 x_0, x_1, x_2 中的点.

情形 1. 3 不能整除 m. 这时 x_0, x_1, $x_2 \notin \mathrm{Fix}(f^m)$, 所以 $f^k(\xi) \neq x_i$, $i = 0,1,2$.

情形 2. $m = 3n$. 这时因为 $m \neq 3$, 只能有 $m \geq 6, m-1 \geq 5$. 而周期轨道 x_0, x_1, x_2 中的任意点不能在 J 中接连停留 2 次以上, 因而 $f^k(\xi) \neq x_i$, $i = 0,1,2$.

对两种情形都有:

$$f^{j-1}(\xi) \in \mathrm{int}J(j = 1,\cdots,m-1),\quad f^{m-1}(\xi) \in \mathrm{int}K.$$

从而得知 ξ, $f(\xi),\cdots$, $f^{m-1}(\xi)$ 两两不同, 而 ξ 确实是 f 的 m 周期点. □

设 $\Lambda \subset I$. 如果 $f(\Lambda) \subset \Lambda$, 则称 Λ 为 f 的**不变集**. 以下极简单的事实也经常要用到.

引理 2.8 周期轨道是不变集, 并且它没有非空不变的真子集

证明. 显然. □

以下定理是 Sarkovskii 定理的另一特殊情形.

定理 2.9

(i) $m \in \mathrm{PP}(f), m > 2 \Longrightarrow 2 \in \mathrm{PP}(f)$;

(ii) $2^n \in \mathrm{PP}(f) \Longrightarrow 2^{n-1} \in \mathrm{PP}(f)$.

证明.

(i) 不妨设 m 是 >2 的周期中之最小者. 把 f 的一条 m 周期轨道中的点**按大小顺序排列**:

$$x_0 < x_1 < \cdots < x_{m-1}.$$

记

$$I_j = [x_{j-1}, x_j] \ (j = 1,\cdots,m-1).$$

由于周期轨道没有不变的真子集, 对于任意 $I_{j'}$, 其象集 $f(I_{j'})$ 必定包含一个与 $I_{j'}$ 不同的 $I_{j''}$:

$$f(I_{j'}) \supset I_{j''} \neq I_{j'}.$$

在 $m-1$ 条线段 $I_j(j = 1,\cdots,m-1)$ 之中, 必有 I_{j_1}, $I_{j_2},\cdots$, $I_{j_p}(1 < p \leq m-1)$ 使得

$$I_{j_1} \longrightarrow\!\!\!\triangleright I_{j_2} \longrightarrow\!\!\!\triangleright \cdots \longrightarrow\!\!\!\triangleright I_{j_p} \longrightarrow\!\!\!\triangleright I_{j_1},$$

$$I_{j_s} \neq I_{j_{s+1}} (s = 1,2,\cdots,p-1),$$

于是，存在 $\xi\in \mathrm{Fix}(f^p)\cap I_{i_1}$，使得 $f^{k-1}(\xi)\in I_{i_k}$，$k=1,\cdots,p$. 这意味着 f 有 q 周期点，$1<q\leqslant p\leqslant m-1$. 由 m 的选取（m 是 >2 的周期中的最小者），$1<q\leqslant 2$. 于是只能有 $q=2$.

(ii) 先考虑 $n=1$ 的情形. 如果 x_0，x_1 是 f 的一条 2 周期轨道，记 $J=[x_0,x_1]$，则由 $f(J)\supset J$ 可知 f 在 J 中有不动点. 其次，设 $n\geqslant 2$. 这时 $f^{2^{n-2}}$ 有 4 周期点，因而有 2 周期点(由 (i)). 即 f 有 2^{n-1} 周期点. □

§3 基本引理

在定理 2.7 和 2.9 的证明中，我们看到 f 覆盖关系的分析起着关键的作用. 以下我们把这种关系的表示图式化.

定义 3.1 把 I 的某些子线段表示为顶点，把这些子线段之间的 f 覆盖关系表示为箭头，这样作出的 f 覆盖关系的图示，称为 f 覆盖图. 例如

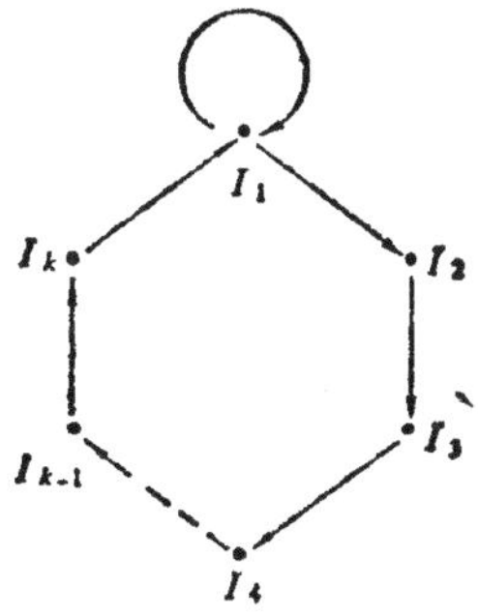

下述引理在 Sarkovskii 定理的证明中起关键作用.

引理 3.2 设连续映射 $f:I\to\mathbb{R}$ 具有非不动点的奇周期点，m 是 f 的大于 1 的最小奇周期，x 是 f 的一个 m 周期点. 于是，轨道 $\mathrm{Orb}(x)=\{x,f(x),\cdots,f^{m-1}(x)\}$ 把线段 $J=[\min\mathrm{Orb}(x),\max\mathrm{Orb}(x)]$ 分拆为 $m-1$ 个两两无公共内点的子线段(这些子线段的集合记为 $\mathscr{P}$). 我们断言，对适当的编号，这些子线段的 f 覆盖图包含一个如下形式的子图：

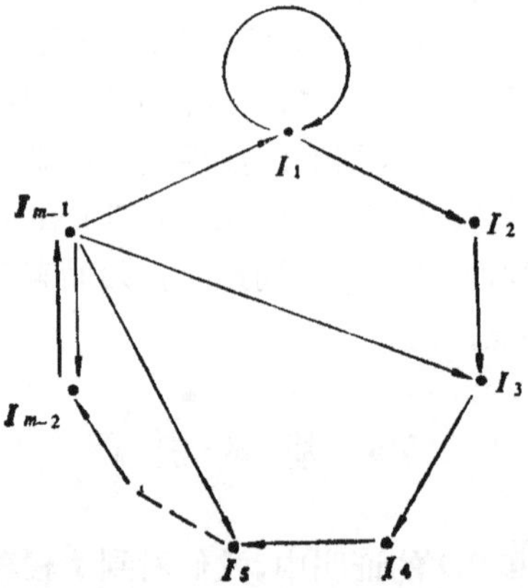

(3.1)

这里 I_i，I_j 两两不相同；从 I_{m-1} 到所有的奇数编号的顶点都有箭头。

例如，当 $m=3$ 时，上述 f 覆盖图即我们在定理 2.7 的证明中所熟悉的

$$\circlearrowleft I_1 \rightleftarrows I_2.$$

证明．分成若干步骤．

第一步．先证明存在 $I_1 \in \mathscr{P}$ 满足 $I_1 \to I_1$（为简便计，我们用记号 $K \to L$ 代替 $K \longrightarrow\!\triangleright L$）．

记 $\mu = \min\mathrm{Orb}(x)$，$\nu = \max\mathrm{Orb}(x)$．则有 $f(\mu) > \mu$，$f(\nu) < \nu$．又记

$$a = \max\{y \in \mathrm{Orb}(x) \mid f(y) > y\}.$$

则在 $\mathscr{P}$ 中存在以 a 为左端点的线段

$$I_1 = [a, b].$$

显然 $f(a) > b$，$f(b) \leqslant a$，即

$$f(I_1) \supset I_1.$$

第二步．归纳地定义 $J_i \subset J$ $(i = 1, \cdots, k)$ 满足以下条件

(A) J_i 的端点 $\subset \mathrm{Orb}(x)$；

(B) $I_1 = J_1 \subsetneq J_2 \subsetneq \cdots \subsetneq J_k = J$．

为此，我们置

$$J_1 = I_1,$$

$$J_{i+1} = [\min(f(J_i)\cap \mathrm{Orb}(x)), \max(f(J_i)\cap \mathrm{Orb}(x))].$$

显然有

$$J_i \to J_{i+1}.$$

尚须验证 $J_i \subset J_{i+1}$. 对于 $i=1$，我们有

$$J_1 \subset f(J_1),$$

$$J_1 \cap \mathrm{Orb}(x) \subset f(J_1)\cap \mathrm{Orb}(x).$$

因而

$$\begin{aligned} J_1 &= [\min(J_1\cap \mathrm{Orb}(x)),\ \max(J_1\cap \mathrm{Orb}(x))] \\ &\subset [\min(f(J_1)\cap \mathrm{Orb}(x)), \max(f(J_1)\cap \mathrm{Orb}(x)] = J_2. \end{aligned}$$

设已证 $J_{i-1}\subset J_i$，则有

$$\begin{aligned} J_i &= [\min(f(J_{i-1})\cap \mathrm{Orb}(x)),\ \max(f(J_{i-1})\cap \mathrm{Orb}(x))] \\ &\subset [\min(f(J_i)\cap \mathrm{Orb}(x)),\ \max(f(J_i)\cap \mathrm{Orb}(x))] \\ &= J_{i+1}. \end{aligned}$$

因为周期轨道没有不变的真子集,只要 $J_i \not\supset \mathrm{Orb}(x)$，$f(J_i)$ 中就必定含有 $\mathrm{Orb}(x)$ 中不在 J_i 中的点，因而 $J_i \subsetneq J_{i+1}$. 因此，存在 $k\in \mathrm{N}$ 使得 $J_k = J$.

第三步. 证明存在有 $I_k \in \mathscr{P}$，$I_k \neq I_1$，使得 $I_k \to I_1$.

回忆起在第一步中我们得到的 $I_1 = [a,b]\in \mathscr{P}$ 满足 $f(a)\geqslant b$，$f(b)\leqslant a$. 对于这 a 和 b，我们置

$$A = \{u\in \mathrm{Orb}(x)\,|\,u\leqslant a\},\quad B = \{v\in \mathrm{Orb}(x)\,|\,v\geqslant b\}.$$

因为 $\#A + \#B = \#\mathrm{Orb}(x) = m$ 是奇数,所以必有 $\#A \neq \#B$. 以下设 $\#A > \#B$ (相反情形可类似地讨论). 由于 $f|\mathrm{Orb}(x)$ 是一一对应,不可能有 $f(A)\subset B$，所以一定存在 $w\in A$，使得 $f(w)\in A$. 记

$$c = \max\{w\in A\,|\,f(w)\in A\}.$$

则 $c<a$，因而存在线段 $I_k = [c,\ d]\in \mathscr{P}$，满足 $c<d\leqslant a$，$f(c)\leqslant a$，$f(d)\geqslant b$. 即 $I_k \neq I_1$，$f(I_k)\supset I_1$.

第四步. 若线段 K 的端点属于轨道 $\mathrm{Orb}(x)$，$L\in \mathscr{P}$，$K\to L$，则必存在 $M\in \mathscr{P}$，$M\subset K$，使得 $M\to L$.

事实上，由引理 2.3，存在 $N=[\alpha,\beta]\subset K$，使得 $f(N)=L$，并且 N 是具有此性质之极小者．于是有

$$(\alpha,\beta)\cap \mathrm{Orb}(x)=\varnothing.$$

因而存在唯一 $M\in\mathscr{P}$ 满足

$$[\alpha,\beta]=N\subset M\subset K,\ f(M)\supset f(N)=L.$$

第五步．利用上一步的结果，由

$$I_1=J_1\to J_2\to\cdots\to J_{k-1}\to I_k\to I_1,$$

我们可以依次确定 $I_{k-1},\ I_{k-2},\cdots,I_2\in\mathscr{P}$，满足

$$I_j\subset J_j(j=k-1,k-2,\cdots,2);$$

$$I_1\to I_2\to\cdots\to I_{k-1}\to I_k\to I_1.$$

这样，我们得到 f 覆盖图：

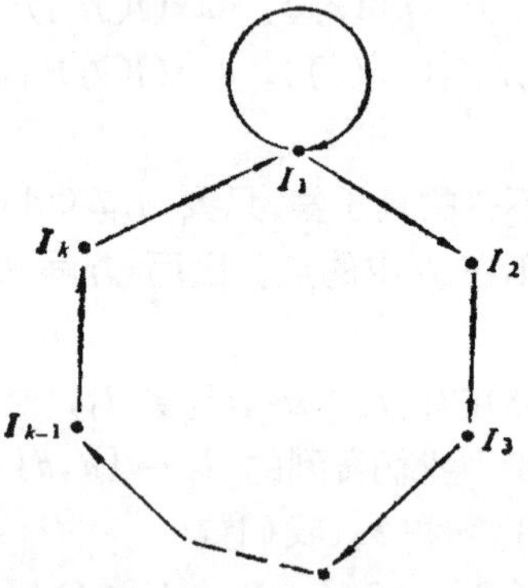

(3.2)

第六步．在形如 (3.2) 的 f 覆盖图中，必定存在一个长度最短的，即 k 最小的．对这个长度最短的图应有：

(C) 各 I_i 两两不同；

(D) 不存在 f 覆盖关系

$$I_r\to I_{r+s}(r\geqslant 1,s\geqslant 2,r+s\leqslant m-1);$$

(E) 不存在 f 覆盖关系

$$I_t\to I_1(2\leqslant t\leqslant m-2);$$

(F) $k=m-1$.

(C)，(D)，(E) 之证明：若不然，则圈可以进一步缩短．

(F) 之证明：如果 $k\neq m-1$，则有 f 覆盖关系

$$I_1\to I_2\to\cdots\to I_k\underset{\neq}{\longrightarrow}I_1\ (1<k\leqslant m-2,\ k\ 奇),$$

或者

$$I_1\to I_1\to I_2\to\cdots\to I_k\underset{\neq}{\longrightarrow}I_1\ (k\leqslant m-3,\ k\ 偶).$$

于是 f 有 $k(\leqslant m-2)$ 周期点或者 $k+1(\leqslant m-2)$ 周期点，与m是 f 的大于 1 的最小奇周期的假设相矛盾.

第七步. 对于 $\#A>\#B$ 的情形(相反情形可类似讨论)，我们有：

(G) $\mathscr{P}$ 中线段在数轴上按大小顺序排列如下：

$$I_{m-1},I_{m-3},\cdots,I_4,I_2,I_1,I_3,\cdots,I_{m-2};$$

(H) $f(I_{m-1})\supset I_1\cup I_3\cup\cdots\cup I_{m-2}$.

事实上，对于 $I_1=[a,b]$，我们有

$$f(a)\geqslant b,\ f(b)\leqslant a. \tag{3.3}$$

因为 a，b 不是 2 周期轨道，所以 (3.3) 中的两个式子不能同时为等式. 又由 **(D)**，$f(I_1)$ 只能覆盖 $\mathscr{P}$ 中的线段 I_1 和 I_2，所以 (3.3) 中的两式必有一个为等式，另一为严格不等式. 不妨设：

$$f(a)=b,\ f(b)<a. \tag{3.4}$$

(以下我们将看到，(3.4) 实际上与前面的假定 $\#A>\#B$ 相一致，相反的情形可类似地讨论.) 记 $a_j=f^j(a)$ $(j=0,1,\cdots,m-1)$. 则 $a_0=a$，$a_1=b$ 和 $a_2=f(b)$ 在数轴上的排列如下：

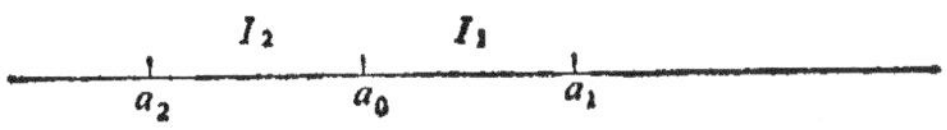

因为 $f(I_2)\not\supset I_1$ 及 $f(a_0)=a_1$，所以必定有 $a_3=f(a_2)>a_1$. 又因为 $f(I_2)$ 只能覆盖 $\mathscr{P}$ 中的线段 I_3，所以 a_3 与 a_1 相邻.

逐步运用类似的推理可知：

(I) I_{2k-1} 的右端 $\longmapsto I_{2k}$ 的左端;

(J) I_{2k} 的左端 $\longmapsto I_{2k+1}$ 的右端.

由此,我们得知

(G) $\mathscr{P}$ 中的线段在数轴上排列如下

$$I_{m-1}, I_{m-3}, \cdots, I_4, I_2, I_1, I_3, \cdots, I_{m-2}.$$

又因为 I_{m-1} 与 I_{m-3} 的公共端点映成 I_{m-2} 的右端点, 并且 $f(I_{m-1}) \supset I_1$ 所以有

(H) $f(I_{m-1}) \supset I_1 \cup I_2 \cup \cdots \cup I_{m-2}$.

至此,我们得到了 f 覆盖图

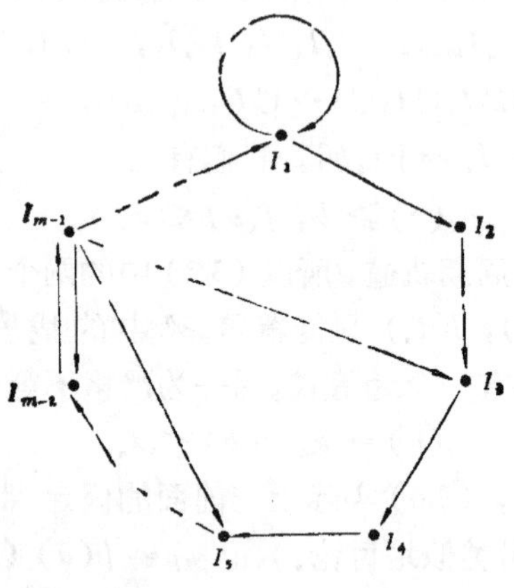

基本引理于是得证. □

§4 Sarkovskii 定理的证明

本节最后完成 Sarkovskii 定理的证明.

定理 4.1 设 $f: I \to \mathbf{R}$ 是连续映射. 则

$$m \in \mathrm{PP}(f),\ m \lhd n \Longrightarrow n \in \mathrm{PP}(f).$$

证明. 前面几节中所证明的事实已足以给出 Sarkovskii 定理的一个完整的证明. 下面,我们分析可能出现的一切情形,列表指出 Sarkovskii 定理的断言均已获证.

设自然数的一个子集 $S \neq \{2^l | l = 0,1,2,\cdots\}$，则 S 中必定含有一个按 Sarkovskii 顺序排列在最前面的数. 我们称这数为集合 S 的**首元素**.

情形 1. $PP(f)$ 之首元素为奇数 $m > 1$.

这时 $PP(f)$ 应含有

$$\begin{cases} n > m^{1)} \begin{cases} \cdots\cdots\cdots\cdots > m \text{ 之奇数} \\ > m \text{ 之偶数} \end{cases} \\ t = 2q < m \ (< m \text{ 之偶数}) \end{cases} \quad (> m \text{ 之偶数}, < m \text{ 之偶数}) \text{—一切偶数}.$$

情形 2. $PP(f)$ 之首元素为 $2^l M$ (M 奇>1).

这时 $g = f^{2^l}$ 以 M 为>1之最小奇周期(参看后面的注记 4.2). 由情形 1 可知，$PP(f)$ 应含有

$$\begin{cases} 2^l r \ (r \text{ 奇} > M), \\ 2^l s \ (s \text{ 偶}). \end{cases}$$

情形 3. $PP(f) \subset \{2^l | l = 0,1,2,\cdots\}$.

这就是定理 2.9 所论及的情形. □

注记 4.2 在定理 4.1 的证明中，我们用到这样的事实:

设 $2^l M$ (M 奇>1) 是 $PP(f)$ 之首元素，$g = f^{2^l}$，$N > 1$. 则

ζ 是 f 的 $2^l N$ 周期点 $\Longleftrightarrow$ ζ 是 g 的 N 周期点.

证明. **必要性.** 设 ζ 是 f 的 $2^l N$ 周期点，则

$$g^N(\zeta) = f^{2^l N}(\zeta) = \zeta, \quad g^K(\zeta) = f^{2^l K}(\zeta) \neq \zeta (K < N).$$

因而 ζ 是 g 的 N 周期点.

充分性. 设 ζ 是 g 的 N 周期点，$N > 1$. 则

$$f^{2^l N}(\zeta) = g^N(\zeta) = \zeta.$$

因而 ζ 关于 f 的周期 p 能整除 $2^l N$. 可设 $p = 2^h K$ ($h \leqslant l$, K 奇). 如果 $h < l$，那么或者 K 奇> 1，$p = 2^h K \lhd 2^l M$，与 $2^l M$ 是 $PP(f)$ 的首元素的假定矛盾；或者 $K = 1$，ζ 是 g 的不动点，与 $N > 1$ 矛

---

1) 由以下 f 覆盖关系可知

$$\underbrace{I_1 \to I_1 \to \cdots \to I_1}_{n} \to I_2 \to \cdots \to I_{m-1} \to I_1.$$

盾．因而 $h=l$．

$$p=2^lK\,|\,2^lN,\quad K|N.$$

又因为

$$g^K(\zeta)=f^{2^lK}(\zeta)=\zeta,$$

所以 $N|K$．我们得到 $K=N$．即 ζ 关于 f 的周期 $p=2^lN$．□

注记4.3 在我们对 Sarkovskii 定理的陈述中假定 f 是从 I 到 $\mathbf{R}$ 的连续映射．其实，同样的证明对从任意线段 K 到 $\mathbf{R}$ 的连续映射或者从 $\mathbf{R}$ 到 $\mathbf{R}$ 的连续映射也完全适用．因为我们在证明中只涉及一条周期轨道所界出的线段 J．

第三章　圆周自同胚的旋转数

圆周 S^1 是最简单的紧致(无边)流形．研究圆周自映射时，将它提升为实直线 $\mathbf{R}$ 上的自映射，是很方便的．

我们先简要介绍覆迭空间的概念．

§1　覆 迭 空 间

定义 1.1　设 Y，Z 是 Hausdorff 拓扑空间，$\pi: Y \to Z$ 是连续映射．如果对任意 $z \in Z$ 存在 z 的开邻域 W，使得 $\pi^{-1}(W)$ 为不相交的开集 $V_\alpha(\alpha \in A)$ 的并集

$$\pi^{-1}(W) = \bigcup_{\alpha \in A} V_\alpha,$$

并且对每一 $\alpha \in A$，$\pi|V_\alpha$ 是从 V_α 到 W 上的同胚，则称 $\pi: Y \to Z$ 为覆迭映射，称 Y 为 Z 的覆迭空间，称上述 W 为允许开邻域或者允许开集．

注记 1.2　有的作者在覆迭空间的定义中要求空间 Z 是局部道路连通的，并要求上述允许开集 W 是道路连通的．我们这里不用这些假定．

例 1.3　把圆周 S^1 视为单位模复数的集合

$$S^1 = \{z \in \mathbf{C} \mid |z| = 1\}.$$

记

$$E: \mathbf{R} \to S^1$$
$$x \longmapsto e^{2\pi i x},$$

则 $E: \mathbf{R} \to S^1$ 是覆迭映射．这是因为：对任意 $\alpha \in S^1$ 都有 α 的开邻域

$$W_\alpha = S^1 \backslash \{-\alpha\},$$

使得

$$E^{-1}(W_\alpha)=\bigcup_{k\in Z}\left(a+k-\frac{1}{2},\ a+k+\frac{1}{2}\right),$$

并且 $E\Big|\left(a+k-\frac{1}{2},\ a+k+\frac{1}{2}\right)$ 是到 W_α 上的同胚. 这里 $a\in\mathbb{R}$ 满足 $e^{2\pi ia}=\alpha$.

定义 1.4 设X是满足 Hausdorff 分离公理的拓扑空间，π: $Y\to Z$ 是覆迭映射，f: $X\to Z$ 是连续映射. 如果存在连续映射 $F:X\to Y$ 使得 $\pi\circ F=f$，即使以下图表可交换，

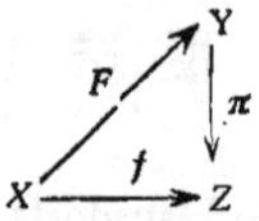

则称 F 为 f 的提升.

下面的命题说明提升的唯一性.

命题 1.5 设X是连通的 Hausdorff 拓扑空间，π: $Y\to Z$ 是覆迭映射，$f:X\to Z$ 连续. 如果F和 $F_1:X\to Y$ 都是 f 的提升，并且存在$\xi\in X$，使得 $F(\xi)=F_1(\xi)$，那么就必定有 $F(x)=F_1(x)$，$\forall x\in X$.

证明. 我们记

$$C=\{x\in X\,|\,F(x)=F_1(x)\},$$

$$\Delta=\{(y,y)\,|\,y\in Y\}\subset Y\times Y.$$

显然 $C\neq\varnothing$ (因为已知$\xi\in C$)，Δ是闭集(因为Y是 Hausdorff 空间). 考虑连续映射

$$(F,F_1):X\to Y\times Y$$

$$x\longmapsto(F(x),\ F_1(x)).$$

我们看到: $C=(F,F_1)^{-1}(\Delta)$ 是闭集.

又,对任意 $x_0\in C$，可取 $\pi\circ F(x_0)=\pi\circ F_1(x_0)$ 的允许开邻域 W. 因为

$$\pi^{-1}(W)=\bigcup_{\alpha\in A}V_\alpha$$

是不相交的并，所以有唯一的 $V=V_{\alpha_0}$，使得 $F(x_0)=F_1(x_0)\in V$。又因为 $\pi|V\ V\to W$ 是同胚，因而限制于 $U=F^{-1}(V)\cap F_1^{-1}(V)$ 之中就有

$$F(x)=(\pi|V)^{-1}\circ f(x)=F_1(x),\ \forall x\in U.$$

我们看到：x_0 的开邻域 $U\subset C$。这说明 C 又是一个开集.

由 X 的连通性即得 $C=X$。□

下面，我们对特殊的 X ($X=I$ 或者 $X=\mathbb{R}$) 讨论提升的存在性问题.

命题 1.6 设 $\pi:Y\to Z$ 是覆迭映射，$I=[\xi-r,\xi+r]\subset\mathbb{R}$，$f:I\to Z$ 是连续映射，$\eta\in Y$ 满足 $\pi(\eta)=f(\xi)$。则存在唯一的连续映射 $F:I\to Y$ 满足 $\pi\circ F=f$ 和 $F(\xi)=\eta$。

证明. 唯一性部分已见上一命题. 下面证明存在性. 设 $\{W_\beta\}$ 是覆盖 Z 的允许开集族. 则 $\{f^{-1}(W_\beta)\}$ 构成 I 的一个开覆盖. 设其 Lebesque 数为 δ。取 $n\in\mathbb{N}$，使得 $\frac{r}{n}<\delta$。则 $f\left(\left[\xi+\frac{k}{n}r,\ \xi+\frac{k+1}{n}r\right]\right)$ 含于某允许开集之中 ($k=-n,\ -n+1,\cdots,\ -1,0,1,\cdots,n-1$)。先规定 $F(\xi)=\eta$。然后利用 π 的局部同胚性质逐段将 $f\left|\left[\xi,\ \xi+\frac{1}{n}r\right]\right.$，$f\left|\left[\xi+\frac{1}{n}r,\ \xi+\frac{2}{n}r\right]\right.$，$\cdots$，$f\left|\left[\xi+\frac{n-1}{n}r,\ \xi+r\right]\right.$ 和 $f\left|\left[\xi-\frac{1}{n}r,\ \xi\right]\right.$，$f\left|\left[\xi-\frac{2}{n}r,\xi-\frac{1}{n}r\right]\right.$，$\cdots$，$f\left|\left[\xi-r,\ \xi-\frac{n-1}{n}r\right]\right.$ 提升. 这样得到的 $F:I\to Y$ 满足命题的要求. □

命题 1.7 设 $\pi:Y\to Z$ 是覆迭映射，$f:\mathbb{R}\to Z$ 连续，$\xi\in\mathbb{R}$ 和 $\eta\in Y$ 满足 $\pi(\eta)=f(\xi)$。则存在唯一的连续映射 $F:\mathbb{R}\to Y$ 满足 $\pi\circ F=f$ 和 $F(\xi)=\eta$。

证明. 由上一命题，对任意 $r\in\mathbb{R}$ 存在唯一连续映射 $F_r:[\xi-r,\xi+r]\to Y$ 满足:

$$\pi\circ F_r=f|[\xi-r,\xi+r],\ F_r(\xi)=\eta.$$

如果 $s\in\mathbb{R}$，$s>r$，由提升的唯一性可知

$$F_s|[\xi-r,\xi+r]=F_r,$$

即 F_s 是 F_r 的延拓. 我们可以定义唯一的连续映射 $F:\mathbf{R}\to Y$ 满足

$$F|[\xi-r,\xi+r]=F_r,\ \forall r\in\mathbf{R}.$$

易见这样的 F 适合命题的要求. □

下面,我们讨论具体的覆迭映射

$$E:\mathbf{R}\to S^1$$
$$x\longmapsto e^{2\pi ix}.$$

命题 1.8 设 $\tilde{f}:\mathbf{R}\to S^1$ 满足 $\tilde{f}(x+1)=\tilde{f}(x)$, 则 $\tilde{f}$ 的任意提升 F 满足

$$F(x+1)-F(x)=k(\text{const})\in\mathbf{Z},\ \forall x\in\mathbf{R}.$$

证明. 对任意 $x\in\mathbf{R}$, 我们有

$$E\circ F(x+1)=\tilde{f}(x+1)=\tilde{f}(x)=E\circ F(x),$$

即

$$e^{2\pi iF(x+1)}=e^{2\pi iF(x)}.$$

由此得到

$$F(x+1)-F(x)\in\mathbf{Z}.$$

我们看到 $F(x+1)-F(x)$ 是 x 的连续函数, 并且它只能取整数值,因而 $F(x+1)-F(x)$ 是整常值函数. □

命题 1.9 设 F 和 F_1: $\mathbf{R}\to\mathbf{R}$ 都是连续映射 $\tilde{f}$: $\mathbf{R}\to S^1$ 的提升,则

$$F_1(x)-F(x)=l(\text{const})\in\mathbf{Z},\ \forall x\in\mathbf{R}.$$

证明. 对任意 $x\in\mathbf{R}$, 我们有

$$E\circ F_1(x)=\tilde{f}(x)=E\circ F(x),$$

即

$$e^{2\pi iF_1(x)}=e^{2\pi iF(x)}.$$

由此得到

$$F_1(x)-F(x)\in\mathbf{Z}.$$

同上一命题的推理方式可证 $F_1(x)-F(x)$ 是一个整常数.

□

命题 1.10 设 $F:\mathbf{R}\to\mathbf{R}$ 是 $\tilde{f}:\mathbf{R}\to S^1$ 的提升，则对任意 $l\in\mathbf{Z}$，

$$F+l:\mathbf{R}\to\mathbf{R}$$
$$x\longmapsto F(x)+l$$

也是 $\tilde{f}$ 的提升.

证明. 显然. □

§2 圆周自映射的提升

以下，我们沿用记号

$$E:\mathbf{R}\to S^1$$
$$x\longmapsto e^{2\pi ix}.$$

定义 2.1 设 $f:S^1\to S^1$ 和 $F:\mathbf{R}\to\mathbf{R}$ 是连续映射，满足

$$E\circ F=f\circ E,$$

即有交换图表，

$$\begin{array}{ccc} R & \xrightarrow{F} & \mathbf{R} \\ {\scriptstyle E}\downarrow & & \downarrow{\scriptstyle E} \\ S^1 & \xrightarrow{f} & S^1 \end{array}$$

则称 F 为 f 的提升.

在上面的定义中，如果记 $\tilde{f}=f\circ E$，则显然 $\tilde{f}$ 满足

$$\tilde{f}(x+1)=\tilde{f}(x),$$

而 F 和 $\tilde{f}$ 满足

$$E\circ F=\tilde{f}.$$

由命题 1.7，1.8，1.9 和 1.10，我们得到：

定理 2.2 设 $f:S^1\to S^1$ 是连续映射，则

(i) 存在 f 的提升 $F:\mathbf{R}\to\mathbf{R}$；

(ii) 提升 F 满足

$$F(x+1)-F(x)=k(\text{const})\in\mathbf{Z};$$

(iii) 对任意 $l\in\mathbf{Z}$，$F+l$ 也是 F 的提升，并且 f 的任意提升都可表示为这种形式.

证明. 对 $\tilde{f}=f\circ E$ 运用命题 1.7，1.8，1.9 和 1.10 即得. □

定义 2.3 设 $f:S^1\to S^1$ 连续，$F:\mathbb{R}\to\mathbb{R}$ 是其提升，则

$$k=F(x+1)-F(x)\in\mathbb{Z}$$

不依赖于提升 F 的选取，它不依赖于 x. 整数 k 由 $f:S^1\to S^1$ 所唯一确定，称为 f 的映射度，记为

$$\deg(f)=k.$$

于是，对于 f 的任意提升 F 和任意 $x\in\mathbb{R}$ 都有:

$$F(x+1)-F(x)=\deg(f),$$

$$F(x+m)-F(x)=m\deg(f)\quad(m\in\mathbb{Z}).$$

命题 2.4 设 $F,G:\mathbb{R}\to\mathbb{R}$ 分别是 f，$g:S^1\to S^1$ 的提升，则 $G\circ F:\mathbb{R}\to\mathbb{R}$ 是 $g\circ f:S^1\to S^1$ 的提升.

证明. 由 $E\circ F=f\circ E$ 和 $E\circ G=g\circ E$，可得

$$\begin{aligned}E\circ(G\circ F)&=(E\circ G)\circ F=(g\circ E)\circ F\\&=g\circ(E\circ F)=(g\circ f)\circ E.\end{aligned}$$ □

命题 2.5 对于连续映射 f,g: $S^1\to S^1$ 和恒同映射 id: $S^1\to S^1$，我们有

(i) $\deg(g\circ f)=\deg(g)\cdot\deg(f)$;

(ii) $\deg(id)=1$.

证明.

(i) $$\begin{aligned}G\circ F(x+1)&=G(F(x)+\deg(f))\\&=G(F(x))+\deg(g)\cdot\deg(f)\\&=G\circ F(x)+\deg(g)\cdot\deg(f).\end{aligned}$$

(ii) 显然 $id_{\mathbb{R}}:\mathbb{R}\to\mathbb{R}$ 是 $id:S^1\to S^1$ 的提升. 因而

$$\deg(id)=(x+1)-x=1.$$ □

推论 2.6 设 $h:S^1\to S^1$ 是一个同胚映射，则

$$\deg(h)=\deg(h^{-1})=\pm1.$$

证明.

$$\deg(h)\cdot\deg(h^{-1})=\deg(h\circ h^{-1})=\deg(id)=1.$$ □

命题 2.7 设 X 是一个集合，$\varphi,\psi,\chi:X\to X$ 是映射，$\psi\circ\varphi=\chi$，则

(i) χ 单一 $\Rightarrow$ φ 单一;

(ii) χ 满 $\Rightarrow$ ψ 满.

证明.

(i) 若 $\varphi(x)=\varphi(y)$，则

$\chi(x)=\psi\circ\varphi(x)=\psi\circ\varphi(y)=\chi(y)$，因而 $x=y$.

(ii) 任给 $y\in X$，存在 $x\in X$，使得 $\chi(x)=y$ 于是 $\psi(\varphi(x))=y$. □

命题 2.8 设 $h:S^1\to S^1$ 是一同胚映射，H 和 K: $\mathbf{R}\to\mathbf{R}$ 分别是 h 和 h^{-1} 的提升，则

$$H\circ K=id+l,$$
$$K\circ H=id+m,$$

这里 $l,m\in\mathbf{Z}$. 因而

(i) H 和 K 都是同胚映射;

(ii) H^{-1} 是 h^{-1} 的提升，$H^{-1}=K+n$，这里 $n\in\mathbf{Z}$.

证明.

(i) 由命题 2.7 可知.

(ii) 以 E 作用于等式 $H\circ H^{-1}=id$ 两边得

$$E\circ HH^{-1}=E,$$
$$h\circ E\circ H^{-1}=E,$$
$$E\circ H^{-1}=h^{-1}\circ E. \quad \square$$

命题 2.9 要使 $F(x)-kx$ 是周期为 1 的函数，必须而且只须 $F(x+1)-F(x)=k$，$\forall x\in\mathbf{R}$.

证明.

$$(F(x+1)-k(x+1))-(F(x)-kx)$$
$$=F(x+1)-F(x)-k. \quad \square$$

定义 2.10 同胚 h: $S^1\to S^1$ 称为是保向的(反向的)，如果 $\deg(h)=+1$ ($\deg(h)=-1$).

在流形论中，一般地定义了 C^r 流形之间的 C^r 映射. 但对圆周自映射这一特殊情形，我们借助于提升给 C^r 映射以更简明的描述.

定义 2.11 设 $f\in C^0(S^1,S^1)$. 如果 f 的某一提升 $F:\mathbb{R}\to\mathbb{R}$ 是 C^r 映射，那么它的任意提升 $F+k$: $\mathbb{R}\to\mathbb{R}$ 也都是 C^r 映射. 这时我们说 f 属于 C^r 类. 这样，我们定义了 $C^0(S^1,S^1)$ 的子类 $C^r(S^1,S^1)$.

§3 圆周自同胚的旋转数

我们知道,圆周的保向自同胚 f: $S^1\to S^1$ 可以提升为严格递增的连续函数 $F:\mathbb{R}\to\mathbb{R}$, 满足:

$$F(x+1)-F(x)=1,\ \forall x\in\mathbb{R}$$

(或者等价地: $F-id$ 是周期为 1 的连续映射). 从任意一点 $\xi\in S^1$ 出发,考察轨道 $\xi,f(\xi),f^2(\xi),\cdots$上相邻两点所张角度(以 1 周角$=360^0=2\pi$ 弧度为单位).我们可以用 $x,F(x),F^2(x),\cdots$ 中相邻两点之间的线段长度作为相应角度的量度(这里 x 满足 $E(x)=\xi$). 考虑平均旋转角:

$$\frac{1}{n}\sum_{i=1}^{n}(F^i(x)-F^{i-1}(x))=\frac{F^n(x)-x}{n}.$$

以下我们将证明: 当 $n\to\infty$时,上述平均旋转角有确定的极限,这极限不依赖于ξ(或 x)的选择.

引理 3.1 设 $\Phi:\mathbb{R}\to\mathbb{R}$ 是严格递增的连续函数,满足

$$\Phi(x+1)-\Phi(x)=1,\ \forall x\in\mathbf{R}.$$

则 $\Psi=\Phi-id:\mathbb{R}\to\mathbb{R}$ 是周期为 1 的连续函数,满足

$$\sup_{\mathbf{R}}\Psi-\inf_{\mathbf{R}}\Psi\leqslant 1.$$

证明. 任给 $x\in\mathbf{R}$, $x\leqslant y<x+1$, 我们有:

$$\Phi(x)\leqslant\Phi(y)\leqslant\Phi(x)+1,$$
$$\Phi(x)-x-1<\Phi(y)-y<\Phi(x)-x+1,$$
$$|\Psi(x)-\Psi(y)|<1,$$

因而

$$\sup_{\mathbf{R}}\Psi-\inf_{\mathbf{R}}\Psi\leqslant 1.\ \square$$

定理 3.2 设 $f:S^1\to S^1$ 是保向同胚，F 是其任一提升，$x\in\mathbb{R}$，则极限

$$\lim_{n\to+\infty}\frac{F^n(x)-x}{n}=\lim_{n\to+\infty}\frac{F^n(x)}{n}$$

存在．这极限值不依赖于 x 的选取，因而我们可以记

$$\rho(F)=\lim_{n\to+\infty}\frac{F^n(x)-x}{n}=\lim_{n\to+\infty}\frac{F^n(x)}{n}.$$

如果 $F_1=F+l$，$l\in\mathbb{Z}$，则

$$\rho(F_1)=\rho(F)+l.$$

证明．对于 $m\in\mathbb{N}$ 用归纳法易证

$$F^m(x+1)=F^m(x)+1,\ \forall x\in\mathbb{R}.$$

记

$$\alpha_m=\inf_{\mathbb{R}}(F^m-id),\ \beta_m=\sup_{\mathbb{R}}(F^m-id).$$

对于 $n\in\mathbb{N}$，$n\geqslant m$，我们有

$$n=qm+r,\ 0\leqslant r<m.$$

由

$$\alpha_m\leqslant F^m(y)-y\leqslant\beta_m,\ \forall y\in\mathbb{R},$$

可以得到

$$\alpha_m\leqslant F^{pm}(y)-F^{(p-1)m}(y)\leqslant\beta_m.$$

对 $p=1,2,\cdots,q$ 求和得

$$q\alpha_m\leqslant F^{qm}(y)-y\leqslant q\beta_m.$$

特别地

$$q\alpha_m\leqslant F^{qm+r}(x)-F^r(x)\leqslant q\beta_m.$$

又有

$$r\alpha_1\leqslant F^r(x)-x\leqslant r\beta_1.$$

于是得到

$$q\alpha_m+r\alpha_1\leqslant F^n(x)-x\leqslant q\beta_m+r\beta_1. \tag{3.1}$$

注意到

$$\frac{q}{n}=\frac{q}{qm+r}\to\frac{1}{m}\ (n\to+\infty),$$

我们得到

$$\frac{\alpha_m}{m} \leqslant \underline{\lim}_{n\to+\infty} \frac{F^n(x)-x}{n} \leqslant \overline{\lim}_{n\to+\infty} \frac{F^n(x)-x}{n} \leqslant \frac{\beta_m}{m}.$$

但

$$0 \leqslant \frac{\beta_m - \alpha_m}{m} \leqslant \frac{1}{m} \to 0 \quad (m \to \infty).$$

所以 $\lim\limits_{n\to+\infty} \dfrac{F^n(x)-x}{n}$ 存在，并且

$$\frac{\alpha_m}{m} \leqslant \lim_{n\to+\infty} \frac{F^n(x)-x}{n} \leqslant \frac{\beta_m}{m}.$$

对于另一 $x' \in \mathbf{R}$，我们也有

$$\frac{\alpha_m}{m} \leqslant \lim_{n\to+\infty} \frac{F^n(x')-x'}{n} \leqslant \frac{\beta_m}{m}.$$

所以

$$\lim_{n\to+\infty} \frac{F^n(x')-x'}{n} = \lim_{n\to+\infty} \frac{F^n(x)-x}{n}.$$

又，如果 $F_1 = F + l$，那么

$$\begin{aligned} F_1^n(x) &= F_1^{n-1}(F(x)+l) = F_1^{n-1}(F(x)) + l \\ &= F_1^{n-2}(F^2(x)) + 2l \cdots\cdots \\ &= F^n(x) + nl. \end{aligned}$$

因而

$$\lim_{n\to+\infty} \frac{F_1^n(x)}{n} = \lim_{n\to+\infty} \frac{F^n(x)}{n} + l,$$

即

$$\rho(F_1) = \rho(F) + l. \ \square$$

定义 3.3 设 $f: S^1 \to S^1$ 是保向同胚，F 是 f 的任一提升. 我们把

$$\rho(F) \pmod{\mathbf{Z}}$$

称为是 f 的旋转数，记为

$$\rho(f) = \rho(F) \pmod{\mathbf{Z}}.$$

注记 3.4 在 (3.1) 中以 $F^{-n}(x)$ 代替 x 可得

$$q\alpha_m + r\alpha_1 \leqslant x - F^{-n}(x) \leqslant q\beta_m + r\beta_1,$$

$$\frac{\alpha_m}{m} \leqslant \varliminf_{n\to+\infty} \frac{x - F^{-n}(x)}{n} \leqslant \varlimsup_{n\to+\infty} \frac{x - F^{-n}(x)}{n} \leqslant \frac{\beta_m}{m}.$$

因此,极限 $\lim\limits_{n\to+\infty} \dfrac{F^{-n}(x) - x}{-n} = \lim\limits_{n\to+\infty} \dfrac{x - F^{-n}(x)}{n}$ 存在,并且

$$\lim_{n\to+\infty} \frac{F^{-n}(x) - x}{-n} = \lim_{n\to+\infty} \frac{F^{n}(x) - x}{n} = \rho(F).$$

由此得到

$$\lim_{|n|\to+\infty} \frac{F^{n}(x) - x}{n} = \rho(F).$$

注记 3.5 由注记 3.4 可进一步得到

$$\begin{aligned}\rho(F^{-1}) &= \lim_{n\to+\infty} \frac{F^{-n}(x) - x}{n} \\ &= -\lim_{n\to+\infty} \frac{F^{-n}(x) - x}{-n} = -\rho(F).\end{aligned}$$

对于 $k \in \mathbf{Z}$, $k \geqslant 0$, 一般地有

$$\lim_{n\to+\infty} \frac{F^{kn}(x)}{n} = k \lim_{n\to+\infty} \frac{F^{kn}(x)}{kn} = k\rho(F);$$

$$\lim_{n\to+\infty} \frac{F^{-kn}(x)}{n} = -k \lim_{n\to+\infty} \frac{F^{-kn}(x)}{-kn} = -k\rho(F).$$

因而对任意 $l \in \mathbf{Z}$ 都有

$$\rho(F^l) = l\rho(F).$$

以下,我们考察旋转数的性质.

命题 3.6 旋转数是保向拓扑共轭的不变量. 这就是说,如果 $f, g, h: S^1 \to S^1$ 都是保向同胚, $h\circ f = g\circ h$, 那么

$$\rho(f) = \rho(g) \pmod{\mathbf{Z}}.$$

证明. 设 F, G, H 分别是 f, g, h 的提升,则有

$$G\circ H = H\circ F + k.$$

逐次以 G 作用于上式两边,我们得到

$$G^n\circ H = H\circ F^n + nk,$$

$$\frac{G^n(H(0))}{n}=\frac{H(F^n(0))}{n}+k.$$

周期函数 $H-id$ 有界，可设

$$|H(x)-x|\leqslant M,\ \forall x\in\mathbf{R}.$$

于是

$$\left|\frac{H(F^n(0))}{n}-\frac{F^n(0)}{n}\right|\leqslant\frac{M}{n}\to 0\ (n\to+\infty).$$

因而

$$\lim_{n\to+\infty}\frac{G^n(H(0))}{n}=\lim_{n\to+\infty}\frac{H(F^n(0))}{n}+k$$
$$=\lim_{n\to+\infty}\frac{F^n(0)}{n}+k,$$

即

$$\rho(G)=\rho(F)+k.\ \square$$

注记 3.7 如果 h 是反向的拓扑共轭，H 是其提升，那么 $H+id$ 是周期函数，因而有界．同上面的推理可证 $\rho(G)=-\rho(F)+k$，即

$$\rho(g)=-\rho(f)\pmod{\mathbf{Z}}.$$

命题 3.8 $\rho(f)$ 为有理数的充分必要条件是 f 具有周期点．

证明．充分性．设 $f^N(\xi)=\xi$，x 覆迭 ξ（即 $E(x)=\xi$），F 是 f 的任一提升．则存在 $M\in\mathbf{Z}$，使得

$$F^N(x)=x+M.$$

以 F^N 作用于上式两边得

$$F^{2N}(x)=F^N(x)+M=x+2M.$$

一般地有

$$F^{nN}(x)=F^{(n-1)N}(x)+M=x+nM.$$

由此看出

$$\rho(F)=\lim_{n\to+\infty}\frac{F^{nN}(x)}{nN}=\frac{M}{N}\in\mathbf{Q}.$$

必要性．设 $\rho(f)=\frac{M}{N}\pmod{\mathbf{Z}}$，则由注记 3.5 可得 $\rho(f^N)=$

$N\rho(f)=M \pmod{\mathbf{Z}}$. 令 $g=f^N$. 将用反证法证明 $\mathrm{Fix}(g)\neq\varnothing$. 假设 $\mathrm{Fix}(g)=\varnothing$, G 是 g 的一个提升,则对适当的整数 k 有

$$k<G(x)-x<k+1,\ \forall x\in\mathbf{R}.$$

令

$$\alpha=\inf_{\mathbf{R}}(G-id),\ \beta=\sup_{\mathbf{R}}(G-id).$$

考虑到 $G-id$ 的周期性,我们得到

$$k<\alpha\leqslant G(x)-x\leqslant\beta<k+1,\ \forall x\in\mathbf{R}.$$

由此得

$$\alpha\leqslant G^p(x)-G^{p-1}(x)\leqslant\beta.$$

依次令 $p=1,2,\cdots,n$, 将所得的式子求和得

$$n\alpha\leqslant G^n(x)-x\leqslant n\beta.$$

由此立即得到

$$k<\alpha\leqslant\rho(G)\leqslant\beta<k+1.$$

这与 $\rho(g)=\rho(f^N)\in\mathbf{Z}$ 矛盾. □

引理 3.9 设 $f:S^1\to S^1$ 是保向同胚, F 是其提升, $x\in\mathbf{R}$. 如果 N 是使得

$$F^N(x)-x\in\mathbf{Z}$$

成立的最小的自然数, $M=F^N(x)-x$, 那么 M 与 N 互素,即

$$(M,N)=1.$$

证明. 如果 $(M,N)=k>1$, 那么

$$M=kM',\ N=kN',\ N'<N.$$

可设对于适当的 $l\in\mathbf{Z}$ 有

$$x+l<F^{N'}(x)<x+l+1.$$

于是

$$F^{N'}(x)+l<F^{2N'}(x)<F^{N'}(x)+l+1,$$

$$\cdots\quad\cdots$$

$$F^{(k-1)N'}(x)+l<F^{kN'}(x)<F^{(k-1)N'}(x)+l+1.$$

由此得到

$$kl<F^{kN'}(x)-x<k(l+1),$$

$$kl < kM' < k(l+1),$$
$$l < M' < l+1.$$

但这与 $M' \in \mathbf{Z}$ 矛盾. □

命题 3.10 设 f 有 N 周期点，则存在与 N 互素的整数 M，使得

$$\rho(f) = \frac{M}{N} \pmod{\mathbf{Z}}.$$

但 $\rho(f)$ 的既约分数表示是唯一的，所以 f 的任何周期点的周期也都是 N，即:

$$\mathrm{PP}(f) = \{N\}.$$

证明. 由命题 3.8 和引理 3.9 即得. □

§4 Ω 集的分析

以下，设 $f: S^1 \to S^1$ 是给定的保向自同胚.

定理 4.1 $\mathrm{Per}(f) \neq \varnothing \Rightarrow \Omega(f) = \mathrm{Per}(f)$.

证明. 由命题 3.9 可知 $\mathrm{PP}(f)=\{N\}$，因而 $\mathrm{Per}(f)=\mathrm{Fix}(f^N)$. 由此得知 $\mathrm{Per}(f)$ 是闭集. 设 (α, β) 是 $S^1\backslash\mathrm{Per}(f)$ 的任一余区间，则自然有 $\alpha, \beta \in \mathrm{Per}(f)$. 因而

$$f^k((\alpha,\beta)) \cap (\alpha,\beta) = \varnothing, \quad k = 1,2,\cdots,N-1,$$
$$f^N((\alpha,\beta)) = (\alpha,\beta),$$

并且有

$$\begin{cases} \text{或者 } f^N(x) > x, \ \forall x \in (\alpha,\beta), \\ \text{或者 } f^N(x) < x, \ \forall x \in (\alpha,\beta). \end{cases}$$

这里“$<$”表示由圆周的定向在 (α,β) 中诱导出的顺序关系.

以下设 $f^N(x) > x, \ \forall x \in (\alpha,\beta)$. 于是有

$$\cdots < f^{-2N}(x) < f^{-N}(x) < x < f^N(x) < f^{2N}(x) < \cdots$$

因而

$$\lim_{m\to+\infty} f^{-mN}(x) = \alpha, \quad \lim_{m\to+\infty} f^{mN}(x) = \beta.$$

由此易证 (α,β) 中的点都是游荡点.

由上面的讨论,我们得到

$$\Omega(f)\subset \mathrm{Per}(f)\subset \Omega(f).\ \square$$

引理 4.2 设 f 无周期点, $\Lambda\subset S^1$ 是 f 的一个闭的非空的不变集, (γ,δ) 是 Λ 的一个余区间,则有

$$\omega(x)\subset\Lambda,\ \alpha(x)\subset\Lambda,\ \forall x\in(\gamma,\delta).$$

证明. 因为

$$f^j(\Lambda)\subset\Lambda,\ f^j(S^1\backslash\Lambda)\subset S^1\backslash\Lambda,$$

所以 $f^j((\gamma,\delta))$ 应仍是 Λ 的一个余区间. 对于 $j\neq k$, $f^j([\gamma,\delta])$ 与 $f^k([\gamma,\delta])$ 不可能重合,否则将有 $f^{j-k}([\gamma,\delta])=[\gamma,\delta]$, 与 $\mathrm{Per}(f)=\varnothing$ 矛盾. 因而 $\{f^j([\gamma,\delta])\mid j\in\mathbf{Z}\}$ 两两不相交. 若以 $l(A)$ 表示弧 $A\subset S^1$ 的长度,则有

$$\lim_{k\to+\infty} l(f^k([\gamma,\delta]))=0.$$

因而

$$\omega(x)=\omega(\gamma)=\omega(\delta)\subset\Lambda,\ \forall x\in(\gamma,\delta).$$

同样可证

$$\alpha(x)=\alpha(\gamma)=\alpha(\delta)\subset\Lambda,\ \forall x\in(\gamma,\delta).\ \square$$

定理 4.3 设 $\mathrm{Per}(f)=\varnothing$, 则

(i) $\Omega(f)=\omega(x)=\alpha(x)$, $\forall x\in S^1$;

(ii) $\Omega=\Omega(f)$ 是 f 的极小集,即它是闭的非空的不变集,并且没有闭的非空的不变的真子集;

(iii) 或者 Ω 是 S^1 上的一个无处稠密的完全集,或者 $\Omega=S^1$.

证明.

(i) $\omega(x)\subset S^1$ 是 f 的一个闭的非空的不变集. 设 (γ,δ) 是 $\omega(x)$ 的一个余区间, $y\in(\gamma,\delta)$, 则由上一引理可知 $\omega(y)\subset\omega(x)$, $\alpha(y)\subset\omega(x)$. 由此易见 y 是 f 的游荡点. 这样,我们证明了

$$S^1\backslash\omega(x)\subset S^1\backslash\Omega(f).$$

于是

$$\Omega(f)\subset\omega(x)\subset\Omega(f).$$

(ii) 设H是f的闭的非空的不变集，$H\subset\Omega(f)$，$y\in H$，则$\Omega(f)=\omega(y)\subset H$，因而$H=\Omega(f)$.

(iii) 命$\partial\Omega$表示集合Ω的边界点集，则$\partial\Omega$是闭集. 又显然有

$$\partial\Omega\subset\Omega,\ f(\partial\Omega)=\partial f(\Omega)=\partial\Omega.$$

因而： 或者 $\partial\Omega=\varnothing$，这时由$S^1$的连通性可知 $\Omega=S^1$；或者$\partial\Omega=\Omega$，这时Ω是无处稠密的. 对后一情形，因为 $\Omega=\omega(x)$ $(\forall x\in S^1)$，所以任意 $y\in\Omega$ 必满足 $y\in\omega(y)$，因而Ω是完全集. □

定义 4.4 设 $\mathrm{Per}(f)=\varnothing$. 如果 $\Omega(f)=S^1$，则称f是遍历的 (Ergodic). 否则称f是非遍历的.

下节将证明的Denjoy定理指出，如果f是C^2同胚，$\mathrm{Per}(f)=\varnothing$，那么$f$只可能是遍历的.

§5 Denjoy 定理

以下设 $f:S^1\to S^1$ 是保向同胚.

引理 5.1 设 $\mathrm{Per}(f)=\varnothing$，$x\in S^1$，$m,n\in\mathbf{Z}$，$m\neq n$，$I=[f^m(x),f^n(x)]$ (按S^1的定向从$f^m(x)$到$f^n(x)$的一段闭弧). 则对任意$y\in S^1$，存在$r\in\mathbf{Z}_+$，使得$f^r(y)\in I$. 这就是说

$$\mathrm{Orb}_f^+(y)\cap I\neq\varnothing,\ \forall y\in S^1.$$

证明. 不妨设$m>n$. 以$f^{-l(m-n)}(l=0,1,2,\cdots)$依次作用于$I$，得到一系列弧

$$I,\ f^{-(m-n)}I,\ f^{-2(m-n)}I,\ \cdots$$

这些弧是首尾衔接的，因为我们有

$$\begin{aligned}f^{-l(m-n)}I&=[f^{-l(m-n)+m}(x),f^{-l(m-n)+n}(x)]\\&=[f^{-l(m-n)+m}(x),f^{-(l+1)(m-n)+m}(x)].\end{aligned}$$

我们断定必有一弧含有y，否则点列

$$\{f^{-l(m-n)+m}(x)\mid l\in\mathbf{Z}_+\}$$

将沿S^1的定向单调排列而始终不超过y，这导致存在极限

$$\lim_{l\to+\infty} f^{-l(m-n)+m}(x) = z \in \mathrm{Fix}(f^{-(m-n)}).$$

但这与 $\mathrm{Per}(f)=\varnothing$ 相矛盾. 因而，必定存在有 $r=l(m-n)\in \mathbf{Z}_+$，使得

$$y\in f^{-r}I.$$

因而

$$f^r y\in I. \quad \square$$

引理 5.2 设 $\mathrm{Per}(f)=\varnothing$，$p_0\in S^1$，$p_j=f^j(p_0)\ (j\in \mathbf{Z})$. 则 $\forall N\in \mathbf{N}$，$\exists n>N$，使得对于 S^1 的适当定向，或者有:

$$(\mathbf{A}_k)\ (p_{-k},p_{n-k})\cap\{p_{-n},\ \cdots,\ p_{-1},\ p_0,\ \cdots,\ p_{n-1}\}=\varnothing \quad (0\leqslant k\leqslant n),$$

因而

$$[p_{-1},\ p_{n-1}],\ [p_{-2},\ p_{n-2}],\ \cdots,\ [p_{-n},\ p_0]$$

两两不相交;或者有:

$$(\mathbf{B}_k)\ (p_k,\ p_{-n+k})\cap\{p_{-n},\ \cdots,\ p_{-1},p_0,\ \cdots,\ p_{n-1}\}=\varnothing \quad (0\leqslant k\leqslant n),$$

因而

$$[p_0,\ p_{-n}],\ [p_1,\ p_{-n+1}],\ \cdots,\ [p_{n-1},\ p_{-1}]$$

两两不相交.

证明. 第一步. 在 $\{p_{-N},\ \cdots,\ p_{-1},\ p_0,\ \cdots,p_N\}$ 中选取离 p_0 最近的点 p_m 并选取从 p_0 到 p_m 的较短弧的定向为 S^1 的定向.由引理 5.1，存在 $r\in\mathbf{N}$ 使得

$$p_r=f^r(p_0)\in(p_0,p_m).$$

在 $\{p_{-r},\cdots,p_{-1},p_0,\cdots,p_r\}$ 中选取离 p_0 最近的 $p_s\in(p_0,p_m)$. 显然 $n=|s|>N$，并且视 $s>0$ 或者 $s<0$ 分别有 $(\mathbf{A}_0)$ 或者 $(\mathbf{B}_0)$ 成立.

第二步. 我们指出 $(\mathbf{A}_0)\Rightarrow(\mathbf{A}_k)$，$0\leqslant k\leqslant n$. (同样可证 $(\mathbf{B}_0)\Rightarrow(\mathbf{B}_k),0\leqslant k\leqslant n$.) 事实上,显然有 $(\mathbf{A}_0)\Rightarrow(\mathbf{A}_0),(\mathbf{A}_1)$. 假设已证得

$(\mathbf{A}_l)$ $(p_{-l},p_{n-l})\cap\{p_{-n},\ \cdots,p_{-1},p_0,\cdots,p_{n-1}\}=\varnothing$. 以

f^{-1} 作用于上式两边得

$$(p_{-l-1},p_{n-l-1})\cap\{p_{-n-1},p_{-n},\cdots,p_{-1},p_0,\cdots,p_{n-2}\}=\varnothing.$$

我们指出：$p_{n-1}\notin(p_{-l-1},p_{n-l-1})$. 若不然，由 $p_{n-1}\in(p_{-l-1},p_{n-l-1})$ 可得 $p_{-l-1}\in(p_{-1},p_{n-1})$，因而 $p_{-l}\in(p_0,p_n)$，这与 $(\mathbf{A}_0)$ 矛盾. 这样，我们得到：

$$(\mathbf{A}_{l+1})\ (p_{-l-1},p_{n-l-1})\cap\{p_{-n},\cdots,p_{-1},p_0,\cdots,p_{n-1}\}=\varnothing.$$

引理于是得证. □

引理 5.3 若从 p_0 出发的轨道 p_k 满足 $(\mathbf{A}_k)$（或者 $(\mathbf{B}_k)$），$0\leqslant k\leqslant n$，并且以 p_0 为内点的弧 I 在 f 逐次迭代作用下的象 $I_j=f^jI$，$j\in\mathbf{Z}$，两两不相交，则从 I 中任意一点 q_0 出发的轨道也满足类似的条件

$$(\mathbf{A}_k)\ (q_{-k},q_{n-k})\cap\{q_{-n},\cdots,q_{-1},q_0,\cdots,q_{n-1}\}=\varnothing,\quad 0\leqslant k\leqslant n,$$

因而

$$[q_{-1},q_{n-1}],[q_{-2},q_{n-2}],\cdots,[q_{-n},q_0]$$

两两不相交.（或者

$$(\mathbf{B}_k)\ (q_k,q_{-n+k})\cap\{q_{-n},\cdots,q_{-1},q_0,\cdots,q_{n-1}\}=\varnothing,\quad 0\leqslant k\leqslant n,$$

因而

$$[q_0,q_{-n}],[q_1,q_{-n+1}],\cdots,[q_{n-1},q_{-1}]$$

两两不相交.）

证明. $I_j=f^jI$，$j\in\mathbf{Z}$，两两不相交. 它们在 S^1 上排列的顺序由其内点 $p_j=f^j(p_0)$，$j\in\mathbf{Z}$，所唯一确定. □

定义 5.4 函数 $\varphi:\mathbf{R}\to\mathbf{R}$ 称为是有界变差的，如果它限制在任意闭区间 $J\subset\mathbf{R}$ 上是有界变差的.

特别地，设 $\varphi:\mathbf{R}\to\mathbf{R}$ 是周期为 1 的函数，如果 φ 在 $[0,1]$ 是有界变差的，则它是有界变差的.

定理 5.5 (Denjoy) 设 $f:S^1\to S^1$ 是保向同胚，$\rho(f)$ 是无理数（这等价于 $\mathrm{Per}(f)=\varnothing$）. 如果 f 具有不取 0 值的有界变差的微商（这就是说：f 的任意提升 F 具有不取 0 值的有界变差的微

商 F')，那么 f 是遍历的，即 $\Omega(f)=S^1$.

证明. 设 F 是 f 的任意一个提升，则

$$F(x+1)-F(x)=1,\ \forall x\in \mathbf{R},$$

因而 $F'(x)$ 是周期为 1 的函数. 又因为

$$F'(x)>0,\ \forall x\in \mathbf{R},$$

所以

$$F'(x)\geqslant \delta>0,\ \forall x\in \mathbf{R}.$$

函数 $\log s$ 对于 $s\in[\delta,+\infty)$ 满足 Lipschitz 条件(因为 $(\log s)'=\frac{1}{s}$ 在 $[\delta,+\infty)$ 有界)，因而

$$\psi(x)=\log F'(x)$$

是周期为 1 的有界变差函数.

如果存在 $p_0\in S^1\backslash\Omega(f)$，那么存在以 p_0 为内点的闭弧段 I，使得

$$I_k=f^kI,\ k\in \mathbf{Z},$$

两两不相交. 对任意 $N\in \mathbf{N}$，存在 $n>N$，使得对于 S^1 的适当定向，以下这些弧段两两不相交:

$$[p_{-1},p_{n-1}],[p_{-2},p_{n-2}],\cdots,[p_{-n},p_0],$$

这里 $p_k=f^k(p_0)$，$k\in \mathbf{Z}$. 取 $x_0\in \mathbf{R}$ 覆迭 p_0. 记

$$x_k=F^k(x_0),\ k\in \mathbf{Z}.$$

则 x_k 覆迭 $p_k(k\in \mathbf{Z})$，因而以下这些线段(以及它们关于整数平移的等价类)两两不相交:

$$[x_{-1},x_{n-1}],[x_{-2},x_{n-2}],\cdots,[x_{-n},x_0].$$

我们来估计

$$|\psi(x_0)+\psi(x_1)+\cdots+\psi(x_{n-1}) \\ -\psi(x_{-n})-\cdots-\psi(x_{-1})|.$$

虽然 $x_k=F^k(x_0)\ (k\in \mathbf{Z})$ 分布于 $\mathbf{R}$ 上，但因为 $\psi=\log F'$ 是周期为 1 的函数，我们可以表示

$$\psi(x')-\psi(x'')=\psi(\hat{x}')-\psi(\hat{x}''),$$

这里 $[\hat{x}',\ \hat{x}'']\subset[0,\ 2]$ 是 $[x',\ x'']$ 的相差适当整数的平移. 设

$\psi = \log F'$ 在 $[0,2]$ 的全变差为 V. 因为

$$[\hat{x}_{-1}, \hat{x}_{n-1}], [\hat{x}_{-2}, \hat{x}_{n-2}], \cdots, [\hat{x}_{-n}, \hat{x}_0]$$

两两不相交，我们得到

$$|\psi(x_0) + \psi(x_1) + \cdots + \psi(x_{n-1}) \\ - \psi(x_{-n}) - \cdots - \psi(x_{-1})| \leqslant V.$$

注意到

$$\frac{dF^n}{dx}(x_0) = F'(x_{n-1})F'(x_{n-2})\cdots F'(x_0),$$

$$\frac{dF^{-n}}{dx}(x_0) = \frac{1}{F'(x_{-n})F'(x_{-n+1})\cdots F'(x_{-1})},$$

$$\log \frac{dF^n}{dx}(x_0) = \psi(x_{n-1}) + \cdots + \psi(x_0),$$

$$\log \frac{dF^{-n}}{dx}(x_0) = -\psi(x_{-n}) - \cdots - \psi(x_{-1}).$$

我们得到

$$\left| \log \left[\frac{dF^n}{dx}(x_0) \frac{dF^{-n}}{dx}(x_0) \right] \right| \leqslant V,$$

$$e^{-V} \leqslant \frac{dF^n}{dx}(x_0) \frac{dF^{-n}}{dx}(x_0) \leqslant e^V.$$

任给 $q \in I$, 设 $y \in \mathrm{R}$ 覆迭 q. 利用引理 5.3 并重复上面的讨论，我们得到

$$e^{-V} \leqslant \frac{dF^n}{dx}(y) \frac{dF^{-n}}{dx}(y) \leqslant e^V.$$

把弧段 $I_k = f^k I$ 的长度记为 μ_k, 则

$$\mu_k = \int_{\tilde{I}} \frac{dF^k}{dx}(y) dy,$$

这里 $\tilde{I} \subset \mathrm{R}$ 是覆迭 I 的线段. 我们有:

$$\begin{aligned} \mu_n + \mu_{-n} &= \int_{\tilde{I}} \left[\frac{dF^n}{dx}(y) + \frac{dF^{-n}}{dx}(y) \right] dy \\ &\geqslant 2 \int_{\tilde{I}} \sqrt{\frac{dF^n}{dx}(y) \frac{dF^{-n}}{dx}(y)}\, dy \\ &\geqslant 2 \mu_0 e^{-\frac{V}{2}}. \end{aligned}$$

对任意 $N \in \mathbf{N}$ 都有 $n > N$，使得上面的估计成立，所以

$$\sum_{k=-\infty}^{+\infty} \mu_k = +\infty.$$

但这与 $I_k(k \in \mathbf{Z})$ 两两不相交矛盾. □

引理 5.6 设无周期点的保向同胚 $f: S^1 \to S^1$ 是遍历的，$F: \mathbb{R} \to \mathbb{R}$ 是 f 的任意一个提升，$x \in \mathbb{R}$. 则点集

$$\{F^k(x) + m \mid k, m \in \mathbf{Z}\} \tag{5.1}$$

在 $\mathbf{R}$ 中稠密.

证明. 对于 $\xi = E(x) \in S^1$，我们有

$$\omega_f(\xi) = \Omega(f) = S^1.$$

因而 $\mathrm{Orb}_f(\xi)$ 在 S^1 中稠密. 由此易知集合 (5.1) 在 $\mathbf{R}$ 中稠密. □

引理 5.7 设 α 是无理数，则集合

$$\{k\alpha + m \mid k, m \in \mathbf{Z}\}$$

在 $\mathbf{R}$ 中稠密.

证明. 考虑旋转

$$\begin{aligned}\tau_\alpha: S^1 &\to S^1\\ \xi &\longmapsto e^{2\pi i\alpha}\xi.\end{aligned}$$

显然 τ_α 的一个提升是

$$\begin{aligned}T_\alpha: \mathbf{R} &\to \mathbf{R}\\ x &\longmapsto \alpha + x.\end{aligned}$$

旋转 τ_α 至少是 C^2 的. 由 Denjoy 定理，它是遍历的. 由引理 5.6，我们断定：集合

$$\{k\alpha + m \mid k, m \in \mathbf{Z}\} = \{T_\alpha^k(0) + m \mid k, m \in \mathbf{Z}\}$$

在 $\mathbf{R}$ 中稠密. □

引理 5.8 设无周期点的保向同胚 $f: S^1 \to S^1$ 是遍历的，F 是 f 的一个提升，$\alpha = \rho(F)$. 记

$$A = \{F^k(0) + m \mid k, m \in \mathbf{Z}\} \subset \mathbb{R},$$
$$B = \{k\alpha + m \mid k, m \in \mathbf{Z}\} \subset \mathbb{R}.$$

我们定义如下的映射：

$$H: A \to B$$

$$F^k(0)+m \longmapsto k\alpha+m.$$

则有：

(i) H是保序的(因而是单一的)满映射，它满足

$$H(a+1)=H(a)+1,\ \forall a\in A;$$

(ii) $H:A\to B$ 是连续映射；

(iii) H可唯一地扩充为连续映射

$$H:\mathrm{R}\to\mathrm{R},$$

扩充后的映射仍是保序的、满的，因而是一个同胚；

(iv) 扩充后的映射 $H:\mathrm{R}\to\mathrm{R}$ 仍满足

$$H(x+1)=H(x)+1,\ \forall x\in\mathrm{R}.$$

证明. 首先，我们指出H的定义是确切的. 为此须证明

$$F^k(0)+m=F^l(0)+n\Rightarrow k\alpha+m=l\alpha+n.$$

事实上，如果

$$F^k(0)+m=F^l(0)+n,$$

以 F^{-l} 作用于等式两边就得到

$$F^{k-l}(0)+m=n.$$

因为 $\mathrm{Per}(f)=\varnothing$，所以只能有 $k=l,\ m=n$. 下面，我们验证(i)—(iv).

(i) 显然 $H:A\to B$ 是满映射. 我们来证明H是保序的，即

$$F^k(0)+m<F^l(0)+n\Rightarrow k\alpha+m<l\alpha+n.$$

以 F^{-l} 作用于不等式 $F^k(0)+m<F^l(0)+n$ 的两边，我们得到

$$F^{k-l}(0)+m<n,$$
$$F^{k-l}(0)<m-n,$$
$$F^{p(k-l)}(0)<p(m-n).$$

由此可得

$$\alpha=\lim_{p\to+\infty}\frac{F^{p(k-l)}(0)}{p(k-l)}\begin{cases}<\dfrac{n-m}{k-l}, & \text{如果 } k>l;\\[2mm] >\dfrac{n-m}{k-l}, & \text{如果 } k<l.\end{cases}$$

因而

$$(k-l)\alpha < n-m,$$

$$k\alpha + m < l\alpha + n.$$

又,对任意的 $a = F^k(0) + m \in A$, 我们有

$$a + 1 = F^k(0) + m + 1 \in A,$$

并且有

$$H(a+1) = k\alpha + m + 1 = H(a) + 1.$$

(ii) 任给 $a \in A$ 和 $\varepsilon > 0$, 记 $H(a) = b \in B$; 由 B 在 $\mathbb{R}$ 中的稠密性可知: 存在 $b', b'' \in B$, 使得

$$b - \varepsilon < b' < b < b'' < b + \varepsilon.$$

设 a', $a'' \in A$ 满足 $H(a') = b'$, $H(a'') = b''$,则有 $a' < a < a''$. 因而对任意 $x \in (a', a'') \cap A$ 有

$$b - \varepsilon < b' = H(a') < H(x) < H(a'') < b + \varepsilon.$$

这证明了 $H: A \to B$ 的连续性.

(iii) 首先指出任意 $x \in \mathbb{R} \backslash A$ 都是 A 中单调序列的极限. 由 A 的稠密性, 任给 $x \in \mathbb{R}$, 存在 A 中序列 $\{a_n\}$ 满足 $a_n \to x$. 在两集合

$$\{a_n\} \cap (-\infty, x) \text{ 和 } \{a_n\} \cap (x, +\infty)$$

之中,至少有一个是无限集. 若 $\{a_n\} \cap (-\infty, x)$ 是无限集,则可选择 $\{a_n\}$ 的子序列 $\{a_{n'}\} \uparrow x$; 否则,可选择 $\{a_n\}$ 的子序列 $\{a_{n''}\} \downarrow x$.

其次,对于 A 中单调收敛于 $x \in \mathbb{R} \backslash A$ 的任意两个序列 $\{a_n\}$ 和 $\{a'_n\}$, 我们指出 $\{H(a_n)\}$ 和 $\{H(a'_n)\}$ 收敛于同样的极限. 分两种情形讨论.

情形 1. $\{a_n\} \uparrow x$, $\{a'_n\} \uparrow x$.

这时对任意取定的 $n \in \mathbb{N}$, 当 n' 充分大时,

$$a_n < a'_{n'} < x,$$

$$H(a_n) < H(a'_{n'}) \leqslant \lim_{n' \to +\infty} H(a'_{n'}).$$

因而

$$\lim_{n\to+\infty} H(a_n) \leqslant \lim_{n\to+\infty} H(a'_n).$$

同样可证

$$\lim_{n\to+\infty} H(a'_n) \leqslant \lim_{n\to+\infty} H(a_n).$$

情形 2. $\{a_n\}\uparrow x$, $\{a'_n\}\downarrow x$.

对这情形自然有

$$a_n < x < a'_n,$$
$$\lim H(a_n) \leqslant \lim H(a'_n).$$

如果

$$\lim H(a_n) < \lim H(a'_n),$$

则存在 $b\in B$，使得

$$\lim H(a_n) < b < \lim H(a'_n).$$

又存在 $y\in A$，使得 $H(y)=b$. 易见

$$a_n < y < a'_n.$$

由此可得

$$x = \lim a_n = \lim a'_n = y \in A.$$

这与 $x\in \mathbf{R}\backslash A$ 的假设矛盾. 因而只能有

$$\lim H(a_n) = \lim H(a'_n).$$

由上面的讨论,对任意的 $x\in \mathbf{R}\backslash A$ 可唯一地定义

$$H(x) = \lim H(a_n),$$

这里 $\{a_n\}$ 是 A 中单调收敛于 x 的任意序列. 这样，我们把映射 $H: A\to B\subset \mathbf{R}$ 扩充为映射 $H:\mathbf{R}\to\mathbf{R}$.

容易证明这样定义的 H 仍是保序的,即

$$x,y\in\mathbf{R}, x<y \Rightarrow H(x)<H(y).$$

仿照 (ii) 中的讨论可证明 $H:\mathbf{R}\to\mathbf{R}$ 是连续映射. 又，显然 $H(\mathbf{R})=\mathbf{R}$. 因而 $H:\mathbf{R}\to\mathbf{R}$ 是一个同胚.

(iv) 设 A 中序列 $\{a_n\}$ 单调收敛于 $x\in\mathbf{R}\backslash A$，则序列 $\{a_n+1\}\subset A$ 单调收敛于 $x+1\in\mathbf{R}\backslash A$. 因而

$$\begin{aligned} H(x+1) &= \lim H(a_n+1) \\ &= \lim H(a_n)+1 = H(x)+1. \quad\square \end{aligned}$$

定理 5.9 设无周期点的保向同胚 $f: S^1 \to S^1$ 是遍历的，F 是其任意一个提升，$\alpha = \rho(F)$. 则 f 拓扑共轭于旋转

$$\tau_\alpha: S^1 \to S^1$$
$$\xi \longmapsto e^{2\pi i\alpha}\xi.$$

证明. 定义同胚 $H: \mathbf{R} \to \mathbf{R}$ 如引理 5.8 所述. 易见

$$\begin{aligned} H\circ F(F^k(0) + m) &= H(F^{k+1}(0) + m) \\ &= (k + 1)\alpha + m \\ &= \alpha + H(F^k(0) + m), \end{aligned}$$

即

$$H\circ F | A = (\alpha + H) | A.$$

由 A 在 $\mathbf{R}$ 中的稠密性可得

$$H\circ F = \alpha + H. \tag{5.2}$$

因为

$$H(x + 1) = H(x) + 1, \ \forall x \in \mathbf{R}, \tag{5.3}$$

自然有

$$H(H^{-1}(y) + 1) = HH^{-1}(y) + 1 = y + 1,$$

所以 H 的逆映射 H^{-1} 满足类似于 (5.3) 的条件

$$H^{-1}(y + 1) = H^{-1}(y) + 1, \ \forall y \in \mathbf{R}. \tag{5.4}$$

因此，H 和 H^{-1} 分别决定了连续映射

$$h: S^1 \to S^1 \ \text{和} \ h': S^1 \to S^1,$$

满足

$$h\circ E = E\circ H \ \text{和} \ h'\circ E = E\circ H^{-1}.$$

因为

$$h'\circ h\circ E = E\circ H\circ H^{-1} = E = id\circ E,$$

而 $E: \mathbf{R} \to S^1$ 是满映射，所以

$$h'\circ h = id: S^1 \to S^1.$$

同样可证

$$h\circ h' = id: S^1 \to S^1.$$

因而 $h: S^1 \to S^1$ 是同胚，$h^{-1} = h'$.

又以 E 作用于 (5.2) 两边，我们得到

$$h\circ f\circ E=\tau_a\circ h\circ E.$$

因为 $E:\mathbb{R}\to S^1$ 是满映射,所以有

$$h\circ f=\tau_a\circ h. \quad \square$$

推论 5.10（Denjoy） 设 $f: S^1\to S^1$ 是保向同胚，$\alpha=\rho(f)$ 是无理数. 如果 f 具有不取 0 值的有界变差的微商，则 f 拓扑共轭于旋转 τ_α。

第四章　扩 张 映 射

从这一章开始，我们着眼于半动力系统和动力系统的轨道结构的稳定性问题. Shub[14]曾证明：紧致微分流形M上的任意扩张自映射(作为微分半动力系统)是结构稳定的.本章仅就$M=S^1$这一特殊情形证明Shub定理. 这里的证明虽然简单,却是以后涉及结构稳定性的许多证明的雏形,请读者细心加以体会.

§1　圆周C^r自映射的拓扑

我们回忆起：对于$f\in C^0(S^1, S^1)$，如果f的一个提升$F\in C^r(\mathbb{R}, \mathbb{R})$，那么$f$的任意提升$F+k\in C^r(\mathbb{R}, \mathbb{R})$，这时我们说$f\in C^r(S^1,S^1)$. 下面,我们借助于提升来描述圆周$C^r$自映射的拓扑.

定义 1.1　设$f, g\in C^r(S^1, S^1)$. 如果f的一个提升F与g的适当的提升G满足

$$\|F-G\|_{C^r}=\max_{0\leqslant j\leqslant r}\sup_{x\in\mathbb{R}}|D^jF(x)-D^jG(x)|<\varepsilon,$$

我们就说f与g彼此C^r-ε接近.

引理 1.2　如果g与f在C^0意义下充分接近(更准确地说：C^0-ε接近，$\varepsilon\leqslant\frac{1}{2}$)，那么

(i) $\deg(g)=\deg(f)$;

(ii) 对于g的任意提升G和f的任意提升F, $G-F$是周期为1的函数.

证明.

(i) 如果g的提升G与f的提升F满足

$$\sup_{x\in\mathbb{R}}|G(x)-F(x)|<\varepsilon\leqslant\frac{1}{2},$$

那么

$$\begin{aligned}|\deg(g)-\deg(f)| &= |G(x+1)-G(x)-F(x+1)+F(x)|\\ &\leqslant |G(x+1)-F(x+1)|+|G(x)-F(x)|\\ &< 2\varepsilon\leqslant 1,\end{aligned}$$

因而 $\deg(g)=\deg(f)$

(ii) 我们有

$$G(x+1)=G(x)+\deg(g),\ \forall x\in\mathbb{R},$$
$$F(x+1)=F(x)+\deg(f),\ \forall x\in\mathbb{R}.$$

因而

$$G(x+1)-F(x+1)=G(x)-F(x),\ \forall x\in\mathbb{R}.\quad\square$$

§2 圆周上的扩张映射．一个典型的例子及其结构稳定性

定义 2.1 设 $f\in C^1(S^1,S^1)$，F 是它的任意一个提升，如果

$$|F'(x)|>1,\ \forall x\in\mathbf{R},$$

则称 f 为 S^1 上的扩张映射．

这时，注意到 F' 是周期为 1 的函数，我们有：

$$\inf_{x\in\mathbf{R}}|F'(x)|=\lambda>1.$$

引理 2.2 设 $f\in C^1(S^1,S^1)$ 是扩张映射，则有

$$|\deg(f)|>1.$$

证明．设 F 是 f 的任意一个提升，则

$$|\deg(f)|=|F(x+1)-F(x)|=|F'(\xi)|>1.\quad\square$$

引理 2.3 对任意确定的 $m\in\mathbf{Z}$，$|m|>1$，由 $f(z)=z^m$ 定义的映射 $f:S^1\to S^1$ 是扩张映射，其映射度 $\deg(f)=m$.

证明．记 $F(x)=mx$．易验证 $F:\mathbf{R}\to\mathbf{R}$ 是 f 的一个提升．因为 $|F'(x)|=|m|>1$，所以 f 是扩张映射，并且 $\deg(f)=F(x+1)-F(x)=m$. $\square$

下面,对引理 2.3 中给出的扩张映射的例子,直接给出其结构稳定性的证明. 虽然这定理是下一节中更一般的定理的特例. 但这里给出的证明却很有意义,因为它以最简单的形式显示了我们以后将要多次遇到的一类证明方法.

定理 2.4 在引理 2.3 中给出的映射 f 是结构稳定的.

证明. 只要 g 充分接近 f,就有

$$\deg(g) = \deg(f).$$

设 G 是 g 的一个提升,F 是 f 的一个提升. 则 $G - F: \mathbb{R} \to \mathbb{R}$ 是周期为 1 的映射. 以下记

$$\varphi = G - F.$$

我们寻求保向同胚 $h: S^1 \to S^1$,使得

$$h \circ f = g \circ h.$$

设 H 是 h 的一个提升,则 $H - id: \mathbb{R} \to \mathbb{R}$ 是周期为 1 的映射. 以下记

$$\eta = H - id.$$

我们希望 H 满足

$$H \circ F = G \circ H,$$

即

$$(id + \eta) \circ F = (F + \varphi) \circ (id + \eta),$$

亦即

$$mx + \eta(mx) = m(x + \eta(x)) + \varphi(x + \eta(x)), \forall x \in \mathbb{R}.$$

简单的恒等变形给出

$$\eta(mx) = m\eta(x) + \varphi(x + \eta(x)), \forall x \in \mathbb{R},$$

$$\eta(x) = \frac{1}{m}(\eta(mx) - \varphi(x + \eta(x))), \forall x \in \mathbb{R}. \qquad (2.1)$$

记

$$\mathscr{P} = \{\xi \in C^0(\mathbb{R}, \mathbb{R}) \mid \xi(x + 1) = \xi(x), \forall x \in \mathbb{R}\}.$$

赋于 $\mathscr{P}$ 以范数

$$\|\xi\|_{C^0} = \sup_{x \in \mathbb{R}} |\xi(x)|,$$

我们得到一个 Banach 空间. 考虑由关系式

$$(\mathscr{T}\eta)(x) = \frac{1}{m}(\eta(mx) - \varphi(x + \eta(x))) \tag{2.2}$$

定义的映射

$$\mathscr{T}:\mathscr{P} \to C^0(\mathbf{R},\mathbf{R}).$$

这映射的不动点即方程 (2.1) 的解.

由定义式 (2.2) 易验证

$$(\mathscr{T}\eta)(x+1) = (\mathscr{T}\eta)(x).$$

因而 $\mathscr{T}$ 实际上是从 $\mathscr{P}$ 到 $\mathscr{P}$ 之中的映射. 又

$$\begin{aligned}
&\|\mathscr{T}\eta - \mathscr{T}\zeta\|_{C^0} \\
&\leqslant \frac{1}{|m|}\sup_{x\in\mathbf{R}}|\eta(mx) - \zeta(mx)| \\
&\quad + \frac{1}{|m|}\sup_{x\in\mathbf{R}}|\varphi(x+\eta(x)) - \varphi(x+\zeta(x))| \\
&\leqslant \frac{1}{|m|}\|\eta - \zeta\|_{C^0} + \frac{1}{|m|}\|\varphi\|_{C^1}\|\eta - \zeta\|_{C^0} \\
&= \alpha\|\eta - \zeta\|_{C^0},
\end{aligned}$$

这里

$$\alpha = \frac{1}{|m|}(1 + \|\varphi\|_{C^1}).$$

只要

$$\|\varphi\|_{C^1} = \|G - F\|_{C^1} < |m| - 1,$$

就有

$$\alpha = \frac{1}{|m|}(1 + \|\varphi\|_{C^1}) < 1.$$

这时 $\mathscr{T}:\mathscr{P} \to \mathscr{P}$ 是压缩映射,它在 $\mathscr{P}$ 中有唯一不动点 η:

$$\eta = \mathscr{T}(\eta).$$

即 η 满足

$$\eta(x) = \frac{1}{m}(\eta(mx) - \varphi(x + \eta(x))), \quad \forall x \in \mathbf{R}.$$

命 $H = id + \eta:\mathbf{R} \to \mathbf{R}$, 则 H 满足

$$H\circ F = G\circ H.$$

我们来证明 $H:\mathbf{R}\to\mathbf{R}$ 是单映射．事实上，如果存在有 $a\neq b$ 使 $H(a)=H(b)$，那么

$$\begin{aligned}0&=|G^nH(a)-G^nH(b)|\\&=|HF^n(a)-HF^n(b)|\\&=|F^n(a)+\eta(F^n(a))-F^n(b)-\eta(F^n(b))|\\&\geqslant|F^n(a)-F^n(b)|-|\eta(F^n(a))-\eta(F^n(b))|\\&=|m|^n|a-b|-|\eta(m^na)-\eta(m^nb)|.\end{aligned}$$

但周期函数 η 有界．当 $n\to+\infty$时上式右端应趋于$+\infty$．这一矛盾证明了H必是单一的．又显然有

$$H(x)=x+\eta(x)\to\pm\infty(\text{当 } x\to\pm\infty \text{ 时}),$$

因而H又是满映射．至此，我们证明了H是一个同胚．

显然 $H=id+\eta$ 满足

$$H(x+1)=H(x)+1,\forall x\in\mathbf{R}.$$

它的逆映射 H^{-1} 也应满足类似的条件

$$H^{-1}(y+1)=H^{-1}(y)+1,\forall y\in\mathbf{R}.$$

因此，H和H^{-1}分别决定了 h 和 $h'\in C^0(S^1,S^1)$，满足

$$h\circ E=E\circ H,\ h'\circ E=E\circ H^{-1}.$$

于是有

$$\begin{aligned}h'\circ h\circ E&=E\circ H^{-1}\circ H=E,\\h\circ h'\circ E&=E\circ H\circ H^{-1}=E.\end{aligned}$$

但 $E:\mathbf{R}\to S^1$ 是满映射，因而

$$h'\circ h=h\circ h'=id:S^1\to S^1.$$

这说明 $h:S^1\to S^1$ 是一个同胚，$h'=h^{-1}$．

以E作用于下式两边

$$H\circ F=G\circ H,$$

立即得到

$$h\circ f\circ E=g\circ h\circ E.$$

但 $E:\mathbf{R}\to S^1$ 是满映射，因而

$$h\circ f=g\circ h.\ \square$$

§3 圆周上扩张映射的一般情形

引理 3.1 设 $f\in C^1(S^1, S^1)$ 是扩张映射，$\deg(f)=d$，F 是 f 的任意一个提升. 则 $F:\mathbf{R}\to\mathbf{R}$ 是一个同胚，其逆映射 F^{-1} 满足

$$F^{-1}(y+d)=F^{-1}(y+1),\forall y\in\mathbf{R}.$$

证明. 因为 $F'(x)\neq 0$，$\forall x\in\mathbf{R}$，所以 F 是单调映射. 又由于

$$F(k)=F(0)+kd,\forall k\in\mathbf{Z},$$

我们看到,当 $k\to\pm\infty$ 时,

$$F(k)\to\pm\infty\mathrm{Sgn}d.$$

由此可知,当 $x\to\pm\infty$ 时

$$F(x)\to\pm\infty\mathrm{Sgn}d.$$

因而 F 又是满映射. 我们证明了 $F:\mathbf{R}\to\mathbf{R}$ 是一个同胚. 再由

$$F(F^{-1}(y)+1)=FF^{-1}(y)+d=y+d,\forall y\in\mathbf{R},$$

可得

$$F^{-1}(y+d)=F^{-1}(y)+1,\forall x\in\mathbf{R}. \ \square$$

定理 3.2 (Shub) 设 f，$g\in C^1(S^1,S^1)$ 都是扩张映射，并且 $\deg(f)=\deg(g)$，则 f 与 g 拓扑共轭.

证明. 记 $d=\deg(f)=\deg(g)$. 我们寻求保向同胚 $h:S^1\to S^1$ 使得

$$h\circ f=g\circ h.$$

设 f,g 和 h 的提升分别为 F,G 和 H，则

$$F(x+1)=F(x)+d,\forall x\in\mathbf{R},$$

$$G(x+1)=G(x)+d,\forall x\in\mathbf{R},$$

$$H(x+1)=H(x)+1,\forall x\in\mathbf{R}.$$

我们设法求解

$$H\circ F=G\circ H.$$

因为 G 是同胚,上式可写成

$$H = G^{-1}\circ H\circ F.$$

考虑集合

$$\mathscr{H} = \{H\in C^0(\mathbf{R},\mathbf{R})\,|\,H(x+1) = H(x)+1, \forall x\in\mathbf{R}\}.$$

赋以距离

$$D(H,K) = \sup_{x\in\mathbf{R}}|H(x) - K(x)|,$$

$\mathscr{H}$ 成为一个完备度量空间. 对于 $H\in\mathscr{H}$，置

$$\mathscr{T}(H) = G^{-1}\circ H\circ F.$$

显然有

$$\begin{aligned}\mathscr{T}(H)(x+1) &= G^{-1}\circ H\circ F(x+1)\\ &= G^{-1}\circ H(F(x)+d)\\ &= G^{-1}(H\circ F(x)+d)\\ &= G^{-1}\circ H\circ F(x)+1\\ &= \mathscr{T}(H)(x)+1,\ \forall x\in\mathbf{R}.\end{aligned}$$

可见 $\mathscr{T}$ 定义了一个从 $\mathscr{H}$ 到 $\mathscr{H}$ 中的映射. 又记

$$\mu = \inf_{x\in\mathbf{R}}|G'(x)|(>1).$$

则

$$\begin{aligned}&D(\mathscr{T}(H),\mathscr{T}(K))\\ &\quad= \sup_{x\in\mathbf{R}}|G^{-1}HF(x) - G^{-1}KF(x)|\\ &\quad\leqslant \sup_{y\in\mathbf{R}}|(G^{-1})'(y)|\sup_{x\in\mathbf{R}}|HF(x) - KF(x)|\\ &\quad\leqslant \mu^{-1}\sup_{z\in\mathbf{R}}|H(z) - K(z)| = \mu^{-1}D(H,K).\end{aligned}$$

因为$0<\mu^{-1}<1$，$\mathscr{T}$：$\mathscr{H}\to\mathscr{H}$ 是压缩映射，所以存在唯一 $H\in\mathscr{H}$，使得

$$H = \mathscr{T}(H) = G^{-1}\circ H\circ F,$$

即

$$H\circ F = G\circ H. \tag{3.1}$$

交换 F 和 G 的地位，我们又可断定：存在唯一 $K\in\mathscr{H}$，使得

$$K\circ G = F\circ K. \tag{3.2}$$

由 (3.1) 和 (3.2) 又可得到

$$(K\circ H)\circ F = F\circ(K\circ H).$$

但显然 $L = id$ 是方程

$$L\circ F = F\circ L$$

的唯一解，因而

$$K\circ H = id.$$

同样可证

$$H\circ K = id.$$

因而H是一个同胚，$H^{-1} = K$. 由H决定的S^1上的保向同胚h满足

$$h\circ f = g\circ h. \ \square$$

推论 3.3 设 $f\in C^1(S^1,S^1)$ 是扩张映射，则 f 是结构稳定的.

证明. 只要$g\in C^1(S^1, S^1)$ 在 C^1 意义下充分接近f，则g也是扩张映射，并且有

$$\deg(g) = \deg(f).$$

因而g与f拓扑共轭. $\square$

习　　题

3.1 设 $g:S^1\to S^1$ 是扩张映射.

(i) 试证：如果 $\deg(g)\neq -2$，那么 $PP(f) = N$；如果 $\deg(g) = -2$，那么 $PP(f) = N\backslash\{2\}$.

(ii) 试估计 g^n 的不动点数目.

§ 4　扩张映射的性质

定理 4.1 设 $g\in C^1(S^1,S^1)$ 是扩张映射，则g的周期点在S^1中稠密，即 $\overline{Per(g)} = S^1$.

证明. 设 $\deg(g) = m$，则 $|m| > 1$. 由 Shub 定理，g与扩张映射f拓扑共轭，这里

$$f: S^1 \longrightarrow S^1$$
$$z \longmapsto z^m.$$

因此，只须证明 $\overline{\mathrm{Per}(f)}=S^1$ 即可. 为此，考察 f^n 的不动点. 我们有

$$f^n(z)=z^{m^n}.$$

要使

$$f^n(z)=z^{m^n}=z,$$

必须而且只须

$$z^{m^n-1}=1.$$

因而 f^n 的不动点集即为 $|m^n-1|$ 次单位根的集合. 只要 n 充分大，$|m^n-1|$ 可任意大，相应的 $|m^n-1|$ 次单位根可以任意接近单位圆周 S^1 上的任何点. 因而 $\overline{\mathrm{Per}(f)}=S^1$. □

推论 4.2 设 $g\in C^1(S^1,S^1)$ 是扩张映射，则 $\Omega(g)=S^1$.

证明. $S^1=\overline{\mathrm{Per}(g)}\subset\Omega(g)\subset S^1$. □

第五章　环面的双曲自同构

Thom 曾经构造了结构稳定系统的一类重要的例子——环面的双曲自同构. 本章就来介绍这类系统并证明其结构稳定性.

§1　环面自映射的提升

与研究圆周自映射时的情形类似,研究环面 T^2 的自映射的一个方便的方法,是把它提升为覆迭空间 $\mathbf{R}^2$ 上的自映射.

考虑覆迭映射

$$p: \mathbf{R}^2 = \mathbf{R} \times \mathbf{R} \longrightarrow S^1 \times S^1 = T^2$$
$$(x_1\ x_2) \longmapsto (E(x_1), E(x_2)),$$

这里 $E(x) = e^{2\pi i x}$. 我们有

$$p(x_1, x_2) = p(y_1, y_2) \Longleftrightarrow x_1 - y_1 \in \mathbf{Z}, x_2 - y_2 \in \mathbf{Z}.$$

定义 1.1　对于连续映射 f: $T^2 \to T^2$, 我们说连续映射 F: $\mathbf{R}^2 \to \mathbf{R}^2$ 是它的一个提升,如果

$$p \circ F = f \circ p,$$

即以下图表可交换.

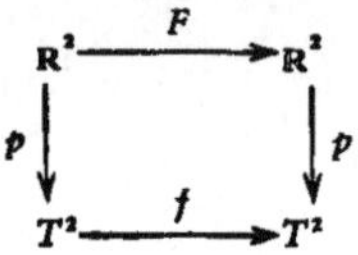

考虑函数类

$$\mathscr{F} = \left\{ F \in C^0(\mathbf{R}^2, \mathbf{R}^2) \middle| \begin{array}{l} F(x_1+l_1, x_2+l_2) - F(x_1, x_2) \in \mathbf{Z} \times \mathbf{Z}, \\ \forall (x_1, x_2) \in \mathbf{R}^2, (l_1, l_2) \in \mathbf{Z} \times \mathbf{Z} \end{array} \right\}.$$

引用拓扑学中关于商空间的讨论,容易证明:

命题 1.2　要使连续映射 F: $\mathbf{R}^2 \to \mathbf{R}^2$ 是某连续映射 f: $T^2 \to T^2$

的提升，必须而且只须 $F \in \mathscr{F}$.

类似于关于圆周自映射的提升的讨论，我们得到：

命题 1.3

(i) 任意连续映射 $f: T^2 \to T^2$ 都具有提升 $F: \mathbf{R}^2 \to \mathbf{R}^2$;

(ii) 如果 F 是 f 的一个提升，$(k_1, k_2) \in \mathbf{Z} \times \mathbf{Z}$，则 $F + (k_1, k_2)$ 也是 f 的提升，并且 f 的任意提升都可以表示成这种形式.

定义 1.4 如果 $f \in C^0(T^2, T^2)$ 的一个提升 $F \in C^r(\mathbf{R}^2, \mathbf{R}^2)$，那么它的任意提升 $F + (k_1, k_2) \in C^r(\mathbf{R}^2, \mathbf{R}^2)$，这时我们说 $f \in C^r(T^2, T^2)$.

定义 1.5 设 $f, g \in C^0(T^2, T^2)$，如果 f 的一个提升 F 与 g 的适当的提升 G 满足

$$\begin{aligned}&\|F - G\|_{C^r} \\ &\quad = \max_{0 \leqslant j \leqslant r} \sup_{(x_1, x_2) \in \mathbf{R}^2} \|D^j F(x_1, x_2) - D^j G(x_1, x_2)\| < \varepsilon,\end{aligned}$$

则称 f 与 g 是 C^r-ε 接近的.

命题 1.6 如果 g 与 f 在 C^0 意义下充分接近（更确切地说：C^0-ε 接近，$\varepsilon \leqslant \frac{1}{2}$），$G$ 和 F 分别是 g 和 f 的提升，则$G - F$是对两个变元分别周期为 1 的映射.

证明. 选择 g 与 f 的适当提升满足

$$\|F - G\|_{C^0} < \varepsilon \leqslant \frac{1}{2}.$$

则有

$$\begin{aligned}&|(G_j(x_1 + 1, x_2) - F_j(x_1 + 1, x_2)) - (G_j(x_1, x_2) - F_j(x_1, x_2))| \\ &\qquad < 2\varepsilon \leqslant 1 \quad (j = 1, 2).\end{aligned}$$

但

$$\begin{aligned}&(G_j(x_1 + 1, x_2) - F_j(x_1 + 1, x_2)) - (G_j(x_1, x_2) - F_j(x_1, x_2)) \\ &\quad = (G_j(x_1 + 1, x_2) - G_j(x_1, x_2)) - (F_j(x_1 + 1, x_2) - F_j(x_1, x_2)) \\ &\qquad \in \mathbf{Z} \quad (j = 1, 2).\end{aligned}$$

所以只能有

$$G_j(x_1+1,x_2)-F_j(x_1+1,x_2)=G_j(x_1,x_2)-F_j(x_1,x_2)\quad(j=1,2),$$

也就是

$$G(x_1+1,x_2)-F(x_1+1,x_2)=G(x_1,x_2)-F(x_1,x_2).$$

同样可证

$$G(x_1,x_2+1)-F(x_1,x_2+1)=G(x_1,x_2)-F(x_1,x_2).$$

设 $\tilde{G}$ 和 $\tilde{F}$ 分别是 g 和 f 的任意提升，则 $\tilde{G}-\tilde{F}$ 与 $G-F$ 之差是常值映射，因而 $\tilde{G}-\tilde{F}$ 也是对两变元分别周期为 1 的映射. □

§2 环面的双曲自同构

本节介绍 Thom 例的构造.

考虑平面 $\mathbf{R}^2$ 上的(用 2 阶方阵表示的)线性变换类 $\mathscr{A}$，其中的变换

$$A=\begin{bmatrix}a_{11} & a_{12}\\ a_{21} & a_{22}\end{bmatrix}:\mathbf{R}^2\to\mathbf{R}^2$$

满足条件：

$(\mathbf{A}_1)$ $a_{ij}\in\mathbf{Z}$ $(i,j=1,2)$;

$(\mathbf{A}_2)$ $\det A=\det(a_{ij})=\pm 1$;

$(\mathbf{A}_3)$ $A=(a_{ij})$ 的特征值 λ 不在复平面 $\mathbf{C}$ 的单位圆周上，即 $|\lambda|\neq 1$.

例如，我们有：

$$\begin{bmatrix}2 & 1\\ 1 & 1\end{bmatrix}\in\mathscr{A},\quad\begin{bmatrix}1 & 2\\ 1 & 1\end{bmatrix}\in\mathscr{A}.$$

我们对条件 $(\mathbf{A}_1)$—$(\mathbf{A}_3)$ 稍作一些解释.

条件 $(\mathbf{A}_1)$ 保证 $\mathscr{A}\subset\mathscr{F}$，因而 $A\in\mathscr{A}$ 能诱导出一个环面自映射 $f:T^2\to T^2$.

条件 $(\mathbf{A}_2)$ 保证任意 $A\in\mathscr{A}$ 的逆阵仍然是整数方阵. 这可以从以下引理看出.

引理 2.1 要使整数方阵 A 的逆方阵也是整数方阵，必须而且

只须 $\det A = \pm 1$.

证明. 必要性证明如下:

$$\det(A^{-1}) \cdot \det A = \det(A^{-1}A) = \det I = 1.$$

充分性可以从 A^{-1} 的表达式看出:

$$A^{-1} = \frac{1}{\det A}\begin{bmatrix} a_{22} & -a_{12} \\ -a_{22} & a_{11} \end{bmatrix}. \qquad \square$$

条件 $(\mathbf{A}_3)$ 即所谓的“双曲性条件”. 由于条件 $(\mathbf{A}_2)$, 方阵 $A \in \mathscr{A}$ 的两特征值 λ_1, λ_2 满足

$$|\lambda_1| \cdot |\lambda_2| = |\det A| = 1.$$

又由于 $(\mathbf{A}_3)$, $|\lambda_1| \neq |\lambda_2|$, 所以对适当的编号有

$$|\lambda_1| > 1 > |\lambda_2|.$$

这意味着映射 A 沿一个方向的作用是扩张, 沿另一个方向的作用是压缩.

引理 2.2 设 $A \in \mathscr{A}$, 则

(i) $A^{-1} \in \mathscr{A}$;

(ii) A 的特征根都是单实根;

(iii) A 的特征根都是无理数;

(iv) A 的特征方向的斜率为无理数.

证明.

(i) 我们验证 A^{-1} 满足 $(\mathbf{A}_1)$—$(\mathbf{A}_3)$.

$(\mathbf{A}_1)$ 之验证: 见引理 2.1.

$(\mathbf{A}_2)$ 之验证: $\det(A^{-1}) = (\det A)^{-1} = 1$.

$(\mathbf{A}_3)$ 之验证: 我们有

$$\begin{aligned}\det(\lambda^{-1}I - A^{-1}) &= \lambda^{-n} \cdot \det(A - \lambda I) \cdot \det A^{-1} \\ &= \lambda^{-n}\det(A - \lambda I),\end{aligned}$$

因而 A^{-1} 的特征值都是 A 的特征值的倒数. 因为 $|\lambda| \neq 1$, 所以 $|\lambda^{-1}| \neq 1$.

(ii) 考察 A 的特征方程

$$\lambda^2 - (a_{11} + a_{22})\lambda + \det A = 0. \tag{2.1}$$

如果这方程有虚根 λ 和 $\bar{\lambda}$, 那么

$$|\lambda|^2 = \lambda \cdot \bar{\lambda} = \det A = 1.$$

这与 $(\mathbf{A}_3)$ 矛盾. 如果方程 (2.1) 有重实根 $\mu_1 = \mu_2 = \mu$, 那么

$$\mu^2 = \mu_1 \cdot \mu_2 = \det A = 1.$$

这也与 $(\mathbf{A}_3)$ 矛盾.

(iii) 整系数方程 (2.1) 如果有有理根, 这根必为 $\det A = \pm 1$ 的约数. 但由 $(\mathbf{A}_3)$, 这是不可能的.

(iv) 首先指出

$$a_{12} \cdot a_{21} \neq 0.$$

否则 A 的特征方程

$$(\lambda - a_{11})(\lambda - a_{12}) - a_{12}a_{21} = 0$$

将会有有理根 $\lambda_1 = a_{11}$, $\lambda_2 = a_{22}$.

A 的特征方向 (α, β) 应满足

$$(\lambda - a_{11})\alpha - a_{12}\beta = 0.$$

因为 $a_{12} \neq 0$, 所以 $\alpha \neq 0$. 于是, 特征方向的斜率表示为

$$\frac{\beta}{\alpha} = \frac{\lambda - a_{11}}{a_{12}}.$$

这显然是一个无理数. □

定义 2.3 由 $A \in \mathscr{A}$ 所决定的环面自映射

$$f: T^2 \to T^2,$$

称为是环面 T^2 的双曲自同构.

注记 2.4 "双曲"的含义见前面对条件 $(\mathbf{A}_3)$ 所作的说明. "同构"的含义如下: f 具有同样类型的逆映射.

定理 2.5 设 f 是由 $A \in \mathscr{A}$ 决定的环面双曲自同构, 则 f 的周期点在环面 T^2 上处处稠密, 即

$$\overline{\mathrm{Per}(f)} = T^2.$$

证明. 平面 $\mathbf{R}^2$ 上两个坐标都是有理数的点称为有理点. 我们把平面 $\mathbf{R}^2$ 的有理点在投影 p 下的象点称为是环面 T^2 上的有理点. 将证明 T^2 上的所有的有理点都是 f 的周期点.

我们把平面 $\mathbf{R}^2$ 上的点写成列向量形式. 考察 A 对平面 $\mathbf{R}^2$ 上的有理点的作用. 设

$$x=\begin{bmatrix}\dfrac{l_1}{m_1}\\ \dfrac{l_2}{m_2}\end{bmatrix}\in \mathbf{R}^2.$$

则 $A^n x$ 仍是 $\mathbf{R}^2$ 上的有理点，其坐标分量为 $\dfrac{l_1}{m_1}$ 和 $\dfrac{l_2}{m_2}$ 的整系数线性组合：

$$A^n x=\begin{bmatrix}\dfrac{B_n}{[m_1,m_2]}+P_n\\ \dfrac{C_n}{[m_1,m_2]}+Q_n\end{bmatrix},$$

这里 $[m_1,m_2]$ 表示 m_1 和 m_2 的最小公倍数，B_n 和 C_n 是小于 $[m_1,m_2]$ 的非负整数，P_n 和 Q_n 是整数. 但小于 $[m_1,m_2]$ 的非负整数总共只有有限多个，这样的整数对 (B_n,C_n) 也只能有有限多对. 所以，必定存在 $n'\neq n''$，使得

$$(B_{n'},C_{n'})=(B_{n''},C_{n''}).$$

这时

$$A^{n'}x=A^{n''}x\quad(\text{mod } \mathbf{Z}\times\mathbf{Z}).$$

因而

$$f^{n'}(p(x))=f^{n''}(p(x)).$$

设 $n'>n''$，记 $k=n'-n''$，则

$$f^k(p(x))=p(x),$$

即 $\xi=p(x)$ 是 f 的周期点. □

推论 2.6 $\Omega(f)=T^2$.

证明. $T^2=\overline{\mathrm{Per}(f)}\subset\Omega(f)\subset T^2$. □

§3 结构稳定性

引入记号

$$\mathscr{P}^r=\{\varphi\in C^r(\mathbf{R}^2,\mathbf{R}^2)\mid\varphi \text{ 分别对两变元周期为 } 1\}.$$

显然 $\mathscr{P}^r$ 对于范数 $\|\cdot\|_{C^r}$ 成为 Banach 空间.

引理 3.1 设$A \in \mathscr{A}$. 只要$\phi \in \mathscr{P}^1$在C^1意义下充分小，映射$A+\phi$就具有形如$A^{-1}+\omega$的逆映射，这里$\omega \in \mathscr{P}^0$.

证明. 以$|\cdot|$表示R^2的通常范数. 因为$A \in \mathscr{A}$可逆，所以$x \neq 0$时$Ax \neq 0$. 于是

$$\inf_{|x|=1} |Ax| \geqslant \delta > 0.$$

对于任意的$x \in R^2$，$x \neq 0$，我们有

$$\left|A\left(\frac{x}{|x|}\right)\right| \geqslant \delta.$$

由此可得

$$|Ax| \geqslant \delta |x|, \quad \forall x \in R^2.$$

我们指出，当$\|\phi\|_{C^1}$充分小时，$A+\phi$是单一映射. 事实上

$$\begin{aligned}
&|(A+\phi)(x)-(A+\phi)(y)| \\
&\geqslant |A(x-y)| - |\phi(x)-\phi(y)| \\
&\geqslant \delta|x-y| - K\|\phi\|_{C^1}|x-y| \\
&= (\delta - K\|\phi\|_{C^1})|x-y|, \quad \forall x,y \in R^2,
\end{aligned}$$

这里$K>0$的适当常数. 易见：当$\|\phi\|_{C^1} < \dfrac{\delta}{K}$时，映射$A+\phi$是单一的.

其次，我们证明以下方程有解$\omega \in \mathscr{P}^0$：

$$(A+\phi)\circ(A^{-1}+\omega) = id.$$

简单的变形给出

$$id + A\circ\omega + \phi\circ(A^{-1}+\omega) = id;$$

$$\omega = -A^{-1}\circ\phi\circ(A^{-1}+\omega).$$

引入记号

$$\mathscr{S}\omega = -A^{-1}\circ\phi\circ(A^{-1}+\omega).$$

易见

$$\mathscr{S}: \mathscr{P}^0 \to \mathscr{P}^0.$$

我们在$\mathscr{P}^0$中求$\mathscr{S}$的不动点. 对适当的常数$L>0$我们有

$$\|\mathscr{S}\rho - \mathscr{S}\omega\|_{C^0} \leqslant L\|\phi\|_{C^1}\|\rho-\omega\|_{C^0}.$$

当 $\|\psi\|_{C^1} < \frac{1}{L}$ 时，$\mathscr{S}: \mathscr{P}^0 \to \mathscr{P}^0$ 是一压缩映射，因而有唯一的 $\omega \in \mathscr{P}^0$，使得

$$\omega = \mathscr{S}\omega.$$

这样的 ω 满足

$$(A+\psi)\circ(A^{-1}+\omega) = id.$$

又有

$$(A+\psi)\circ((A^{-1}+\omega)\circ(A+\psi)) = A+\psi.$$

由 $A+\psi$ 的单一性即得

$$(A^{-1}+\omega)\circ(A+\psi) = id.$$

这样，我们证明了 $(A+\psi)^{-1} = A^{-1}+\omega$. □

注记 3.2 利用反函数定理，容易证明实际上有 $\omega \in \mathscr{P}^1$.

定理 3.3 由 $A \in \mathscr{A}$ 定义的环面双曲自同构 $f: T^2 \to T^2$ 是结构稳定的.

证明. 设 g 在 C^1 意义下充分接近于 f. 我们寻求 h，使得

$$h\circ f = g\circ h.$$

为此，将各映射加以提升，考虑覆迭空间 $\mathbb{R}^2$ 上的映射方程

$$H\circ A = G\circ H. \tag{3.1}$$

只要 G 充分接近于 A，映射 $\varphi = G - A$ 就分别对两变元周期为 1 (命题 1.6). 同样，如果 H 充分接近于 id，那么 $\eta = H - id$ 也是对两变元分别周期为 1 的映射. 我们把 (3.1) 改写为

$$(id+\eta)\circ A = (A+\varphi)\circ(id+\eta). \tag{3.2}$$

求解这方程是不困难的. 但解出 $H = id+\eta$ 之后，要证明它是一个同胚，却要费一些周折. 我们宁愿采取另外的途径——代替方程 (3.2) 考虑更一般的方程

$$(id+\eta)\circ(A+\psi) = (A+\varphi)\circ(id+\eta). \tag{3.3}$$

我们将证明 (3.3) 对任何在 C^1 意义下充分小的 $\varphi, \psi \in \mathscr{P}^1$ 都有唯一解 $\eta \in \mathscr{P}^0$. 由此就不难证明 $H = id+\eta$ 是一同胚.

方程 (3.3) 可改写成

$$A+\psi+\eta\circ(A+\psi) = A + A\circ\eta + \varphi\circ(id+\eta),$$

$$\eta\circ(A+\psi)=A\circ\eta+\varphi\circ(id+\eta)-\psi. \tag{3.4}$$

将 (3.4) 分别投影到 A 的两个不变子空间上去，我们得到

$$\begin{cases}\eta_1\circ(A+\psi)=\lambda_1\eta_1+\varphi_1\circ(id+\eta)-\psi_1,\\ \eta_2\circ(A+\psi)=\lambda_2\eta_2+\varphi_2\circ(id+\eta)-\psi_2.\end{cases} \tag{3.5}$$

这里，对于 $A\eta$ 的投影需要作一简单的说明：因为 $\eta=\eta_1+\eta_2$，$A\eta=A\eta_1+A\eta_2=\lambda_1\eta_1+\lambda_2\eta_2$，所以 $A\eta$ 在第一个不变子空间上的投影为 $\lambda_1\eta_1$，在第二个不变子空间上的投影为 $\lambda_2\eta_2$.

设 $|\lambda_1|>1>|\lambda_2|$. 因为 $|\lambda_1||\lambda_2|=|\det A|=1$，所以 $|\lambda_2|=|\lambda_1|^{-1}$. 以下记 $\lambda=|\lambda_1|^{-1}=|\lambda_2|$.

(3.5) 可以改写为

$$\begin{cases}\eta_1=\dfrac{1}{\lambda_1}(\eta_1\circ(A+\psi)-\varphi_1\circ(id+\eta)+\psi_1),\\ \eta_2=\lambda_2\eta_2\circ(A+\psi)^{-1}+\varphi_2\circ(id+\eta)\circ(A+\psi)^{-1}-\psi_2\circ(A+\psi)^{-1}.\end{cases}$$

由引理 3.1 可知：$(A+\psi)^{-1}=A^{-1}+\omega$，$\omega\in\mathscr{P}^0$. 我们得到

$$\begin{cases}\eta_1=\dfrac{1}{\lambda_1}(\eta_1\circ(A+\psi)-\varphi_1\circ(id+\eta)+\psi_1),\\ \eta_2=\lambda_2\eta_2\circ(A^{-1}+\omega)+\varphi_2\circ(id+\eta)\circ(A^{-1}+\omega)-\psi_2\circ(A^{-1}+\omega).\end{cases} \tag{3.6}$$

我们定义映射 $\mathscr{T}:\mathscr{P}^0\to C^0(\mathbb{R}^2,\mathbb{R}^2)$ 如下：

$$\mathscr{T}_1(\eta)=\frac{1}{\lambda_1}(\eta_1\circ(A+\psi)-\varphi_1\circ(id+\eta)+\psi_1),$$

$$\mathscr{T}_2(\eta)=\lambda_2\eta_2\circ(A^{-1}+\omega)+\varphi_2\circ(id+\eta)\circ(A^{-1}+\omega)-\psi_2\circ(A^{-1}+\omega),$$

$$\mathscr{T}(\eta)=\mathscr{T}_1(\eta)+\mathscr{T}_2(\eta).$$

容易验证实际上有 $\mathscr{T}:\mathscr{P}^0\to\mathscr{P}^0$.

对于 $\eta=\eta_1+\eta_2$，置

$$|\eta|_{C^0}=\max\{|\eta_1|_{C^0},|\eta_2|_{C^0}\},$$

这里

$$|\eta_i|_{C^0}=\sup_{x\in\mathbb{R}^2}|\eta_i(x)|,\quad i=1,2.$$

$\mathscr{P}^0$ 赋以这样的范数 $|\cdot|_{C^0}$ 成为一个 Banach 空间. 将证明当 $\|\varphi\|_{C^1}=\|G-A\|_{C^1}$ 充分小时 $\mathscr{T}:\mathscr{P}^0\to\mathscr{P}^0$ 是压缩映射. 为

此，作如下的估计：

$$|\mathscr{T}_1(\eta)-\mathscr{T}_1(\zeta)|_{C^0}$$

$$\leqslant\frac{1}{|\lambda_1|}\Big(\sup_{x\in\mathbf{R}^2}|\eta_1\circ(A+\psi)(x)-\zeta_1\circ(A+\psi)(x)|$$

$$+\sup_{x\in\mathbf{R}^2}|\varphi_1\circ(id+\eta)(x)-\varphi_1\circ(id+\zeta)(x)|\Big)$$

$$\leqslant\frac{1}{|\lambda_1|}(|\eta_1-\zeta_1|_{C^0}+M\|\varphi\|_{C^1}|\eta-\zeta|_{C^0})$$

$$\leqslant\lambda(1+M\|\varphi\|_{C^1})|\eta-\zeta|_{C^0}$$

$$\leqslant(\lambda+M\|\varphi\|_{C^1})|\eta-\zeta|_{C^0},$$

$$|\mathscr{T}_2(\eta)-\mathscr{T}_2(\zeta)|_{C^0}$$

$$\leqslant|\lambda_2|\sup_{x\in\mathbf{R}^2}|\eta_2\circ(A^{-1}+\omega)(x)-\zeta_2\circ(A^{-1}+\omega)(x)|$$

$$+\sup_{x\in\mathbf{R}^2}|\varphi_2\circ(id+\eta)\circ(A^{-1}+\omega)(x)$$

$$-\varphi_2\circ(id+\zeta)\circ(A^{-1}+\omega)(x)|$$

$$\leqslant|\lambda_2||\eta_2-\zeta_2|_{C^0}+M\|\varphi\|_{C^1}|\eta-\zeta|_{C^0}$$

$$\leqslant(\lambda+M\|\varphi\|_{C^1})|\eta-\zeta|_{C^0},$$

$$|\mathscr{T}(\eta)-\mathscr{T}(\zeta)|_{C^0}\leqslant(\lambda+M\|\varphi\|_{C^1})|\eta-\zeta|_{C^0},$$

这里$M>0$是适当常数. 只要

$$\|\varphi\|_{C^1}=\|G-A\|_{C^1}<\frac{1-\lambda}{M},$$

就有

$$\lambda+M\|\varphi\|_{C^1}<1.$$

这时 $\mathscr{T}:\mathscr{P}^0\to\mathscr{P}^0$ 是压缩映射，因而存在唯一的$\eta\in\mathscr{P}^0$，使得

$$\eta=\mathscr{T}(\eta),$$

即

$$(id+\eta)\circ(A+\psi)=(A+\varphi)\circ(id+\eta).\tag{3.7}$$

我们已经证明了：对于在 C^1 意义下充分小的$\varphi,\psi\in\mathscr{P}^1$，方程 (3.7) 有唯一解 $id+\eta$，$\eta\in\mathscr{P}^0$. 交换φ和ψ的地位，得知以下方程也有唯一解 $id+\zeta$，$\zeta\in\mathscr{P}^0$:

$$(id+\zeta)\circ(A+\varphi)=(A+\psi)\circ(id+\zeta).\tag{3.8}$$

由 (3.7) 和 (3.8) 可得

$$(id+\zeta)\circ(id+\eta)\circ(A+\psi)=(A+\psi)\circ(id+\zeta)\circ(id+\eta).$$

我们有

$$(id+\zeta)\circ(id+\eta)=id+\eta+\zeta\circ(id+\eta)=id+\xi,$$

这里

$$\xi=\eta+\zeta\circ(id+\eta)\in\mathscr{P}^0.$$

但对于$\varphi=\psi$的情形,显然方程

$$(id+\xi)\circ(A+\psi)=(A+\psi)\circ(id+\xi)$$

的唯一解是 $id+0$, $0\in\mathscr{P}^0$. 我们看到

$$\xi=\eta+\zeta\circ(id+\eta)=0,$$

$$(id+\zeta)\circ(id+\eta)=id.$$

类似地可以证明

$$(id+\eta)\circ(id+\zeta)=id.$$

因而 $id+\eta:\mathbf{R}^2\to\mathbf{R}^2$ 和 $id+\zeta:\mathbf{R}^2\to\mathbf{R}^2$ 都是同胚.

把上述讨论应用于$\psi=0$ 的特殊情形, 我们得到同胚 $H=id+\eta$, $\eta\in\mathscr{P}^0$, 满足

$$(id+\eta)\circ A=(A+\varphi)\circ(id+\eta),$$

即

$$H\circ A=G\circ H. \tag{3.9}$$

并且,我们知道 $H^{-1}=id+\zeta$, $\zeta\in\mathscr{P}^0$.

H和H^{-1}分别决定了h和 $h'\in C^0(T^2,T^2)$, 满足

$$h\circ p=p\circ H,\ h'\circ p=p\circ H^{-1}.$$

我们有

$$h'\circ h\circ p=p\circ H^{-1}\circ H=p,$$

$$h\circ h'\circ p=p\circ H\circ H^{-1}=p.$$

因为 $p:\mathbf{R}^2\to T^2$ 是满映射,所以

$$h'\circ h=h\circ h'=id.$$

这说明了 $h:T^2\to T^2$ 是同胚, $h^{-1}=h'$.

最后,以p作用于(3.9)两边即得到

$$h\circ f=g\circ h.$$

这证明了f的结构稳定性. □

注记 3.4 在定理 3.3 的证明中，我们断定：如果 φ，$\psi \in \mathscr{P}^1$ 在 C^1 意义下充分小，那么方程 (3.7) 的形状如 $id+\eta, \eta \in \mathscr{P}^0$ 的解是唯一的。方程 (3.7) 可能还有其他的不能表示成这种形式的解。例如，对于 $\varphi=\psi=0$ 的特殊情形，我们有

$$id \circ A = A \circ id$$

和

$$(2id) \circ A = A \circ (2id).$$

这里须注意：

$$id = id + 0, \quad 0 \in \mathscr{P}^0,$$

而

$$2id = id + id, \quad id \notin \mathscr{P}^0.$$

第六章　Banach 空间的微分学

虽然本书研究的对象主要是通常 Euclid 空间和紧致微分流形上的动力系统，但是如我们在前两章中所看到，当讨论结构稳定性问题时，往往涉及一些映射组成的空间．这些空间是(无限维的) Banach 空间．因此，Banach 空间的一些概念和方法是我们所需要的．本章就来介绍这些工具．

§1　Banach 空间

本节回忆 Banach 空间的一些最基本的概念并介绍 Hahn-Banach 定理．

设 E 是一个实线性空间，$n: E \to \mathbb{R}$ 是一个映射，满足

$(\mathbf{N}_1)$ $n(x) \geqslant 0$，$\forall x \in E$；$n(x) = 0 \Longrightarrow x = 0$；

$(\mathbf{N}_2)$ $n(\lambda x) = |\lambda| n(x)$，$\forall \lambda \in \mathbb{R}$，$x \in E$；

$(\mathbf{N}_3)$ $n(x+y) \leqslant n(x) + n(y)$，$\forall x, y \in E$．则把 (E, n) 称为赋范线性空间，n 称为范数．通常把范数记为 $\|\cdot\|$，$|\cdot|$ 或者 $|\cdot|$．

在赋范线性空间 $(E, \|\cdot\|)$ 中，我们可以引入距离

$$d(x,y) = \|x - y\|, \ \forall x, y \in E.$$

如果 E 按照这距离是完备的，则把 $(E, \|\cdot\|)$ 称为 Banach 空间．

设 $(E, \|\cdot\|)$ 和 $(F, |\cdot|)$ 是赋范线性空间，$A: E \to F$ 是线性映射．如果存在 $K \in \mathbb{R}$，使得

$$|Ax| \leqslant K\|x\|, \ \forall x \in E,$$

则称 A 为有界线性映射，并把满足上面关系的最小的 K 称为线性映射 A 的范数，记为 $|A|$ (我们约定：有界线性映射的范数与映射取值的空间的范数用同样的记号表示)．我们有

$$\|A\| = \sup_{x \neq 0} \frac{\|Ax\|}{\|x\|} = \sup_{\|x\|=1} \|Ax\| \tag{1.1}$$

和

$$\|Ax\| \leqslant \|A\| \|x\|, \ \forall x \in E. \tag{1.2}$$

线性映射 $A: E \to F$ 为有界线性映射的充分必要条件是它为连续的线性映射.

从 E 到 F 的有界线性映射组成的集合记为 $L(E, F)$. 易见 $L(E,F)$ 赋以由 (1.1) 定义的范数也成为一个赋范线性空间. 又，如果 $(F,\|\cdot\|)$ 是完备的,那么 $L(E,F)$ 也是完备的,即它是一个 Banach 空间.

特别地,对于 $F = \mathbb{R}$ 的情形，我们把从 E 到 $\mathbb{R}$ 的有界线性映射称为有界线性泛函. 有界线性泛函的空间 $E^* = L(E,\mathbb{R})$ 称为是 E 的对偶空间. 对偶空间 E^* 总是完备的.

在通常的 Euclid 空间 $\mathbb{R}^m$，每一坐标投影

$$p_i: x \longmapsto x_i \ (x \text{ 的第 } i \text{ 个坐标})$$

是一个连续线性映射. 所有的坐标映射合在一起，具有唯一决定点的作用. 即:

$$p_i(x) = p_i(y), \ i = 1, \cdots, m \Longleftrightarrow x = y,$$

或者等价地

$$p_i(u) = 0, i = 1, \cdots, m \Longleftrightarrow u = 0.$$

类似于上述情形，赋范线性空间 E 上的所有的有界线性泛函合在一起,也具有区分 E 中的点的作用. 即

$$l(x) = l(y), \ \forall l \in E^* \Longleftrightarrow x = y,$$

或者等价地

$$l(u) = 0, \ \forall l \in E^* \Longleftrightarrow u = 0.$$

E^* 的这一重要性质可从著名的 Hahn-Banach 定理推导出.

定理 1.1 (Hahn-Banach) 设 $(E,\|\cdot\|)$ 是赋范线性空间, $E_0 \subset E$ 是 E 的一个线性子空间，$l_0: E_0 \to \mathbb{R}$ 是 $(E_0,\|\cdot\|)$ 上的有界线性泛函,满足

$$|l_0(x)| \leqslant K\|x\|, \ \forall x \in E_0.$$

则存在 $(E,\|\cdot\|)$ 上的有界线性泛函 l，满足

$$l(x)=l_0(x),\ \forall x\in E_0,$$

和

$$|l(x)|\leqslant K\|x\|,\ \forall x\in E.$$

这就是说，子空间上的有界线性泛函，可以延拓到全空间而不增大其范数。

证明. 第一步. 先证 l_0 可以延拓到高一维的空间 E_1 上去而不增大其范数，这里

$$E_1=\{x_0+tx_1|x_0\in E_0,t\in\mathbf{R}\}\ (x_1\notin E_0).$$

易见，对于任意的 $c\in\mathbf{R}$，

$$l_1(x_0+tx_1)=l_0(x_0)+tc\quad(x_0\in E_0,\ t\in\mathbf{R})$$

定义了线性映射 $l_1:E_1\to\mathbf{R}$. 问题在于适当选择 c，使得关系式

$$|l_1(x)|\leqslant K\|x\|,\ \forall x\in E_1$$

仍能成立. 上式可以写成

$$-K\|x_0+tx_1\|\leqslant l_0(x_0)+tc\leqslant K\|x_0+tx_1\|. \tag{1.3}$$

当 $t>0$ 时用 t 除 (1.3) 并记 $\frac{x_0}{t}=u$ 得

$$-K\|u+x_1\|\leqslant l_0(u)+c\leqslant K\|u+x_1\|; \tag{1.4}$$

当 $t<0$ 时用 $-t$ 除 (1.3) 并记 $\frac{x_0}{-t}=v$ 得

$$-K\|v-x_1\|\leqslant l_0(v)-c\leqslant K\|v-x_1\|. \tag{1.5}$$

(1.4) 和 (1.5) 一共是四个不等式. 但在 (1.4) 的后一不等式中以 $u=-v$ 代入就得到 (1.5) 的前一不等式；在 (1.5) 的后一不等式中以 $v=-u$ 代入就得到 (1.4) 的前一不等式. 因此，c 应满足的独立的不等式为

$$l_0(v)-K\|v-x_1\|\leqslant c\leqslant K\|u+x_1\|-l_0(u). \tag{1.6}$$

因为

$$\begin{aligned}(K\|u+x_1\|-l_0(u))-(l_0(v)-K\|v-x_1\|)\\ \geqslant K(\|u+x_1\|+\|v-x_1\|)-l_0(u+v)\\ \geqslant K\|u+v\|-l_0(u+v)\geqslant 0,\end{aligned}$$

$$\sup_{v\in E_0}\{l_0(v)-K\|v-x_1\|\}\leqslant\inf_{u\in E_0}\{K\|u+x_1\|-l_0(u)\},$$

所以可以选择 $c\in\mathbf{R}$ 满足

$$\sup_{v\in E_0}\{l_0(v)-K\|v-x_1\|\}\leqslant c\leqslant\inf_{u\in E_0}\{K\|u+x_1\|-l_0(u)\}.$$

然后,我们可以定义

$$l_1(x_0+tx_1)=l_0(x_0)+tc,\ \forall t\in\mathbf{R}.$$

这样定义的 l_1 满足

$$|l_1(x)|\leqslant K\|x\|,\forall x=x_0+tx_1\in E_1.$$

第二步. 用某种归纳手续证明一般情形. 这只是良序原理或者超限归纳法或者 Zorn 引理的简单应用,这里从略. □

Hahn-Banach 定理有一些非常重要的推论

推论 1.2 设 $(E,\|\cdot\|)$ 是赋范线性空间, $x_0\in E$, $x_0\neq 0$, 则存在 $l\in E^*=\mathrm{L}(E,\mathrm{R})$ 满足 $l(x_0)\neq 0$.

证明. 命 $E_0=\{tx_0|t\in\mathrm{R}\}\subset E$, 定义

$$l_0(tx_0)=t\|x_0\|,\ \forall t\in\mathbf{R}.$$

则有

$$|l_0(x)|=\|x\|,\ \forall x=tx_0\in E_0.$$

由 Hahn-Banach 定理可知,存在 $l\in E^*$ 满足:

$$|l(x)|\leqslant\|x\|,\ \forall x\in E$$

和

$$l(x_0)=l_0(x_0)=\|x_0\|\neq 0.$$ □

推论 1.3 对于 $u\in E$, 我们有

$$\|u\|=\sup_{l\in E^*,|l|=1}|l(u)|.$$

证明. 对于 $l\in E^*$, $|l|=1$ 显然有

$$|l(u)|\leqslant\|u\|.$$

又, 从上一推论的证明可以看出: 存在 $l\in E^*$, $|l|=1$, 使得 $|l(u)|=\|u\|$. □

推论 1.4 我们有

$$l(u)=0,\ \forall l\in E^*\Longleftrightarrow u=0,$$

或者等价地有

$$l(x)=l(y),\forall l\in E^*\Longleftrightarrow x=y.$$

证明. 显然. □

§2 微　　分

回忆一元实函数微商的定义:

$$f'(x)=\lim_{h\to 0}\frac{f(x+h)-f(x)}{h}. \tag{2.1}$$

(2.1) 等价于

$$\lim_{h\to 0}\frac{f(x+h)-f(x)-f'(x)h}{h}=0. \tag{2.2}$$

我们注意到: $l(h)=f'(x)h$ 是增量 h 的线性函数. 于是,可微性的定义可以陈述为: 存在 $l\in \mathrm{L}(\mathbb{R},\mathbb{R})$, 使得

$$\lim_{h\to 0}\frac{f(x+h)-f(x)-l(h)}{h}=0$$

或者

$$|f(x+h)-f(x)-l(h)|=o(|h|).$$

这一种陈述方式易于推广到更为一般的赋范线性空间.

定义 2.1 设 $(E,\|\cdot\|)$ 和 $(F,|\cdot|)$ 是赋范线性空间,$U\subset E$ 是开集, f: $U\to F$ 是一个映射, $x\in U$. 如果存在 $l\in \mathrm{L}(E, F)$, 使得

$$\lim_{\|h\|\to 0}\frac{|f(x+h)-f(x)-l(h)|}{\|h\|}=0 \tag{2.3}$$

或者

$$|f(x+h)-f(x)-l(h)|=o(\|h\|), \tag{2.4}$$

则称 f 在 x 点可微.

显然,如果 f 在 x 点可微,那么 f 在这点连续.

命题 2.2 满足上面定义的 $l\in \mathrm{L}(E,F)$ 至多只有一个.

证明. 如果还有 $l'\in \mathrm{L}(E,F)$ 也满足定义 2.1, 则 $l''=l'-l\in \mathrm{L}(E,F)$ 满足

$$|l''(h)| = o(\|h\|).$$

对任意取定的 $h_0 \in E$，我们有

$$|l''(th_0)| = o(\|th_0\|) \quad (t \in \mathbf{R}, t \to 0),$$

$$|l''(h_0)| = \frac{o(|t|)}{|t|}\|h_0\|.$$

命 $t \to 0$ 即得

$$l''(h_0) = 0.$$

因为 $h_0 \in E$ 是任意的，所以 $l'' = l' - l = 0$，即

$$l' = l. \ \square$$

定义 2.3 满足定义 2.1 的唯一 $l \in \mathrm{L}(E, F)$ 称为 f 在 x 点的微分，记为

$$Df(x) = l.$$

这样定义的微分，与古典分析中定义的微分有许多类似的性质。我们这里仅仅扼要地加以陈述，而略去大部分容易的证明.

命题 2.4 设 $f, g: U \to F$ 都在 $x \in U$ 可微分，$\lambda \in \mathbf{R}$，则 $f+g$ 和 λf 也都在 $x \in U$ 可微分，并且

$$D(f+g)(x) = Df(x) + Dg(x),$$

$$D(\lambda f)(x) = \lambda Df(x).$$

引理 2.5 设 f 在 x 点可微，则

$$|f(x+h) - f(x)| = O(\|h\|) \quad (\|h\| \to 0)$$

命题 2.6（链式法则） 设 $(E, \|\cdot\|)$，$(F, |\cdot|)$ 和 $(G, |\cdot|)$ 是赋范线性空间，$U \subset E$ 和 $V \subset F$ 是开集. 如果 $f: U \to V \subset F$ 和 $g: V \to G$ 分别在 $x \in U$ 和 $y = f(x) \in V$ 可微，那么 $g \circ f: U \to G$ 在 x 点可微分，并且

$$D(g \circ f)(x) = Dg(f(x)) \circ Df(x).$$

这里 $Df(x) \in \mathrm{L}(E, F)$，$Dg(f(x)) \in \mathrm{L}(F, G)$，因而 $Dg(f(x)) \circ Df(x) \in \mathrm{L}(E, G)$.

证明. 为书写简便，记

$$k = f(x+h) - f(x).$$

由引理 2.5 可知

$$|k| = O(\|h\|).$$

我们有

$$\begin{aligned}
&|g\circ f(x+h) - g\circ f(x) - Dg(f(x))\circ Df(x)(h)| \\
&= |g(f(x)+k) - g(f(x)) - Dg(f(x))(Df(x)h)| \\
&\leqslant |g(f(x)+k) - g(f(x)) - Dg(f(x))k| \\
&\qquad + |Dg(f(x))(k - Df(x)h)| \\
&\leqslant o(|k|) + o(\|h\|) = o(\|h\|). \quad \square
\end{aligned}$$

定义 2.7 设 f 在每一点 $x\in U$ 可微，则称 f 在 U 可微．这时如果 $Df:U\to L(E,F)$ 连续，则称 f 在 U 上是连续可微的或者是 C^1 类的．

§3 对实参数的积分

设 $(E, \|\cdot\|)$ 是 Banach 空间，$K=[a, b]$ 是实数闭区间，$f:K\to E$ 是连续映射．把 K 分成两两无共同内点的闭子区间 K_1, $K_2,\cdots,K_m$ 之并

$$K = \bigcup_{i=1}^{m} K_i.$$

把这分割方式记为 λ，并记

$$|\lambda| = \max_{1\leqslant i\leqslant m}\{|K_i|\}.$$

取

$$\tau_i\in K_i,\ i=1,2,\cdots,m,$$

并记

$$\tau = (\tau_1,\tau_2,\cdots,\tau_m).$$

又以 $|L|$ 表示实数区间 L 的长度．我们可以作积分和

$$S = S_{\lambda,\tau} = \sum_{i=1}^{m} f(\tau_i)|K_i|.$$

将证明：当 $|\lambda|\to 0$ 时，上述积分和有确定的极限 I，即对任意 $\varepsilon>0$，存在 $\delta>0$，使得

$$|\lambda| < \delta \Longrightarrow \|S_{\lambda,\tau} - I\| < \varepsilon.$$

定义 3.1 我们把上述极限 I 称为是 f 在 K 上的积分，记为

$$\int_K f(t)dt = \int_a^b f(t)dt = I.$$

为了证明当 $|\lambda| \to 0$ 时，积分和 $S_{\lambda,\tau}$ 有确定的极限，只须指出当

$$|\lambda| = \max_{1\leqslant j\leqslant m}\{|K_j|\}, |\lambda'| = \max_{1\leqslant j'\leqslant m'}\{|K'_{j'}|\}$$

都充分小时，$\|S_{\lambda,\tau} - S'_{\lambda',\tau'}\|$ 可以任意小.

因为 $f:K \to E$ 连续，用有限覆盖原理，与一元实函数的情形类似，可以证明 f 是一致连续的. 因此，对任意 $\varepsilon > 0$，存在 $\delta>0$，使得

$$|t - t'| < \delta \Longrightarrow \|f(t) - f(t')\| < \frac{\varepsilon}{|K|}.$$

考虑两分割

$$\lambda: K_1, \cdots, K_m \text{ 和 } \lambda': K'_1, \cdots, K'_{m'}.$$

我们有

$$K_j = \bigcup_{j'=1}^{m'} (K_j \cap K'_{j'}), K'_{j'} = \bigcup_{j=1}^{m} (K_j \cap K'_{j'});$$

$$|K_j| = \sum_{j'=1}^{m'} |K_j \cap K'_{j'}|, |K'_{j'}| = \sum_{j=1}^{m} |K_j \cap K'_{j'}|;$$

$$\begin{aligned} S_{\lambda,\tau} &- S'_{\lambda',\tau'} \\ &= \sum_{j=1}^{m} f(\tau_j)|K_j| - \sum_{j'=1}^{m'} f(\tau'_{j'})|K'_{j'}| \\ &= \sum_{j=1}^{m}\sum_{j'=1}^{m'} (f(\tau_j) - f(\tau'_{j'}))|K_j \cap K'_{j'}|. \end{aligned}$$

上述求和的各项，仅当 $K_j \cap K'_{j'} \neq \varnothing$ 时才是非零的. 如果 $|\lambda| < \frac{\delta}{2}$, $|\lambda'| < \frac{\delta}{2}$，那么当 $K_j \cap K'_{j'} \neq \varnothing$ 时就有

$$|\tau_j - \tau'_{j'}| < \delta, \quad |f(\tau_j) - f(\tau'_{j'})| < \frac{\varepsilon}{|K|}.$$

因此，当 $|\lambda|<\frac{\delta}{2}$，$|\lambda'|<\frac{\delta}{2}$ 时就有

$$\|S_{\lambda,\tau}-S'_{\lambda',\tau'}\|<\frac{\varepsilon}{|K|}\sum_{j=1}^{m}\sum_{j'=1}^{m'}|K_j\cap K'_{j'}|$$
$$=\frac{\varepsilon}{|K|}|K|=\varepsilon.$$

同一元实函数的情形类似，容易证明，这里定义的积分是线性的，并且对积分区间是可加的，等等．兹不赘述．

命题 3.2 $\left\|\int_a^b f(t)dt\right\|\leqslant\int_a^b\|f(t)\|dt.$

（须指出：上式左边的积分，是映射 $f:K\to E$ 的积分，其定义如上面所述；而上式右边的积分是一元实函数 $\|f(t)\|$ 的积分，其定义是我们在微积分课程里所熟知的，当然也与这里给出的定义一致．）

证明．$\left\|\sum_{j=1}^{m}f(\tau_j)|K_j|\right\|\leqslant\sum_{j=1}^{m}\|f(\tau_j)\||K_j|.$ □

命题 3.3 设 $K=[a,b]$，$f:K\to E$ 连续，$l\in E^*$，则

$$l\left(\int_a^b f(t)dt\right)=\int_a^b l(f(t))dt.$$

证明．由 l 的连续性，我们得到

$$l\left(\int_a^b f(t)dt\right)=l\left(\lim_{|\lambda|\to 0}\sum_{j=1}^{m}f(\tau_j)|K_j|\right)$$
$$=\lim_{|\lambda|\to 0}\sum_{j=1}^{m}l(f(\tau_j))|K_j|=\int_a^b l(f(t))dt. \quad □$$

§4 有限增量公式

定理 4.1 设 $(E,\|\cdot\|)$ 和 $(F,|\cdot|)$ 是 Banach 空间，$U\subset E$ 是开集，$f:U\to F$ 连续可微，$x+th\in U(\forall t\in[0,1])$，则

$$f(x+h)-f(x)=\int_0^1 Df(x+th)h\,dt.$$

证明. 对任意取定的 $l\in F^*=\mathrm{L}(F,\mathbb{R})$, 考虑 t 的实函数

$$g(t)=l(f(x+th)).$$

我们有

$$\begin{aligned}&|g(t+\tau)-g(t)-l(Df(x+th)h)\tau|\\&=|l(f(x+th+\tau h)-f(x+th)-Df(x+th)(\tau h))|\\&=o(|\tau|\|h\|)=o(|\tau|).\end{aligned}$$

因而

$$g'(t)=l(Df(x+th)h).$$

利用一元实函数微积分的基本公式:

$$g(1)-g(0)=\int_0^1 g'(t)dt,$$

我们得到

$$l(f(x+h))-l(f(x))=\int_0^1 l(Df(x+th)h)dt,$$

$$l(f(x+th)-f(x))=l\left(\int_0^1 Df(x+th)hdt\right).$$

因为 $l\in F^*$ 可任取,由 Hahn-Banach 定理的推论 1.4 可得

$$f(x+h)-f(x)=\int_0^1 Df(x+th)hdt. \quad \square$$

推论 4.2 设 E,F 是 Banach 空间, $U\subset E$ 是开集, $f:U\to F$ 连续可微, $x,y\in U$ 并且

$$J_{xy}=\{x+t(y-x)\,|\,0\leqslant t\leqslant 1\}\subset U.$$

则

$$|f(y)-f(x)|\leqslant\|y-x\|\sup_{\xi\in J_{xy}}|Df(\xi)|$$

证明. 记 $h=y-x$, 则

$$\begin{aligned}|f(y)-f(x)|&=|f(x+h)-f(x)|dt\\&=\left|\int_0^1 Df(x+th)hdt\right|\\&\leqslant\int_0^1|Df(x+th)|\|h\|dt\\&\leqslant\|y-x\|\sup_{\xi\in J_{xy}}|Df(\xi)|. \quad \square\end{aligned}$$

§5 高阶微分

先介绍涉及多重线性映射(即对每一变元为线性的映射)的有关定义.

定义 5.1 设 $(E_j, \|\cdot\|)(j=1,\cdots,r)$ 和 $(F, |\cdot|)$ 是赋范线性空间, $A: E_1\times\cdots\times E_r\to F$ 是 r 重线性映射. 如果存在实数 $K\geqslant 0$, 使得

$$|A(x_1,x_2,\cdots,x_r)|\leqslant K\|x_1\|\|x_2\|\cdots\|x_r\|,$$
$$\forall(x_1,x_2,\cdots,x_r)\in E_1\times E_2\times\cdots\times E_r,$$

则称 A 是有界的 r 重线性映射, 并把满足上式的最小非负实数 K 称为 A 的范数, 记为 $|A|$. 从 $E_1\times\cdots\times E_r$ 到 F 的所有的有界 r 重线性映射的集合记为 $\mathrm{L}(E_1, E_2,\cdots, E_r; F)$. 特别地, 如果 $E_1=E_2=\cdots=E_r=E$, 则记

$$\mathrm{L}^r(E;F)=\mathrm{L}(\underbrace{E,E,\cdots,E}_{r\text{重}};F).$$

定义 5.2 如果 $A\in\mathrm{L}^r(E;F)$ 满足条件

$$A(x_1,\cdots,x_i,\cdots,x_j,\cdots,x_r)=A(x_1,\cdots,x_j,\cdots,x_i,\cdots,x_r),$$
$$1\leqslant i<j\leqslant r,$$

则称 A 是对称的. 所有的对称有界 r 重线性映射的集合记为 $\mathrm{L}_s^r(E;F)$.

下面的简单命题是常常要用到的.

命题 5.3 设 E_1, E_2 和 F 是赋范线性空间. 从 E_2 到 $\mathrm{L}(E_1,F)$ 的有界线性映射的空间

$$\mathrm{L}(E_2,\mathrm{L}(E_1,F))$$

等同于

$$\mathrm{L}(E_1,E;F).$$

证明. 我们仅指出等同对应的方式而把细节的验证留给读者. 任给 $A\in\mathrm{L}(E_2,\mathrm{L}(E_1,F))$ 和 $x_1\in E_1$, $x_2\in E_2$, 置

$$\tilde{A}(x_1,x_2)=A(x_2)(x_1),$$

则 $A \longmapsto \tilde{A}$ 这样的对应是从 $L(E_2, L(E_1, F))$ 到 $L(E_1, E_2; F)$ 上的线性同构. 这同构还是等距的(即保持范数不变的):

$$|\tilde{A}| = |A|, \ \forall A \in L(E_2, L(E_1, F)). \quad \square$$

更一般地,我们有

命题 5.4

$$L(E_r, L(E_1, \cdots, E_{r-1}; F)) \cong L(E_1, \cdots, E_r; F).$$

下面,我们讨论作为多重线性映射的高阶微分.

定义 5.5 设 E, F 是赋范线性空间, $U \subset E$ 是开集, $f: U \to F$ 是可微映射, $x \in U$. 如果 $Df: U \to L(E, F)$ 在 x 点可微, 那么它的微分

$$D(Df)(x) \in L(E, L(E, F)) = L(E, E; F).$$

我们把 $D(Df)(x)$ 称为是 f 在 x 点的 2 阶微分, 记为 $D^2f(x)$. 这样

$$D^2f(x) \in L(E, E; F) = L^2(E; F).$$

如果 $Df: U \to L(E, F)$ 在每一点 $x \in U$ 可微并且 $D^2f: U \to L^2(E, F)$ 连续,则称 f 在 U 是 2 阶连续可微的或者是属于 C^2 类的.

更一般地,我们定义

$$D^{r+1}f(x) = D(D^rf)(x) \in L(E, L^r(E, F)) = L^{r+1}(E; F).$$

又,如果 $D^{r+1}f: U \to L^{r+1}(E; F)$ 是连续的,则称 f 在 U 是 $r+1$ 阶连续可微的或者是 C^{r+1} 类的.

与古典分析中的情形类似,我们有如下的对称性定理.

定理 5.6 设 $(E, \|\cdot\|)$ 和 $(F, |\cdot|)$ 是 Banach 空间, $U \subset E$ 是开集. 若 $f: U \to F$ 是 2 阶连续可微(即 C^2 类)映射,则

$$D^2f(x)(h, k) = D^2f(x)(k, h), \ \forall h, k \in E.$$

这就是说: $D^2f(x) \in L_s^2(E; F)$.

证明. 我们置

$$\varphi(h, k) = f(x + h + k) - f(x + k) - f(x + h) - f(x).$$

则对充分小的 $\|h\|$ 和 $\|k\|$, $\varphi(h, k)$ 有定义. 并且

$$\begin{aligned}\varphi(h,k) &= \int_0^1 Df(x+sh+k)h\,ds - \int_0^1 Df(x+sh)h\,ds \\ &= \int_0^1 (Df(x+sh+k) - Df(x+sh))h\,ds \\ &= \int_0^1 \left(\int_0^1 D^2f(x+sh+tk)k\,dt\right) h\,ds \\ &= \int_0^1\int_0^1 D^2f(x+sh+tk)(h,k)\,ds\,dt.\end{aligned}$$

由 D^2f 的连续性，我们看到：

$$\begin{aligned}&|\varphi(h,k) - D^2f(x)(h,k)| \\ &\quad = \left|\int_0^1\int_0^1 (D^2f(x+sh+tk) - D^2f(x))(h,k)\,ds\,dt\right| \\ &\quad \leqslant \int_0^1\int_0^1 |D^2f(x+sh+tk) - D^2f(x)|\,\|h\|\|k\|\,ds\,dt \\ &\quad = o(\|h\|\|k\|).\end{aligned}$$

同样可证，当 $\|h\|$ 和 $\|k\|$ 充分小时，

$$|\varphi(k,h) - D^2f(x)(k,h)| = o(\|h\|\|k\|).$$

但由 φ 的定义可以看出

$$\varphi(h,k) = \varphi(k,h).$$

因而，当 $\|h\|$ 和 $\|k\|$ 充分小时，

$$|D^2f(x)(h,k) - D^2f(x)(k,h)| = o(\|h\|\|k\|).$$

对任意取定的 $h_0,k_0 \in E$，我们有

$$|D^2f(x)(th_0,tk_0) - D^2f(x)(tk_0,th_0)| = o(\|th_0\|\|tk_0\|),$$

$$|D^2f(x)(h_0,k_0) - D^2f(x)(k_0,h_0)| = \frac{o(t^2)}{t^2}\|h_0\|\|k_0\|.$$

令 $t \to 0$ 即得

$$D^2f(x)(h_0,k_0) = D^2f(x)(k_0,h_0). \qquad \square$$

更一般地，我们有

定理 5.7 如果 f 在 U 上 $r+1$ 阶连续可微，则有

$$D^{r+1}f(x) \in \mathrm{L}_s^{r+1}(E;F),\ \forall x \in U.$$

§6 偏微分

定义 6.1 设 E_1, E_2 和 F 是赋范线性空间, $E = E_1 \times E_2$, $U \subset E$ 是开集, $f: U \to F$ 是一个映射, $x = (x_1, x_2) \in U$. 如果存在 $l_1 \in \mathrm{L}(E_1, F)$, 使得

$$\lim_{\|h_1\| \to 0} \frac{|f(x_1 + h_1, x_2) - f(x_1, x_2) - l_1(h_1)|}{\|h_1\|} = 0$$

或者

$$|f(x_1 + h_1, x_2) - f(x_1, x_2) - l_1(h_1)| = o(\|h_1\|),$$

则称 f 在 $x = (x_1, x_2)$ 点对第一个变元可微分, 并且称 l_1 为 f 在 x 点关于第一个变元的偏微分,记为

$$D_1 f(x_1, x_2) = l_1.$$

类似地可以定义对第二个变元的偏微分

$$D_2 f(x_1, x_2) \in \mathrm{L}(E_2, F).$$

与古典分析类似,我们有以下结果.

定理 6.2 在上述定义中所给的基本假设之下,映射 f 在 U 上连续可微的充分必要条件是它的两个偏微分都在 U 上处处存在,并且(作为二元映射)是连续的,即

$$(x_1, x_2) \longmapsto D_1 f(x_1, x_2)$$

和

$$(x_1, x_2) \longmapsto D_2 f(x_1, x_2)$$

都在 U 上连续.

当上述条件满足时,我们有

$$Df(x_1, x_2)(h_1, h_2) = D_1 f(x_1, x_2) h_1 + D_2 f(x_1, x_2) h_2.$$

§7 Lipschitz 逆映射定理

定义 7.1 设 (X, δ) 和 (Z, d) 是距离空间. 映射 $f: X \to Z$ 称为是 Lipschitz 映射,如果存在 $\alpha \in \mathbf{R}$, 使得

$$d(f(x'),f(x))\leqslant \alpha\delta(x',x),\ \forall x',x\in X.$$

能使上式成立之最小非负实数 α 称为是 f 的 Lipschitz 常数，记为 $\mathrm{Lip}(f)$. 如果 f 不是 Lipschitz 的，则记 $\mathrm{Lip}(f)=+\infty$.

特别地，如果 $\mathrm{Lip}(f)<1$，则称 f 为压缩映射.

定义 7.2 设 (X,δ) 和 (Z,d) 是距离空间，$x_0\in X$. 如果存在 x_0 的邻域 V，使得限制在 V 上 f 是 Lipschitz 映射，即存在 $\alpha\in\mathbf{R}$，使得

$$d(f(x'),f(x))\leqslant \alpha\delta(x',x),\ \forall x',x\in V,$$

则称 f 在 x_0 点是局部 Lipschitz 的. 如果对任意的 $x_0\in X$，映射 f 在 x_0 点都是局部 Lipschitz 的，则称 f 在 X 是局部 Lipschitz 的.

命题 7.3 设 $(E,\|\cdot\|)$ 和 $(F,|\cdot|)$ 是 Banach 空间，$U\subset E$ 是开集，$f:U\to F$ 是 C^1 映射，则 f 在 U 是局部 Lipschitz 的

证明. 任给 $x_0\in U$，存在 x_0 的凸邻域 $V\subset U$ 和非负实数 α，使得

$$|Df(\xi)|\leqslant\alpha,\forall\xi\in V.$$

于是

$$\begin{aligned}|f(x')-f(x)|&\leqslant\int_0^1|Df(x+t(x'-x))|\,dt\,\|x'-x\|\\&\leqslant\alpha\|x'-x\|,\forall x',x\in V.\ \square\end{aligned}$$

定理 7.4 设 $(E,\|\cdot\|)$ 是 Banach 空间，$\varphi:E\to E$ 是压缩映射:

$$\mathrm{Lip}(\varphi)\leqslant\alpha<1.$$

则 $f=id+\varphi:E\to E$ 是可逆映射，其逆映射表示为

$$f^{-1}=id+\omega,$$

这里 ω 是 Lipschitz 映射，

$$\mathrm{Lip}(\omega)\leqslant\frac{\alpha}{1-\alpha}.$$

因而 f^{-1} 也是 Lipschitz 映射，

$$\mathrm{Lip}(f^{-1})\leqslant\frac{1}{1-\alpha}.$$

证明. 首先指出：对任意 $y\in E$，存在唯一的 $x\in E$，使得

$$f(x)=x+\varphi(x)=y.$$

事实上，上式可以改写为

$$x=-\varphi(x)+y.$$

考虑映射

$$\begin{aligned}\psi:E&\to E\\ x&\longmapsto-\varphi(x)+y,\end{aligned}$$

即

$$\psi(x)=-\varphi(x)+y,\forall x\in E.$$

因为

$$\mathrm{Lip}(\psi)=\mathrm{Lip}(\varphi)\leqslant\alpha<1,$$

由压缩映射原理可知，ψ 在 E 中有唯一不动点

$$x=\psi(x)=-\varphi(x)+y,$$

即存在唯一的 $x\in E$，使得

$$f(x)=y.$$

这证明了 $f:E\to E$ 是满的，单一的映射，因而存在逆映射 $f^{-1}:E\to E$. 以下记

$$\omega=f^{-1}-id:E\to E.$$

由

$$\begin{aligned}id&=f\circ f^{-1}=(id+\varphi)\circ(id+\omega)\\&=id+\omega+\varphi\circ(id+\omega),\end{aligned}$$

可得

$$\omega=-\varphi\circ(id+\omega).$$

我们有

$$\begin{aligned}\|\omega(x')-\omega(x)\|&=\|\varphi(x'+\omega(x'))-\varphi(x+\omega(x))\|\\&\leqslant\alpha(\|x'-x\|+\|\omega(x')-\omega(x)\|)\end{aligned}$$

$$\|\omega(x')-\omega(x)\|\leqslant\frac{\alpha}{1-\alpha}\|x'-x\|,$$

$$\forall x',x\in E.$$

这证明了

$$\mathrm{Lip}(\omega) \leqslant \frac{\alpha}{1-\alpha}.$$

由此易得

$$\mathrm{Lip}(f^{-1}) = \mathrm{Lip}(id + \omega) \leqslant \frac{1}{1-\alpha}. \quad \square$$

推论 7.5 (Lipschitz 逆映射定理) 设 $(E, \|\cdot\|)$ 是 Banach 空间，$A: E \to E$ 是可逆线性映射，$\psi: E \to E$ 是 Lipschitz 映射，$\mathrm{Lip}(\psi) < \|A^{-1}\|^{-1}$，则 $g = A + \psi$ 是可逆映射，$g^{-1} = (A + \psi)^{-1}$ 也是 Lipschitz 映射，并且

$$\mathrm{Lip}(g^{-1}) \leqslant \frac{1}{\|A^{-1}\|^{-1} - \mathrm{Lip}(\psi)}.$$

证明. 我们有

$$\begin{aligned} g &= A + \psi \\ &= A\circ(id + A^{-1}\psi) = A\circ(id + \varphi), \end{aligned}$$

这里 $\varphi = A^{-1}\psi$ 满足

$$\mathrm{Lip}(\varphi) \leqslant \|A^{-1}\|\mathrm{Lip}(\psi) < 1.$$

因此 $f = id + \varphi$ 可逆. 于是 $g = A\circ f$ 也可逆，$g^{-1} = f^{-1}\circ A^{-1}$，并且

$$\begin{aligned} \mathrm{Lip}(g^{-1}) &\leqslant \mathrm{Lip}(f^{-1})\|A^{-1}\| \\ &\leqslant \frac{\|A^{-1}\|}{1 - \|A^{-1}\|\mathrm{Lip}(\psi)} = \frac{1}{\|A^{-1}\|^{-1} - \mathrm{Lip}(\psi)}. \quad \square \end{aligned}$$

推论 7.6 设 $(E, \|\cdot\|)$ 是 Banach 空间，$A: E \to E$ 是可逆线性映射，$\|B\| < \|A^{-1}\|^{-1}$，则 $A + B$ 是可逆线性映射，并且

$$\|(A + B)^{-1}\| \leqslant \frac{1}{\|A^{-1}\|^{-1} - \|B\|}.$$

证明. 有界线性映射的范数就是其 Lipschitz 常数. 由上一推论可知，$A + B$ 是可逆映射，其逆之 Lipschitz 常数不超过

$$\frac{1}{\|A^{-1}\| - \|B\|}.$$

又，容易证明：线性映射的逆映射也是线性的. $\square$

§8 含参变元的压缩映射原理

定义 8.1 设 (X,δ),(Y,ρ) 和 (Z,d) 是距离空间，$\Phi: X\times Y\to Z$ 是一个映射．如果存在 $\alpha\in\mathbf{R}$，使得

$$d(\Phi(x',y),\Phi(x,y))\leqslant\alpha\delta(x',x),\ \forall x',x\in X,y\in Y,$$

则称 Φ 一致地对第一变元满足 Lipschitz 条件．如果上述 $\alpha<1$，则称 Φ 一致地对第一变元压缩．类似地,如果存在 $\beta\in\mathbf{R}$，使得

$$d(\Phi(x,y'),\Phi(x,y))\leqslant\beta\rho(y',y),\ \forall x\in X,y',y\in Y,$$

则称 Φ 一致地对第二变元满足 Lipschitz 条件．如果 $\beta<1$，则称 Φ 一致地对第二变元压缩．

注记 8.2 在 $X\times Y$ 上我们可以引入"乘积距离" D:

$$D((x',y),(x,y))=\max\{\delta(x',x),\rho(y',y)\}.$$

如果 $\Phi:X\times Y\to Z$ 关于这距离满足 Lipschitz 条件,即存在 $\gamma\in\mathbf{R}$，使得对任意 $(x',y'),(x,y)\in X\times Y$ 有

$$d(\Phi(x',y'),\Phi(x,y))\leqslant\gamma\max\{\delta(x',x),\rho(y',y)\},\qquad(8.1)$$

则称 Φ 是（二元）Lipschitz 映射．显然这时 Φ 一致地对第一变元满足 Lipschitz 条件，同时也一致地对第二变元满足 Lipschitz 条件．容易证明：为使 Φ 是二元 Lipschitz 的，必须而且只须它同时一致地对两个变元满足 Lipschitz 条件．类似地,如果对每一点 $(x_0,y_0)\in X\times Y$ 邻近的 (x',y') 和 (x,y) 都有 (8.1) 成立，则称 Φ 是(二元)局部 Lipschitz 映射．

设 (X,δ) 和 (Z,d) 是距离空间，(Z,d) 是完备的．如果 $\Phi: X\times Z\to Z$ 一致地对第二变元压缩，那么对任意的 $x\in X$ 存在唯一的 $v(x)\in Z$，使得

$$\Phi(x,v(x))=v(x).$$

下面的定理指出，当 Φ 具有某些分析性质时，$v: X\to Z$ 也具有相应的分析性质．

定理 8.3 在上述条件下，如果 Φ 是连续的，或者是局部 Lipschitz 的,或者是 Lipschitz 的,那么 $v:X\to Z$ 也相应地是连续

的，或者是局部 Lipschitz 的，或者是 Lipschitz 的。

证明. 我们有

$$d(v(x'),v(x)) = d(\Phi(x',v(x')),\Phi(x,v(x)))$$
$$\leqslant d(\Phi(x',v(x')),\Phi(x',v(x)))+d(\Phi(x',v(x)),\Phi(x,v(x)))$$
$$\leqslant \beta d(v(x'),v(x)) + d(\Phi(x',v(x)),\Phi(x,v(x))),$$
$$d(v(x'),v(x)) \leqslant \frac{1}{1-\beta} d(\Phi(x',v(x)),\Phi(x,v(x))). \quad \square$$

定理 8.4 设 $(E,\|\cdot\|)$ 和 $(F,|\cdot|)$ 是 Banach 空间，$X\subset E$ 和 $Y\subset F$ 分别是相应空间中的开集，$Z\subset Y$ 是 F 中的闭子集. 如果

$$\Phi: X \times Y \to F$$

是 C^r 映射，它一致地对第二变元压缩，并且

$$\Phi(X \times Z)\subset Z,$$

那么由方程

$$\Phi(x,v(x)) = v(x), \forall x\in X,$$

确定的唯一映射 $v: X \to Y\subset F$ 也是 C^r 的，并且

$$Dv(x) = (id_2 - D_2\Phi(x,v(x)))^{-1}D_1\Phi(x,v(x)).$$

证明. Z 是完备空间的闭子集，因而是完备的. 根据压缩映射原理，对任意的 $x\in X$，映射 $\Phi(x,\cdot): Z \to Z$ 有唯一不动点 $v(x)\in Z\subset Y\subset F$. 下面对 r 作归纳，证明 $v: X \to F$ 是 C^r 映射.

先设 $r = 1$. 因为 Φ 对第二变元一致压缩，设压缩系数为 $\beta < 1$. 则

$$|D_2\Phi(x,y)| \leqslant \beta < 1, \forall x\in X, y\in Y.$$

由上节推论 7.6 可知:

$$id_2 - D_2\Phi(x,v(x)): F \to F$$

是可逆线性映射. 记

$$Q(x) = (id_2 - D_2\Phi(x,v(x)))^{-1}.$$

我们将证明

$$Dv(x) = Q(x)D_1\Phi(x,v(x)). \tag{8.2}$$

表达式 (8.2) 是受以下考虑的启发而得到的: 假设 v 可微分，则

从

$$v(x)=\Phi(x,v(x))$$

可得

$$Dv(x)=D_1\Phi(x,v(x))+D_2\Phi(x,v(x))Dv(x),$$

$$Dv(x)=(id_2-D_2\Phi(x,v(x)))^{-1}D_1\Phi(x,v(x)).$$

为了证明 $Dv(x)=Q(x)D_1\Phi(x,\ v(x))$，我们对于 $\|\xi\|\to 0$ 估计下式的无穷小的阶.

$$\begin{aligned}&|v(x+\xi)-v(x)-Q(x)D_1\Phi(x,v(x))(\xi)|\\ &\quad\leqslant|Q(x)||(id_2-D_2\Phi(x,v(x)))(v(x+\xi)-v(x))\\ &\qquad\qquad -D_1\Phi(x,v(x))\xi|\\ &\quad=|Q(x)||\Phi(x+\xi,v(x+\xi))-\Phi(x,v(x))\\ &\qquad -D_1\Phi(x,v(x))\xi-D_2\Phi(x,v(x))(v(x+\xi)-v(x))|\\ &\quad=o(\max\{\|\xi\|,|v(x+\xi)-v(x)|\}).\end{aligned}$$

但由定理 8.3 我们知道，v 是局部 Lipschitz 的，于是得到

$$|v(x+\xi)-v(x)-Q(x)D_1\Phi(x,v(x))(\xi)|=o(\|\xi\|).$$

其次，假定对于 $r=k-1$ 结论已成立，我们来考虑 $r=k$ 的情形. Φ 是 C^k 的，当然也是 C^{k-1} 的，v 至少是 C^{k-1} 的. 考虑映射

$$\begin{aligned}\psi:X\times \mathrm{L}(E,F)&\to \mathrm{L}(E,F)\\ (x,H)&\longmapsto D_1\Phi(x,v(x))+D_2\Phi(x,v(x))H.\end{aligned}$$

显然 ψ 是 C^{k-1} 的，它对第二变元一致压缩(因为 $|D_2\Phi(x,v(x))|\leqslant\beta<1$). 因而满足方程

$$\psi(x,H(x))=H(x),\ \forall x\in X,$$

的唯一映射 $H:X\to \mathrm{L}(E,F)$ 是 C^{k-1} 的. 但从

$$\Phi(x,v(x))=v(x)$$

可得

$$D_1\Phi(x,v(x))+D_2\Phi(x,v(x))Dv(x)=Dv(x),$$

即

$$\psi(x,Dv(x))=Dv(x).$$

因而 Dv 是 C^{k-1} 的，v 是 C^k 的. □

综合定理 8.3 和定理 8.4 可得以下推论. 它可视为定理 8.4 的带参变元的形式.

推论 8.5 设 Λ 是距离空间, $(E, \|\cdot\|)$ 和 $(F, |\cdot|)$ 是 Banach 空间, $X \subset E$ 和 $Y \subset F$ 分别是相应空间中的开集, $Z \subset Y$ 是 F 中的闭子集. 如果连续映射 $\Phi: \Lambda \times X \times Y \to F$ 一致地对最后一个变元压缩;对任意固定的 $\lambda \in \Lambda$,

$$\Phi(\lambda, \cdot, \cdot): X \times Y \to F$$

是 C^r 映射,并且

$$\Phi(\lambda, X \times Z) \subset Z,$$

那么由方程

$$\Phi(\lambda, x, v(\lambda, x)) = v(\lambda, x), \ \forall \lambda \in \Lambda, x \in X,$$

所唯一确定的映射 $v: \Lambda \times X \to Y \subset F$ 是连续的;并且对任意固定的 $\lambda \in \Lambda$, 映射

$$v(\lambda, \cdot): X \to Y \subset F$$

是 C^r 映射.

§9 隐函数定理与逆映射定理

我们约定: 一个有界线性映射称为是可逆的, 当且仅当其逆映射存在并且也是有界线性映射; 即: $A \in L(E, F)$ 称为是可逆的,如果 $A^{-1} \in L(F, E)$.

定理 9.1 设 $(E, \|\cdot\|)$ 和 $(F, |\cdot|)$ 是 Banach 空间, $W \subset E \times F$ 是开集, $\varphi: W \to F$ 是 C^r 映射, $(x_0, y_0) \in W$,

$$\varphi(x_0, y_0) = 0, \ D_2\varphi(x_0, y_0) = id_2.$$

则存在开球

$$U = \{x \in E \mid \|x - x_0\| < a\} \subset E,$$
$$V = \{y \in F \mid |y - y_0| < b\} \subset F,$$

使得

$U \times V \subset W$,

$\forall x \in U, \exists!\, v(x) \in V \cdot \ni \cdot \varphi(x, v(x)) = 0$,

$v:U\to V$ 是 C^r 映射，

$Dv(x)=-(D_2\varphi(x,v(x)))^{-1}D_1\varphi(x,v(x)),\forall x\in U$。

证明. 记 $\Phi(x,y)=y-\varphi(x,y)$，则

$$D_1\Phi(x,y)=-D_1\varphi(x,y),$$
$$D_2\Phi(x,y)=id_2-D_2\varphi(x,y),$$
$$\Phi(x_0,y_0)=y_0,D_2\Phi(x_0,y_0)=0.$$

因此存在开球

$$U_0=\{x\in E\mid \|x-x_0\|<a_0\},$$
$$V=\{y\in F\mid |y-y_0|<b\},$$

使得

$$U_0\times V\subset W,$$
$$|D_2\Phi(x,y)|\leqslant\beta<1,\ \forall(x,y)\in U_0\times V.$$

于是

$$\begin{aligned}&|\Phi(x,y')-\Phi(x,y)|\\&\quad\leqslant\int_0^1|D_2\Phi(x,y+t(y'-y))|dt|y'-y|\\&\quad\leqslant\beta|y'-y|,\ \forall y',y\in V.\end{aligned}$$

取 $b_1,0<b_1<b$，记

$$V_1=\{y\in F\mid |y-y_0|<b_1\}.$$

再取 $a,0<a<a_0$，满足

$$\|x-x_0\|\leqslant a\Longrightarrow|\Phi(x,y_0)-y_0|\leqslant(1-\beta)b_1.$$

记

$$U=\{x\in E\mid |x-x_0|<a\}.$$

我们有

$$U\times\overline{V}_1\subset U\times V\subset U_0\times V\subset W.$$

显然 $\Phi:U\times V\to F$ 是 C^r 映射. 下面验证

$$\Phi(U\times\overline{V}_1)\subset\overline{V}_1.$$

实际有

$$\begin{aligned}|\Phi(x,y)-y_0|&\leqslant|\Phi(x,y)-\Phi(x,y_0)|+|\Phi(x,y_0)-y_0|\\&\leqslant\beta|y-y_0|+(1-\beta)b_1\\&\leqslant b_1,\ \forall x\in U,\ y\in\overline{V}_1.\end{aligned}$$

根据定理 8.4 (对于 $X = U$, $Y = V$, $Z = \bar{V}_1$ 的情形), 由方程 $\Phi(x, v(x)) = v(x), \forall x \in U$, 所唯一确定的映射 $v: U \to V \subset F$ 是 C^r 的,并且

$$Dv(x) = (id_2 - D_2\Phi(x, v(x)))^{-1} D_1\Phi(x, v(x))$$
$$= -(D_2\varphi(x, v(x)))^{-1} D_1\varphi(x, v(x)). \quad \square$$

下面的定理是定理 9.1 的带参变元的形式.

定理 9.2 设 (Λ, d) 是距离空间, $(E, \|\cdot\|)$ 和 $(F, |\cdot|)$ 是 Banach 空间; $W \subset E \times F$ 是开集; $\varphi: \Lambda \times W \to F$ 是连续映射; 对任意 $\lambda \in \Lambda$, $\varphi(\lambda, \cdot, \cdot): W \to F$ 是 C^r 映射,并且

$$D_y\varphi: \Lambda \times W \to L(F, F)$$
$$(\lambda, x, y) \longmapsto D_y\varphi(\lambda, x, y)$$

是连续映射. 如果 $\lambda_0 \in \Lambda, (x_0, y_0) \in W$, 使得

$$\varphi(\lambda_0, x_0, y_0) = 0, \quad D_y\varphi(\lambda_0, x_0, y_0) = id_F,$$

则存在开球

$$\Delta = \{\lambda \in \Lambda \mid d(\lambda, \lambda_0) < \alpha\},$$
$$U = \{x \in E \mid \|x - x_0\| < a\},$$
$$V = \{x \in F \mid |y - y_0| < b\},$$

使得

$U \times V \subset W$,

$\forall \lambda \in \Delta, x \in U, \exists! v(\lambda, x) \in V \cdot \ni \cdot \varphi(\lambda, x, v(\lambda, x)) = 0$,

$v: \Delta \times U \to V$ 是连续映射,

$\forall \lambda \in \Delta, v(\lambda, \cdot): U \to V$ 是 C^r 映射,

$D_x v(\lambda, x) = -(D_y\varphi(\lambda, x, v(\lambda, x)))^{-1} D_x\varphi(\lambda, x, v(\lambda, x))$.

从定理 9.1 容易得到隐函数定理:

定理 9.3 设 E, F 和 G 是 Banach 空间, $W \subset E \times F$ 是开集, $\phi: W \to G$ 是 C^r 映射, $(x_0, y_0) \in W, \phi(x_0, y_0) = 0$. 如果 $D_2\phi(x_0, y_0): F \to G$ 是可逆线性映射,则存在开球

$$U = \{x \in E \mid \|x - x_0\| < a\},$$
$$V = \{y \in F \mid |y - y_0| < b\},$$

使得

$$U \times V \subset W,$$

$\forall x \in U, \exists ! v(x) \in V \cdot \ni \cdot \phi(x, v(x)) = 0,$

$v: U \to V \subset F$ 是 C^r 映射，

$Dv(x) = -(D_2\phi(x, v(x)))^{-1} D_1\phi(x, v(x)).$

证明. 置 $\varphi(x, y) = (D_2\phi(x_0, y_0))^{-1}\phi(x, y)$，则 $\varphi: W \to F$ 满足定理 9.1 的条件. □

类似地，由定理 9.2 可得

定理 9.4（带参变元的隐函数定理） 设 Λ 是距离空间，E, F 和 G 是 Banach 空间，$W \subset E \times F$ 是开集，

$\phi: \Lambda \times W \to G$ 是 C^0 映射，

$\phi(\lambda, \cdot): W \to G$ 是 C^r 映射 $(\forall \lambda \in \Lambda)$，

$D_y\phi: \Lambda \times W \to L(F, G)$ 是 C^0 映射.

如果对于 $\lambda_0 \in \Lambda, (x_0, y_0) \in W$ 有

$\phi(\lambda_0, x_0, y_0) = 0,$

$D_y\phi(\lambda_0, x_0, y_0)$ 可逆，

则存在开球

$$\Delta = \{\lambda \in \Lambda \mid d(\lambda, \lambda_0) < \alpha\},$$
$$U = \{x \in E \mid \|x - x_0\| < a\},$$
$$V = \{y \in F \mid |y - y_0| < b\},$$

使得

$U \times V \subset W,$

$\forall \lambda \in \Delta, x \in U, \exists ! v(\lambda, x) \in V \cdot \ni \cdot \phi(\lambda, x, v(\lambda, x)) = 0,$

$v: \Delta \times U \to V$ 是 C^0 映射，

$\forall \lambda \in \Delta, v(\lambda, \cdot): U \to V$ 是 C^r 映射，

$D_x v(\lambda, x) = -(D_y\phi(\lambda, x, v(\lambda, x)))^{-1} D_x\phi(\lambda, x, v(\lambda, x)).$ □

定理 9.5（隐函数对方程的连续依赖） 设 $(E, \|\cdot\|)$，$(F, |\cdot|)$ 和 $(G, |\cdot|)$ 是 Banach 空间，$W \subset E \times F$ 是开集，$\phi_0: W \to G$ 是 C^r 映射，$(x_0, y_0) \in W$，$\phi(x_0, y_0) = 0$，并且 $D_y\phi_0(x_0, y_0): F \to G$ 是可逆线性映射. 则存在

ϕ_0 在 $C^r(W, G) \subset C^1(W, G)$ 中的 C^1 邻域 $\mathscr{N}$，

x_0 的开邻域 U,

y_0 的开邻域 V,

使得

$U \times V \subset W$,

$\forall \psi \in \mathscr{N}, x \in U, \exists ! v(\psi, x) \in V \cdot \ni \cdot \psi(x, v(\psi, x)) = 0$,

$v: \mathscr{N} \times U \to V$ 是 C^0 映射,

$\forall \psi \in \mathscr{N}, v(\psi, \cdot): U \to V$ 是 C^r 映射,

$D_x v(\psi, x) = -(D_y \psi(x, v(\psi, x)))^{-1} D_x \psi(x, v(\psi, x))$.

证明. 我们取

$$\Lambda = \{\psi \in C^r(W, G) \mid |\psi - \psi_0|_{C^1} < \eta\},$$

考虑映射

$$\theta: \Lambda \times W \to G$$

$$(\psi, x, y) \longmapsto \psi(x, y).$$

显然有

$\theta(\psi_0, x_0, y_0) = \psi_0(x_0, y_0) = 0$,

$D_y \theta(\psi_0, x_0, y_0) = D_y \psi_0(x_0, y_0): F \to G$ 可逆.

于是可以对 θ 应用定理 9.4. □

定理 9.6 (逆映射定理) 设 E 和 F 是 Banach 空间, $U_0 = \{x \in E \mid \|x - x_0\| < a_0\}$, $f: U_0 \to F$ 是 C^r 映射, $f(x_0) = y_0$, $Df(x_0): E \to F$ 是可逆线性映射. 则存在开球

$$U = \{x \in E \mid \|x - x_0\| < a\} \subset U_0,$$

$$V = \{y \in F \mid |y - y_0| < b\},$$

使得

f 在 U 上单一,

$\forall x \in U, Df(x)$ 可逆,

$\forall y \in V, \exists ! g(y) \in U \cdot \ni \cdot f(g(y)) = y$,

$g: V \to U$ 是 C^r 映射,

$$Dg(y) = (Df(g(y)))^{-1}.$$

证明. 对 $\psi(x, y) = f(x) - y$ 用隐函数定理 9.3. (注意!与定理 9.3 所用的符号相对照, 这里的 x 和 y 正好交换了彼此的位

置.) □

从定理 9.4 和 9.5 容易得到以下两定理.

定理 9.7（带参变元的逆映射定理） 设 Λ 是距离空间，E 和 F 是 Banach 空间，$\lambda_0\in\Lambda, x_0\in E, y_0\in F, U_0=\{x\in E\mid \|x-x_0\|<a_0\}$，

$f:\Lambda\times U_0\to F$ 是 C^0 映射，

$f(\lambda,\cdot):U_0\to F$ 是 C^r 映射，$\forall\lambda\in\Lambda$，

$D_xf:\Lambda\times U_0\to L(E,F)$ 是 C^0 映射.

$f(\lambda_0,x_0)=y_0$，

$D_xf(\lambda_0,x_0):E\to F$ 可逆.

则存在开球

$$\Delta=\{\lambda\in\Lambda\mid d(\lambda,\lambda_0)<\alpha\},$$
$$U=\{x\in E\mid \|x-x_0\|<a\}\subset U_0,$$
$$V=\{y\in F\mid |y-y_0|<b\},$$

使得

$\forall\lambda\in\Delta, f(\lambda,\cdot):U\to F$ 是单一映射，

$\forall\lambda\in\Delta, x\in U, D_xf(\lambda,x)$ 可逆，

$\forall\lambda\in\Delta, y\in V, \exists!\, g(\lambda,y)\in U\cdot\ni\cdot f(\lambda,g(\lambda,y))=y$，

$g:\Delta\times V\to U$ 是 C^0 映射，

$\forall\lambda\in\Delta, g(\lambda,\cdot):V\to U$ 是 C^r 映射，

$D_yg(\lambda,y)=(D_xf(\lambda,g(\lambda,y)))^{-1}$.

定理 9.8（逆映射对原来映射的连续依赖） 设 E，F 是 Banach 空间，$U_0=\{x\in E\mid \|x-x_0\|<a_0\}$，$f_0$: $U_0\to F$ 是 C^r 映射，$f(x_0)=y_0$，$Df_0(x_0)$ 可逆. 则存在

f_0 在 $C^r(U_0,F)\subset C^1(U_0,F)$ 中的 C^1 邻域 $\mathscr{N}$，

x_0 的球形邻域 $U\subset U_0$，

y_0 的球形邻域 V，

使得

$f\in\mathscr{N}$ 在 U 上是单一的，

$\forall f\in\mathscr{N}, x\in U, Df(x)$ 可逆，

$\forall t \in \mathscr{N}, y \in V, \exists ! g(t,y) \in U \cdot \ni \cdot f(g(t,y)) = y$,

$g: \mathscr{N} \times V \to U$ 是 C^0 映射，

$\forall t \in \mathscr{N}, g(t, \cdot): V \to U$ 是 C^r 映射，

$D_y g(t,y) = (Df(g(t,y)))^{-1}$.

第七章 双曲线性映射

§1 Banach 空间的直和分解

定义 1.1 设 $(E, \|\cdot\|)$ 是 Banach 空间，$E_1 \subset E$ 和 $E_2 \subset E$ 是 E 的闭线性子空间. 如果任意的 $x \in E$ 可唯一地表示为

$$x = x_1 + x_2,\quad x_1 \in E_1,\quad x_2 \in E_2,$$

则称 E 是 E_1 和 E_2 的直和，记为

$$E = E_1 \oplus E_2.$$

在上述关于直和的定义中，我们强调 E_1 和 E_2 须是 E 的闭线性子空间，其缘由略见于下面的命题.

命题 1.2 设 $(E, \|\cdot\|)$ 是 Banach 空间，$E_1 \subset E$ 和 $E_2 \subset E$ 是 E 的闭线性子空间. 在 $E_1 \times E_2$ 上可以引入范数

$$|||(x_1, x_2)||| = \max\{\|x_1\|, \|x_2\|\}.$$

容易验证：$(E_1 \times E_2, |||\cdot|||)$ 是一个 Banach 空间. 如果任意的 $x \in E$ 可以唯一地表示为

$$x = x_1 + x_2,\quad x_1 \in E_1,\quad x_2 \in E_2,$$

则以下映射

$$\begin{aligned} S:\ & E_1 \times E_2 \to E \\ & (x_1, x_2) \longmapsto x_1 + x_2 \end{aligned}$$

是一个线性同胚(即：S 既是一个线性同构，同时又是一个同胚).

证明. S 是一个满的单一的映射. 于是，由 Banach 逆映射定理([15]，第 III 章，定理 4.1)，我们看到 S: $E_1 \times E_2 \to E$ 是一个线性同胚. □

§2 双曲线性映射

双曲线性映射是沿一个方向扩张，沿另一个方向收缩的可逆

线性映射．更确切地，我们有以下定义．

定义 2.1 设 $(E,\|\cdot\|)$ 是 Banach 空间，$A: E\to E$ 是可逆线性映射．如果 E 可以分解为关于 A 不变的闭线性子空间 E^u 和 E^s 的直和：

$$E=E^u\oplus E^s,\ AE^u=E^u,\ AE^s=E^s,$$

并且存在常数 $C_1, C_2>0$ 和 $0<\lambda<1$，使得

$$\|A^k x_u\|\geqslant C_1\lambda^{-k}\|x_u\|,\ \forall x_u\in E^u, k=1,2,\cdots,\tag{2.1}$$

$$\|A^k x_s\|\leqslant C_2\lambda^{k}\|x_s\|,\ \forall x_s\in E^s, k=1,2,\cdots,\tag{2.2}$$

则称 A 为双曲线性映射，并称 E^u 为 A 的扩张子空间，E^s 为 A 的收缩子空间．

注记 2.2 在上面的定义中，允许 $E^u=\{0\}$ 或者 $E^s=\{0\}$ 的退化情形存在，这时扩张子空间或者收缩子空间分别退化为原点，而相应的另一子空间为全空间 E．

命题 2.3 双曲线性映射 A 的逆映射 A^{-1} 也是双曲线性映射．

证明． 在 (2.1) 和 (2.2) 中，分别以 $(A^{-1})^k x_u=A^{-k}x_u$ 和 $(A^{-1})^k x_s=A^{-k}x_s$ 代替 x_u 和 x_s 可得：

$$\|A^{-k} x_u\|\leqslant C_1^{-1}\lambda^{k}\|x_u\|,\ \forall x_u\in E^u, k=1,2,\cdots,\tag{2.3}$$

$$\|A^{-k} x_s\|\geqslant C_2^{-1}\lambda^{-k}\|x_s\|,\ \forall x_s\in E^s, k=1,2,\cdots\tag{2.4}$$

□

注记 2.4 关于 A 的双曲性条件 (2.1), (2.2) 可以代之以：

$$\|A^{-k} x_u\|\leqslant C\lambda^{k}\|x_u\|,\ \forall x_u\in E^u, k=1,2,\cdots,\tag{2.1$'$}$$

$$\|A^{k} x_s\|\leqslant C\lambda^{k}\|x_s\|,\ \forall x_s\in E^s, k=1,2,\cdots\tag{2.2$'$}$$

事实上，如果 (2.1) 和 (2.2) 成立，则 (2.1)′ 和 (2.2)′ 对于

$$C=\max\left\{\frac{1}{C_1},\ C_2\right\}$$

成立．反过来，如果 (2.1)′ 和 (2.2)′ 成立，那么 (2.1) 和 (2.2) 对于

$$C_1=\frac{1}{C},\ C_2=C,$$

成立．又，如果把 $\|\cdot\|$ 换成另一与之等价的范数 $|\cdot|$，那么类似于(2.1)和(2.2)的关系式仍然成立，不过常数 C_1 和 C_2 可能要更换成另外的 C_1' 和 C_2'．这就是说，一个线性映射的双曲性，不会因等价的范数的更替而改变．以下将证明：我们总可以选择适当的等价范数使 $C_1'=C_2'=1$．

命题 2.5 设 $(E,\|\cdot\|)$ 是 Banach 空间，$A:E\to E$ 是可逆线性映射．则 A 为双曲线性映射的充分必要条件是：存在关于 A 不变的 E 的直和分解

$$E=E^u\oplus E^s,\ AE^u=E^u,\ AE^s=E^s,$$

及与 $\|\cdot\|$ 等价的范数 $|\cdot|$，使得

$$|A_u^{-1}|=|(A|E^u)^{-1}|<1,\ |A_s|=|(A|E^s)|<1.$$

证明．必要性．取 λ 满足

$$\max\{|A_u^{-1}|,|A_s|\}\leqslant\lambda<1,$$

则有

$$|A^{-k}x_u|=|A_u^{-k}x_u|\leqslant\lambda^k|x_u|,\quad\forall x_u\in E^u,k=1,2,\cdots,$$

$$|A^kx_s|=|A_s^kx_s|\leqslant\lambda^k|x_s|,\quad\forall x_s\in E^s,k=1,2,\cdots$$

充分性．需要时更换以等价的范数，可设

$$\|x\|=\max\{\|x_u\|,\|x_s\|\},\quad\forall x=x_u+x_s,x_u\in E^u,x_s\in E^s.$$

由注记 2.4 可知：存在 $C>0$ 和 $0<\lambda<1$，使得

$$\|A^{-k}x_u\|\leqslant C\lambda^k\|x_u\|,\ \forall x_u\in E^u,k=1,2,\cdots,$$

$$\|A^kx_s\|\leqslant C\lambda^k\|x_s\|,\ \forall x_s\in E^s,k=1,2,\cdots$$

取 $p\in\mathbf{N}$ 充分大，使得

$$C\lambda^p<1.$$

我们定义范数 $|\cdot|$ 如下：

$$|x_u|=\sum_{j=0}^{p-1}\|A^{-j}x_u\|,$$

$$|x_s| = \sum_{j=0}^{p-1} \|A^j x_s\|,$$

$$|x| = \max\{|x_u|, |x_s|\},$$

这里 $x = x_u + x_s$, $x_u \in E^u$, $x_s \in E^s$. 显然有

$$\|x\| \leqslant \|x_u\| + \|x_s\| \leqslant |x_u| + |x_s| \leqslant 2|x|,$$

$$|x| \leqslant |x_u| + |x_s|$$

$$\leqslant \left(1 + C\sum_{j=1}^{p-1} \lambda^j\right)(\|x_u\| + \|x_s\|) \leqslant B\|x\|$$

$$\left(B = 2\left(1 + C\sum_{j=1}^{p-1} \lambda^j\right) > 1\right).$$

这说明 $|\cdot|$ 与 $\|\cdot\|$ 等价. 又

$$\begin{aligned}
|A^{-1}x_u| &= \sum_{j=1}^{p} \|A^{-j}x_u\| = |x_u| + \|A^{-p}x_u\| - \|x_u\| \\
&\leqslant |x_u| + C\lambda^p\|x_u\| - \|x_u\| \\
&= |x_u| - (1 - C\lambda^p)\|x_u\| \\
&\leqslant |x_u| - \frac{1 - C\lambda^p}{B}|x_u| \\
&= \left(1 - \frac{1 - C\lambda^p}{B}\right)|x_u| \\
&= \mu|x_u|, \ \forall x_u \in E^u,
\end{aligned}$$

这里

$$0 < \mu = 1 - \frac{1 - C\lambda^p}{B} < 1.$$

我们证明了:

$$|A_u^{-1}| = |(A|E^u)^{-1}| \leqslant \mu < 1.$$

同样可以证明

$$|A_s| = |(A|E^s)| \leqslant \mu < 1. \ \square$$

命题 2.6 (**子空间 E^u 和 E^s 的特征**) 设 A 是双曲线性映射, $E = E^u \oplus E^s$ 是相应的不变子空间的分解,则有:

(i) $x \in E^u \Longrightarrow \lim_{k \to +\infty} \|A^{-k}x\| = 0$,

$x \in E^s \Longrightarrow \lim_{k \to +\infty} \|A^k x\| = 0$;

(ii) $x \in E^u \backslash \{0\} \Longrightarrow \lim_{k \to +\infty} \|A^k x\| = +\infty$,

$x \in E^s \backslash \{0\} \Longrightarrow \lim_{k \to +\infty} \|A^{-k} x\| = +\infty$;

(iii) $x \notin E^u \Longrightarrow \lim_{k \to +\infty} \|A^{-k}x\| = +\infty$,

$x \notin E^s \Longrightarrow \lim_{k \to +\infty} \|A^k x\| = +\infty$;

(iv) $E^u = \{x \in E \mid \lim_{k \to +\infty} A^{-k}x = 0\} = \{x \in E \mid \{\|A^{-k}x\|\}$ 有界$\}$,

$E^s = \{x \in E \mid \lim_{k \to +\infty} A^k x = 0\} = \{x \in E \mid \{\|A^k x\|\}$ 有界$\}$;

(v) $\forall x \in E \backslash \{0\}$，或者有 $\lim_{k \to +\infty} \|A^{-k}x\| = +\infty$,

或者有 $\lim_{k \to +\infty} \|A^k x\| = +\infty$.

证明.

(i) 由 (2.2),(2.3) 即得.

(ii) 由 (2.1),(2.4) 即得.

(iii) 如果 $x = x_u + x_s \notin E^u$，那么 $x_s \in E^s \backslash \{0\}$，因而

$\|A^{-k}x\| \geqslant \|A^{-k}x_s\| - \|A^{-k}x_u\| \to +\infty \ (k \to +\infty)$.

(iv) 由 (i) 和 (iii) 即得.

(v) 由 (ii) 和 (iii) 即得. □

推论 2.7 设 A 是双曲线性映射. 则

$$x \in E, x \neq 0, \lambda \in \mathbf{C}, |\lambda| = 1 \Longrightarrow Ax \neq \lambda x.$$

特别地，A 的唯一不动点是 $x = 0$.

证明. 否则将有 $x \neq 0$，使得

$$\|A^k x\| = \|x\|, \forall k \in \mathbf{Z}.$$

这与命题 2.6 的 (v) 矛盾. □

§3 双曲线性映射的扰动

本节证明：线性映射的双曲性经过小扰动之后不至于被破

坏. 先作一些必要的准备.

以下,以 $I(E,F)\subset L(E,F)$ 表示 $L(E,F)$ 中可逆线性映射的集合. 关于实数的下述公式是显然的: 对于 $a, s\in R$, $a\neq 0$, $|a^{-1}s|<1$, 我们有

$$(a+s)^{-1}=[a\cdot(1+a^{-1}s)]^{-1}=(1+a^{-1}s)^{-1}\cdot a^{-1}$$
$$=\sum_{j=0}^{\infty}(-1)^j(a^{-1}s)^ja^{-1}.$$

对于可逆线性映射也有类似的公式.

引理 3.1 设 E 和 F 是 Banach 空间, $A\in I(E,F)$, $S\in L(E,F)$, 并且

$$|S|<|A^{-1}|^{-1}.$$

则 $A+S\in I(E,F)$, 并且

$$(A+S)^{-1}=\sum_{j=0}^{\infty}(-1)^jA^{-1}(SA^{-1})^j$$
$$=\sum_{j=0}^{\infty}(-1)^j(A^{-1}S)^jA^{-1}.$$

因而有

$$|(A+S)^{-1}|\leqslant\frac{1}{|A^{-1}|^{-1}-|S|},$$
$$|(A+S)^{-1}-A^{-1}|\leqslant\frac{|A^{-1}||S|}{|A^{-1}|^{-1}-|S|}=\frac{|A^{-1}|^2|S|}{1-|A^{-1}||S|}.$$

证明. 从 $|A^{-1}||S|<1$ 可知以下的级数表示式绝对收敛,因而

$$T=\sum_{j=0}^{\infty}(-1)^jA^{-1}(SA^{-1})^j$$
$$=\sum_{j=0}^{\infty}(-1)^j(A^{-1}S)^jA^{-1}\in L(F,E).$$

容易验证

$$
\begin{aligned}
(A+S)T &= AT+ST \\
&= \sum_{j=0}^{\infty}(-1)^j(SA^{-1})^j+\sum_{j=0}^{\infty}(-1)^j(SA^{-1})^{j+1} \\
&= id_F.
\end{aligned}
$$

同样可证

$$T(A+S)=id_E.$$

因而 $T=(A+S)^{-1}$. 由 T 的表示式易得:

$$|T|\leqslant\sum_{j=0}^{\infty}|A^{-1}(SA^{-1})^j|\leqslant\frac{1}{|A^{-1}|^{-1}-|S|},$$

$$|T-A^{-1}|\leqslant\sum_{j=1}^{\infty}|A^{-1}(SA^{-1})^j|\leqslant\frac{|A^{-1}||S|}{|A^{-1}|^{-1}-|S|}. \quad \square$$

注记 3.2 上面的引理告诉我们 $\mathrm{I}(E,F)$ 是 $\mathrm{L}(E,F)$ 中的开集. 设 i: $\mathrm{I}(E,F)\to\mathrm{L}(F,E)$ 表示求逆映射的运算, 即 $i(A)=A^{-1}$. 则引理 3.1 的最后一个论断表明 i 是一个连续映射. 下面, 我们进一步断定 i 是可微分的. 为此, 仍然可以从实数情形得到一些启发: 设 $i:\mathbf{R}\backslash\{0\}\to\mathbf{R}$ 表示求倒数的运算,即 $i(x)=\frac{1}{x}$,则 $i'(x)=-\frac{1}{x^2}$, 因而 $Di(x)(h)=i'(x)h=-\frac{h}{x^2}=-x^{-1}hx^{-1}$.

引理 3.3 映射 i: $\mathrm{I}(E,F)\to\mathrm{I}(F,E)\subset\mathrm{L}(F,E)$ 可微分,其微分为

$$(Di)_AS=-A^{-1}SA^{-1}.$$

证明. 由引理 3.1, 当 $|S|$ 充分小时应有

$$
\begin{aligned}
i(A+S) &= \sum_{j=0}^{\infty}(-1)^jA^{-1}(SA^{-1})^j \\
&= i(A)-A^{-1}SA^{-1}+\sum_{j=2}^{\infty}(-1)^jA^{-1}(SA^{-1})^j.
\end{aligned}
$$

于是,对于 $|S|<\frac{1}{2}|A^{-1}|^{-1}$, 我们有

$$
\begin{aligned}
&|i(A+S)-i(A)-(-A^{-1}SA^{-1})| \\
&\quad\leqslant \sum_{i=2}^{\infty}|A^{-1}|^{i+1}|S|^{i}\leqslant \frac{|A^{-1}|^{3}|S|}{1-|A^{-1}||S|} \\
&\quad\leqslant 2|A^{-1}|^{3}|S|^{2}.
\end{aligned}
$$

因而

$$(Di)_A S = -A^{-1}SA^{-1}. \square$$

命题 3.4 设 $(E, |\cdot|)$ 是 Banach 空间，它分解为闭线性子空间 E_1 和 E_2 的直和

$$E = E_1 \oplus E_2.$$

如果 $B \in L(E, E)$ 分块表示为

$$B = \begin{bmatrix} B_{11} & B_{12} \\ B_{21} & B_{22} \end{bmatrix}: E_1 \oplus E_2 \to E_1 \oplus E_2,$$

其中 B_{11} 可逆，并且 $B_{ij}(i, j = 1, 2)$ 满足

$$\max\{|B_{11}^{-1}|, |B_{22}|\} < \lambda,$$

$$\max\{|B_{12}|, |B_{21}|\} < \varepsilon,$$

这里

$$0 < \lambda < 1,\ 0 < \varepsilon < \min\{1-\lambda, \lambda^{-1}-1\},$$

则存在 $P \in L(E_1, E_2)$，满足

(i) $|P| \leqslant \mu = \dfrac{\lambda+\varepsilon}{\lambda^{-1}-\varepsilon} < 1$,

(ii) P 的图象 $F_1 = (id_1, P)E_1 \subset E$ 对 B 不变，

(iii) $\|B\xi\| \geqslant (\lambda^{-1}-\varepsilon)\|\xi\|, \forall \xi \in F_1$,

这里 $\|\cdot\|$ 定义如下：

$$\|\eta\| = \max\{|\eta_1|, |\eta_2|\},$$

$$\forall \eta = \eta_1 + \eta_2,\ \eta_1 \in E_1, \eta_2 \in E_2.$$

证明．考察映射 B 的分量表示

$$\begin{cases} \eta_1 = B_{11}\xi_1 + B_{12}\xi_2, \\ \eta_2 = B_{21}\xi_1 + B_{22}\xi_2. \end{cases}$$

要使 $F_1 = (id_1, P)E_1$ 对 B 不变，对于 $\xi_2 = P\xi_1$ 应有 $\eta_2 = P\eta_1$，即：

$$\begin{cases}\eta_1 = (B_{11} + B_{12}P)\xi_1, \\ P\eta_1 = (B_{21} + B_{22}P)\xi_1.\end{cases}$$

由此可得

$$P\eta_1 = (B_{21} + B_{22}P)(B_{11} + B_{12}P)^{-1}\eta_1, \forall \eta_1 \in E_1,$$

即

$$P = (B_{21} + B_{22}P)(B_{11} + B_{12}P)^{-1}.$$

对于 $S \in \mathrm{L}(E_1, E_2)$，$|S| \leqslant 1$，我们有

$$|B_{12}S| \leqslant |B_{12}| < \varepsilon < \lambda^{-1} < |B_{11}^{-1}|^{-1}.$$

于是 $B_{11} + B_{12}S$ 可逆,并且

$$|(B_{11} + B_{12}S)^{-1}| \leqslant \frac{1}{|B_{11}^{-1}|^{-1} - |B_{12}S|} \leqslant \frac{1}{\lambda^{-1} - \varepsilon}. \quad (3.1)$$

引入记号

$$\mathrm{L}_1(E_1, E_2) = \{S \in \mathrm{L}(E_1, E_2) \mid |S| \leqslant 1\}.$$

我们定义映射 $\mathscr{T}: \mathrm{L}_1(E_1, E_2) \to \mathrm{L}(E_1, E_2)$ 如下:

$$\mathscr{T}(S) = (B_{12} + B_{22}S)(B_{11} + B_{12}S)^{-1}.$$

因为

$$|\mathscr{T}(S)| \leqslant \frac{\lambda + \varepsilon}{\lambda^{-1} - \varepsilon} = \mu < 1, \quad (3.2)$$

所以实际上有

$$\mathscr{T}: \mathrm{L}_1(E_1, E_2) \to \mathrm{L}_1(E_1, E_2).$$

又因为

$$\begin{aligned}(D\mathscr{T})_S T &= B_{22}T(B_{11} + B_{12}S)^{-1} \\ &\quad - (B_{12}+B_{22}S)(B_{11}+B_{12}S)^{-1}B_{12}T(B_{11}+B_{12}S)^{-1} \\ &= (B_{22} - \mathscr{T}(S)B_{12})T(B_{11} + B_{12}S)^{-1}, \\ |(D\mathscr{T})_S| &\leqslant (|B_{22}| + |\mathscr{T}(S)||B_{12}|)|(B_{11} + B_{12}S)^{-1}| \\ &\leqslant \frac{\lambda + \varepsilon}{\lambda^{-1} - \varepsilon} = \mu < 1,\end{aligned}$$

所以 $\mathscr{T}: \mathrm{L}_1(E_1, E_2) \to \mathrm{L}_1(E_1, E_2)$ 是压缩映射,它有唯一不动点 $P \in \mathrm{L}_1(E_1, E_2)$. P 满足

(i) $|P| = |\mathscr{T}(P)| \leqslant \mu < 1$ (据(3.2)),

(ii)′ $BF_1 = B(id_1, P)E_1 \subset (id_1, P)E_1 = F_1$.

对任意 $(y, Py) \in F_1$，只须取

$$x = (B_{11} + B_{12}P)^{-1}y \in E_1,$$

就有

$$\begin{cases}(B_{11} + B_{12}P)x = y, \\ (B_{21} + B_{22}P)x = (B_{21} + B_{22}P)(B_{11} + B_{12}P)^{-1}y = Py,\end{cases}$$

即

$$B(x, Px) = (y, Py).$$

这证明了

(ii)″ $F_1 \subset BF_1$.

又，对于 $\xi = (\xi_1, \xi_2) = (\xi_1, P\xi_1) \in F_1$，我们有

$$|\xi_2| = |P\xi_1| \leqslant \mu|\xi_1| \leqslant |\xi_1|.$$

于是

$$\|\xi\| = \max\{|\xi_1|, |\xi_2|\} = |\xi_1|.$$

因而，对于 $\xi = (\xi_1, \xi_2) = (\xi_1, P\xi_1) \in F_1$，有

(iii) $$\begin{aligned}\|\xi_1\| &= |\xi_1| \\ &= |(B_{11} + B_{12}P)^{-1}(B_{11} + B_{12}P)\xi_1| \\ &\leqslant |(B_{11} + B_{12}P)^{-1}||(B_{11} + B_{12}P)\xi_1| \\ &\leqslant \frac{1}{\lambda^{-1} - \varepsilon}|(B_{11} + B_{12}P)\xi_1| \\ &= \frac{1}{\lambda^{-1} - \varepsilon}\|B\xi\|. \quad \square\end{aligned}$$

定理 3.5 设 $(E, |\cdot|)$ 是 Banach 空间，$A \in \mathrm{L}(E, E)$ 是双曲线性映射. 则 $B \in \mathrm{L}(E, E)$ 与 A 充分接近时(即 $|B - A|$ 充分小时)，B 也是双曲线性映射. 因而双曲线性映射的集合 $\mathrm{H}(E) \subset \mathrm{L}(E, E)$ 是 $\mathrm{L}(E, E)$ 中的开集.

证明. 设 E 关于双曲线性映射 A 的闭不变子空间分解为

$$E = E_1 \oplus E_2.$$

并设对于范数 $|\cdot|$ 有

$$|\xi| = \max\{|\xi_1|, |\xi_2|\}, \ \forall \xi = \xi_1 + \xi_2, \ \xi_1 \in E_1, \xi_2 \in E_2,$$

$$|A_{11}^{-1}| = |(A|E_1)^{-1}| \leqslant \tau < 1,$$
$$|A_{22}| = |(A|E_2)| \leqslant \tau < 1.$$

取 $\varepsilon > 0$ 充分小，使得

$$\tau + 2\varepsilon < 1.$$

记

$$\lambda = \tau + \varepsilon.$$

则有

$$\lambda + \varepsilon = \tau + 2\varepsilon < 1,$$
$$\lambda^{-1} - \varepsilon = \frac{1}{\tau + \varepsilon} - \varepsilon$$
$$= \frac{1 - (\tau + \varepsilon)\varepsilon}{\tau + \varepsilon} > \frac{1 - \varepsilon}{\tau + \varepsilon} > 1.$$

考察充分接近于 A 的 $B \in \mathrm{L}(E, E)$.

$$|B - A| < \varepsilon, \ |B^{-1} - A^{-1}| < \varepsilon.$$

设 B 和 $B^{-1}: E_1 \oplus E_2 \to E_1 \oplus E_2$ 的分块表示为

$$B = \begin{bmatrix} B_{11} & B_{12} \\ B_{21} & B_{22} \end{bmatrix}, \ B^{-1} = \begin{bmatrix} \hat{B}_{11} & \hat{B}_{12} \\ \hat{B}_{21} & \hat{B}_{22} \end{bmatrix}.$$

只要 B 充分接近于 A，就应有

$$|B_{11}^{-1} - A_{11}^{-1}| < \varepsilon, \ |B_{12}| < \varepsilon,$$
$$|B_{21}| < \varepsilon, \ |B_{22} - A_{22}| < \varepsilon,$$

于是

$$\max\{|B_{11}^{-1}|, |B_{22}|\} < \tau + \varepsilon = \lambda < 1,$$
$$\max\{|B_{12}|, |B_{21}|\} < \varepsilon.$$

同样，当 B 充分接近于 A 时还应有

$$|\hat{B}_{11} - A_{11}^{-1}| < \varepsilon, |\hat{B}_{12}| < \varepsilon,$$
$$|\hat{B}_{21}| < \varepsilon, |\hat{B}_{22}^{-1} - A_{22}| < \varepsilon,$$

因而

$$\max\{|\hat{B}_{11}|, |\hat{B}_{22}^{-1}|\} < \tau + \varepsilon = \lambda < 1,$$
$$\max\{|\hat{B}_{12}|, |\hat{B}_{21}|\} < \varepsilon.$$

由命题 3.4 可知，存在 $P \in \mathrm{L}(E_1, E_2), Q \in \mathrm{L}(E_2, E_1)$ 满足

(i) $|P| \leqslant \mu < 1, |Q| \leqslant \mu < 1$,

(ii) $F_1 = (id_1, P)E_1$ 和 $F_2 = (Q, id_2)E_2$ 都对 B 不变，并且

$$|B\xi| \geqslant (\lambda^{-1} - \varepsilon)|\xi|, \ \forall \xi \in F_1,$$

$$|B^{-1}\eta| \geqslant (\lambda^{-1} - \varepsilon)|\eta|, \forall \eta \in F_2.$$

后一不等式可改写为

$$|B\eta| \leqslant \frac{1}{\lambda^{-1} - \varepsilon}|\eta|, \ \forall \eta \in F_2.$$

$F_1 = (id_1, P)E_1$ 和 $F_2 = (Q, id_2)E_2$ 都是 E 的完备子空间，因而也都是闭子空间. 下面，我们来证明 $E = F_1 \oplus F_2$.

对任意 $x = x_1 + x_2 \in E$, $x_1 \in E_1$, $x_2 \in E_2$, 我们求 $y \in E_1$ 和 $z \in E_2$, 使得

$$x = (y + Py) + (Qz + z) = (y + Qz) + (Py + z).$$

投影到两子空间 E_1 和 E_2 上得

$$\begin{cases} x_1 = y + Qz, \\ x_2 = Py + z \end{cases}$$

或者

$$\begin{cases} y = -Qz + x_1, \\ z = -Py + x_2. \end{cases}$$

记

$$\mathscr{T}_1(y, z) = -Qz + x_1,$$
$$\mathscr{T}_2(y, z) = -Py + x_2,$$
$$\mathscr{T}(y, z) = \mathscr{T}_1(y, z) + \mathscr{T}_2(y, z).$$

容易验证: $\mathscr{T}: E_1 \oplus E_2 \to E_1 \oplus E_2$ 是一个压缩映射. 因而存在唯一的 $(y, z) \in E_1 \oplus E_2$, 使得

$$\begin{cases} y = -Qz + x_1, \\ z = -Py + x_2, \end{cases}$$

即

$$x = x_1 + x_2 = (y + Py) + (z + Qz).$$

这证明了

$$E = F_1 \oplus F_2. \quad \square$$

§4　双曲线性映射的谱

先考虑 $E=\mathbb{R}^m$ 的特殊情形．这时我们可以用线性映射的特征值的状况来描述其双曲性．

定理 4.1　要使可逆线性映射 $A: \mathbb{R}^m \to \mathbb{R}^m$ 为双曲线性映射，必须而且只须 A 的任何特征值 λ 都不落在复平面的单位圆周上，即 $|\lambda| \neq 1$．

证明．必要性．见推论 2.7．

充分性．设可逆线性映射 $A: \mathbb{R}^m \to \mathbb{R}^m$ 的特征值都不落在单位圆周上．对任意 $\varepsilon>0$，可以选择 $\mathbb{R}^m$ 的适当基底，使得 A 表示为如下的分块方阵形式

$$A=\begin{bmatrix} A_-(\varepsilon) & 0 \\ 0 & A_+(\varepsilon) \end{bmatrix},$$

这里

$$A_-(\varepsilon)=\begin{bmatrix} B_1^-(\varepsilon) & & & & & 0 \\ & \ddots & & & & \\ & & B_p^-(\varepsilon) & & & \\ & & & C_1^-(\varepsilon) & & \\ & & & & \ddots & \\ 0 & & & & & C_q^-(\varepsilon) \end{bmatrix},$$

$$A_+(\varepsilon)=\begin{bmatrix} B_1^+(\varepsilon) & & & & & 0 \\ & \ddots & & & & \\ & & B_r^+(\varepsilon) & & & \\ & & & C_1^+(\varepsilon) & & \\ & & & & \ddots & \\ 0 & & & & & C_s^+(\varepsilon) \end{bmatrix},$$

$$B_i^-(\varepsilon)=\begin{bmatrix} \lambda_i & & & 0 \\ \varepsilon & \lambda_i & & \\ & \ddots & \ddots & \\ 0 & & \varepsilon & \lambda_i \end{bmatrix},\quad 0<|\lambda_i|<1,$$

$$C_j^-(\varepsilon)=\begin{bmatrix} \alpha_j & \beta_j & & & & & & \\ -\beta_j & \alpha_j & & & & 0 & & \\ \varepsilon & 0 & \alpha_j & \beta_j & & & & \\ 0 & \varepsilon & -\beta_j & \alpha_j & & & & \\ & & \ddots & & \ddots & & & \\ & & & & \varepsilon & 0 & \alpha_j & \beta_j \\ & 0 & & & 0 & \varepsilon & -\beta_j & \alpha_j \end{bmatrix},$$

$$0<\alpha_j^2+\beta_j^2<1,$$

$$B_k^+(\varepsilon)=\begin{bmatrix} \mu_k & & 0 \\ \varepsilon & \mu_k & \\ & \ddots & \ddots \\ 0 & \varepsilon & \mu_k \end{bmatrix},|\mu_k|>1,$$

$$C_l^+(\varepsilon)=\begin{bmatrix} \gamma_l & \delta_l & & & & & & \\ -\delta_l & \gamma_l & & & & 0 & & \\ \varepsilon & 0 & \gamma_l & \delta_l & & & & \\ 0 & \varepsilon & -\delta_l & \gamma_l & & & & \\ & & \ddots & & \ddots & & & \\ & & & & \varepsilon & 0 & \gamma_l & \delta_l \\ & 0 & & & 0 & \varepsilon & -\delta_l & \gamma_l \end{bmatrix},$$

$$\gamma_l^2+\delta_l^2>1.$$

相应于A的这一分解，有 $\mathbb{R}^m$ 的直和分解

$$\mathbb{R}^m=E_-\oplus E_+,$$

$$A|E_-=A_-(\varepsilon),\quad A|E_+=A_+(\varepsilon).$$

设 e_1, $\cdots$, e_m 是我们选定的基底. 在 $\mathbb{R}^m$ 中可以引入内积$\langle\cdot,\cdot\rangle$满足

$$\langle e_i,e_j\rangle=\delta_{ij},\quad i,j=1,2,\cdots,m.$$

对于由这内积引出的范数$\|\cdot\|$，有

$$\|A_-(0)\|=\max_{i,j}\left\{|\lambda_i|,\ \sqrt{\alpha_j^2+\beta_j^2}\right\}<1.$$

只要我们事先选择 ε 充分小，就有

$$\|A_-(\varepsilon)\|<1.$$

类似地，只要 ε 充分小就有

$$\|A_+(\varepsilon)\| < 1. \quad \square$$

对于一般 Banach 空间的线性映射的双曲性，也有类似的刻划. 不过这时要用算子的谱的概念来代替有限维空间中的算子的特征值.

我们约定以记号 I 代替线性空间的恒同算子(恒同映射). 于是,线性算子 $A: \mathbf{C}^m \to \mathbf{C}^m$ 的特征值，就是使得 $\lambda I - A$ 不可逆的复数 $\lambda \in \mathbf{C}$. 对于一般的 Banach 空间,我们有以下定义.

定义 4.2 设 $(E, \|\cdot\|)$ 是 Banach 空间，$A \in \mathrm{L}(E, E)$, $\lambda \in \mathbf{C}$. 如果 $\lambda I - A$ 具有有界的逆算子：$(\lambda I - A)^{-1} \in \mathrm{L}(E, E)$，则称 λ 为 A 的正则点. 不是正则点的 $\lambda \in \mathbf{C}$ 称为是 A 的谱点. A 的全体正则点的集合记为 $\rho(A)$. A 的谱点的集合记为 $\sigma(A)$. 显然有 $\sigma(A) = \mathbf{C} \backslash \rho(A)$.

注记 4.3 可以证明有界线性算子 $A \in \mathrm{L}(E, E)$ 的谱集 $\sigma(A)$ 是 $\mathbf{C}$ 中的非空紧致集.

依据 Banach 空间的线性算子的谱理论，可以证明以下关于双曲性的等价条件.

定理 4.4 设 $(E, \|\cdot\|)$ 是 Banach 空间. 要使可逆线性映射 $A \in \mathrm{L}(E, E)$ 为双曲线性映射,必须而且只须它的谱集 $\sigma(A)$ 与复平面的单位圆周不相交，即：$\sigma(A) \cap S^1 = \varnothing$. (参看 [16]，第十一章,第 148 节,分解定理.)

第八章 Hartman 定理

§1 双曲线性映射的 Lipschitz 小扰动

Pugh[17] 给出了 Hartman 定理的一个泛函分析式的证明．他的证明的核心部分即本节的定理 1.2．我们先引入一些记号．

设 $(E,\|\cdot\|)$ 和 $(F,|\cdot|)$ 是 Banach 空间．我们记

$$C_b^0(E,F)=\{f\in C^0(E,F)\mid\sup_{x\in E}|f(x)|<+\infty\}.$$

它按照范数

$$|f|=\sup_{x\in E}|f(x)|$$

成为一个 Banach 空间．对于 $F=E$ 的特殊情形，我们就简单地记 $C_b^0(E)=C_b^0(E,E)$.

以下设 $(E,\|\cdot\|)$ 是 Banach 空间，A: $E\to E$ 是双曲线性映射．于是 E 分解为关于 A 不变的闭线性子空间的直和

$$E=E^s\oplus E^u. \tag{1.1}$$

可设

$$\|A_s\|=\|(A\mid E^s)\|\leqslant\tau<1,\|A_u^{-1}\|=\|(A\mid E^u)^{-1}\|\leqslant\tau<1, \tag{1.2}$$

和

$$\|x\|=\max\{\|x_s\|,\|x_u\|\},$$
$$\forall x=x_s+x_u,x_s\in E^s,\ x_u\in E^u.$$

注记 1.1 相应于 E 的直和分解 (1.1)，我们有投影算子 $p_s\in L(E,E^s)$ 和 $p_u\in L(E,E^u)$，其定义为:

$$p_sx=x_s,\ p_ux=x_u,$$
$$\forall x=x_s+x_u,x_s\in E^s,x_u\in E^u.$$

于是，相应于 E 的分解，$C_b^0(E)$ 也分解成直和:

$$C_b^0(E)=C_b^0(E,E^s)\oplus C_b^0(E,E^u).$$

其分解方式为

$$f(x) = p_s f(x) + p_u f(x) = f_s(x) + f_u(x).$$

定理 1.2 (Pugh) 设 $\varphi, \psi \in C_b^0(E)$ 满足

$$\mathrm{Lip}(\varphi), \mathrm{Lip}(\psi) < \min\{1-\tau, \|A^{-1}\|^{-1}\}.$$

则存在唯一的 $\eta \in C_b^0(E)$，使得

$$h = id + \eta : E \to E$$

是同胚，并且

$$h \circ (A + \varphi) = (A + \psi) \circ h. \tag{1.3}$$

(因而 $A + \varphi$ 与 $A + \psi$ 拓扑共轭.)

证明. 方程 (1.3) 可以改写成

$$(id + \eta) \circ (A + \varphi) = (A + \psi) \circ (id + \eta),$$

$$A + \varphi + \eta \circ (A + \varphi) = A + A \circ \eta + \psi \circ (id + \eta),$$

$$\eta \circ (A + \varphi) = A \circ \eta + \psi \circ (id + \eta) - \varphi. \tag{1.4}$$

将 (1.4) 投影到子空间 E^s 和 E^u 上，我们得到

$$\eta_s \circ (A + \varphi) = A_s \circ \eta_s + \psi_s \circ (id + \eta) - \varphi_s, \tag*{(1.4)$_s$}$$

$$\eta_u \circ (A + \varphi) = A_u \circ \eta_u + \psi_u \circ (id + \eta) - \varphi_u. \tag*{(1.4)$_u$}$$

这里，我们注意到，对于 $x = x_s + x_u, x_s \in E^s, x_u \in E^u$，应有

$$Ax = Ax_s + Ax_u, \quad Ax_s \in E^s, \quad Ax_u \in E^u.$$

因而 Ax 在 E^s 和 E^u 上的投影分别为 $Ax_s = A_s x_s$ 和 $Ax_u = A_u x_u$.

因为 $\mathrm{Lip}(\varphi) < \|A^{-1}\|^{-1}$，根据 Lipschitz 逆映射定理(第五章，推论 7.5)，$A + \varphi$ 是可逆映射，其逆 $(A + \varphi)^{-1}$ 也是 Lipschitz 映射. 又，$A_u = A|E_u$ 是可逆线性映射，因而 (1.4)$_s$ 和 (1.4)$_u$ 可分别改写成

$$\eta_s = A_s \eta_s (A+\varphi)^{-1} + \psi_s (id+\eta)(A+\varphi)^{-1} - \varphi_s (A+\varphi)^{-1}, \tag*{(1.5)$_s$}$$

$$\eta_u = A_u^{-1}(\eta_u + \psi_u(id + \eta) - \varphi_u). \tag*{(1.5)$_u$}$$

分别把 (1.5)$_s$ 和 (1.5)$_u$ 的右端记为 $\mathscr{T}_s(\eta)$ 和 $\mathscr{T}_u(\eta)$，并记

$$\mathscr{T}(\eta) = \mathscr{T}_s(\eta) + \mathscr{T}_u(\eta).$$

则 $\mathscr{T}$ 定义了一个映射

$$\mathscr{T} : C_b^0(E) \to C_b^0(E).$$

我们指出，这映射是压缩映射. 事实上有

$$\|\mathscr{T}_s(\eta) - \mathscr{T}_s(\zeta)\| \leqslant (\tau + \mathrm{Lip}(\psi))\|\eta - \zeta\|,$$
$$\|\mathscr{T}_u(\eta) - \mathscr{T}_u(\zeta)\| \leqslant \tau(1 + \mathrm{Lip}(\psi))\|\eta - \zeta\|,$$
$$\|\mathscr{T}(\eta) - \mathscr{T}(\zeta)\| \leqslant (\tau + \mathrm{Lip}(\psi))\|\eta - \zeta\|,$$
$$0 \leqslant \tau + \mathrm{Lip}(\psi) < 1.$$

因此,存在唯一的 $\eta \in C_b^0(E)$, 使得

$$(id + \eta)(A + \varphi) = (A + \psi)(id + \eta). \tag{1.6}$$

交换 φ 和 ψ 的地位,可知存在唯一的 $\zeta \in C_b^0(E)$, 使得

$$(id + \zeta)(A + \psi) = (A + \varphi)(id + \zeta) \tag{1.7}$$

由 (1.6) 和 (1.7) 可得

$$(id + \zeta)(id + \eta)(A + \varphi) = (A + \varphi)(id + \zeta)(id + \eta).$$

而

$$(id + \zeta)(id + \eta) = id + \eta + \zeta(id + \eta) = id + \xi,$$

这里

$$\xi = \eta + \zeta(id + \eta) \in C_b^0(E).$$

容易看出,方程

$$(id + \xi)(A + \varphi) = (A + \varphi)(id + \xi)$$

之唯一解 $\xi \in C_b^0(E)$ 应是 $\xi = 0$, 所以有

$$(id + \zeta)(id + \eta) = id.$$

同样可证

$$(id + \eta)(id + \zeta) = id.$$

这证明了 $h = id + \eta: E \to E$ 是一个同胚. 而 (1.6) 可以写成

$$h \circ (A + \varphi) = (A + \psi) \circ h. \quad \square$$

注记 1.3 我们强调指出: 方程 (1.3) 的解一般并不唯一,只是在 $h = id + \eta$, $\eta \in C_b^0(E)$, 这样的范围内才是唯一的. 例如对于 $\varphi = \psi = 0$ 的情形,除了解 $id + 0(0 \in C_b^0(E))$ 而外, 还有解 $id + id(id \notin C_b^0(E))$.

注记 1.4 在定理 1.2 证明中所定义的 $\mathscr{T}(\eta)$ 实际上依赖于 φ 和 ψ

$$\mathscr{T}(\eta) = \mathscr{T}(\varphi, \psi; \eta).$$

如果把 $\mathscr{T}$ 视为连续映射

$$\mathscr{T}:\Delta\times\Delta\times C_b^0(E)\to C_b^0(E),$$

这里

$$\Delta=\{\varphi\in C_b^0(E)\,|\,\mathrm{Lip}(\varphi)<\min\{\tau-1,\|A^{-1}\|^{-1}\}\},$$

则 $\mathscr{T}$ 一致地对最后一个变元压缩．根据第六章定理 8.3，$\mathscr{T}$ 的唯一不动点 η 连续依赖于 φ 和 ψ：

$$\eta=\eta_{\varphi,\psi}.$$

只要 φ 和 ψ 按 $C_b^0(E)$ 的范数充分小，可以使得 $\eta=\eta_{\varphi,\psi}$ 按 $C_b^0(E)$ 的范数充分小，也就是说可以使 $h=id+\eta$ 任意接近于 id.

§2 Hartman 线性化定理

引理 2.1 设 $(E,\|\cdot\|)$ 是 Banach 空间，

$$\omega:\bar{V}=\{x\in E\,|\,\|x\|\leqslant r\}\to E$$

是有界 Lipschitz 映射，则存在有界 Lipschitz 映射 $\varphi:E\to E$ 满足

(i) $\varphi|\bar{V}=\omega$;

(ii) $\sup\limits_{x\in E}\|\varphi(x)\|=\sup\limits_{x\in V}\|\psi(x)\|$;

(iii) $\mathrm{Lip}(\varphi)\leqslant 2\mathrm{Lip}(\omega)$.

证明．我们置

$$\varphi(x)=\begin{cases}\omega(x), & \|x\|\leqslant r,\\ \omega\left(\dfrac{rx}{\|x\|}\right), & \|x\|\geqslant r.\end{cases}$$

显然 φ 满足 (i) 和 (ii)，下面我们来验证 (iii)．任给 $x',x\in E$，不妨设 $\|x'\|\leqslant\|x\|$．分三种情形加以讨论．

情形 1．$\|x'\|\leqslant\|x\|\leqslant r$.

$$\|\varphi(x')-\varphi(x)\|\leqslant\mathrm{Lip}(\omega)\|x'-x\|.$$

情形 2．$\|x'\|\leqslant r\leqslant\|x\|$.

$$\|\varphi(x')-\varphi(x)\|=\left\|\omega(x')-\omega\left(\frac{rx}{\|x\|}\right)\right\|$$

$$\leqslant\mathrm{Lip}(\omega)\left\|x'-\frac{rx}{\|x\|}\right\|$$

$$\leqslant \operatorname{Lip}(\omega)\left(\|x'-x\|+\left\|x-\frac{rx}{\|x\|}\right\|\right),$$

$$\left\|x-\frac{rx}{\|x\|}\right\|=\left\|\left(1-\frac{r}{\|x\|}\right)x\right\|=\left(1-\frac{r}{\|x\|}\right)\|x\|$$

$$=\|x\|-r\leqslant\|x\|-\|x'\|\leqslant\|x-x'\|,$$

$$\|\varphi(x')-\varphi(x)\|\leqslant 2\operatorname{Lip}(\omega)\|x'-x\|.$$

情形 3. $r\leqslant\|x'\|\leqslant\|x\|$. 这时我们有:

$$\left\|\frac{rx'}{\|x'\|}\right\|=r\leqslant\left\|\frac{rx}{\|x'\|}\right\|.$$

如果记 $y'=\frac{rx'}{\|x'\|}$, $y=\frac{rx}{\|x'\|}$, 则由情形 2 可得

$$\|\varphi(y')-\varphi(y)\|\leqslant 2\operatorname{Lip}(\omega)\|y'-y\|.$$

但

$$\varphi(y')=\omega(y')=\omega\left(\frac{rx'}{\|x'\|}\right)=\varphi(x'),$$

$$\varphi(y)=\omega\left(\frac{ry}{\|y\|}\right)=\omega\left(\frac{rx}{\|x\|}\right)=\varphi(x).$$

因而

$$\|\varphi(x')-\varphi(x)\|\leqslant 2\operatorname{Lip}(\omega)\left\|\frac{rx'}{\|x'\|}-\frac{rx}{\|x'\|}\right\|$$

$$\leqslant 2\operatorname{Lip}(\omega)\|x'-x\|.\quad\square$$

引理 2.2 设 $(E,\|\cdot\|)$ 是 Banach 空间, U 是 E 中的开集, $0\in U$, $f\in C^1(U,E)$ 以 0 为不动点 (即 $f(0)=0$), $A=Df(0)$, 则存在 0 点的开邻域 $V\subset U$ 和 $\varphi\in C^0_b(E)$ 满足

(i) $\varphi|\overline{V}=(f-A)|\overline{V}$;

(ii) $\operatorname{Lip}(\varphi)<\varepsilon$.

这里 ε 是任意事先给定的正数.

证明. 取 $r>0$ 充分小,使得 $\|x\|\leqslant r$ 时

$$\|f(x)-Ax\|<1,\ \|Df(x)-A\|<\frac{\varepsilon}{2}.$$

记

$$V = \{x \in E \mid \|x\| < r\}, \quad \omega = (f - A)|\bar{V},$$

则 $\omega: \bar{V} \to E$ 是有界映射,并且

$$\|D\omega(x)\| = \|Df(x) - A\| < \frac{\varepsilon}{2}, \quad \forall x \in \bar{V}.$$

于是

$$\|\omega(x') - \omega(x)\| \leqslant \left(\int_0^1 \|D\omega(x + t(x' - x))\| dt\right) \|x' - x\|$$

$$\leqslant \frac{\varepsilon}{2} \|x' - x\|, \quad \forall x', x \in \bar{V}.$$

因而

$$\mathrm{Lip}(\omega) < \frac{\varepsilon}{2}.$$

由引理 2.1，存在 $\varphi \in C_b^0(E)$ 满足

(i) $\varphi|\bar{V} = \omega|\bar{V} = (f - A)|\bar{V}$,

(ii) $\mathrm{Lip}(\varphi) \leqslant 2\mathrm{Lip}(\omega) < \varepsilon$. □

定义 2.3 设 $(E, \|\cdot\|)$ 是 Banach 空间, U 是 E 中开集, $a \in U$, $f \in C^1(U, E)$ 以 a 为不动点 (即 $f(a) = a$). 如果 $A = Df(a)$ 是双曲线性映射,则称 a 为 f 的双曲不动点.

注记 2.4 如果 a 是 f 的双曲不动点，那么根据逆映射定理，f 在 a 点邻近是局部微分同胚.

注记 2.5 在涉及不动点 a 的讨论中,必要时以 $f(x + a) - a$ 代替 $f(x)$，我们可以限于讨论 $a = 0$ 的情形.

定理 2.6 (Hartman 线性化定理) 设 $(E, \|\cdot\|)$ 是 Banach 空间，$U \subset E$ 是开集，$0 \in U$，$f \in C^1(U, E)$ 以 0 为双曲不动点，记 $A = Df(0)$. 则存在 0 的开邻域 V 和同胚 $h: E \to E$，使得

$$h \circ f|V = A \circ h|V,$$

即 f 与 A 在 0 点邻近局部拓扑共轭.

证明. 相应于双曲线性映射 $A = Df(0)$，有 E 的直和分解

$$E = E^s \oplus E^u, \quad AE^s = E^s, \quad AE^u = E^u.$$

必要时换以等价的范数,可设

$$\|x\| = \max\{\|x_s\|,\|x_u\|\},$$
$$\forall x = x_s + x_u, x_s \in E^s, x_u \in E^u;$$
$$\|A_s\| = \|(A|E^s)\| \leqslant \tau < 1,$$
$$\|A_u^{-1}\| = \|(A|E^u)^{-1}\| \leqslant \tau < 1.$$

取 ε 满足

$$0 < \varepsilon < \min\{1 - \tau, \|A^{-1}\|^{-1}\}.$$

对这样的 ε，存在 0 点的开邻域 V 和有界的 Lipschitz 映射 $\varphi \in C_b^0(E)$，满足

(i) $\varphi|\bar{V} = (f - A)|\bar{V}$,

(ii) $\mathrm{Lip}(\varphi) < \varepsilon$.

对于 $\psi = 0$ 的情形利用定理 1.2，我们得到：存在同胚 $h = id + \eta: E \to E$，使得

$$h\circ(A + \varphi) = A\circ h.$$

限制到 V 上即得到

$$h\circ f|V = A\circ h|V. \ \Box$$

注记 2.7 上述定理中的 h 应把 f 的不动点 0 映成 A 的唯一不动点 0. 因而 $h(0) = 0$.

§3 双曲不动点的局部稳定性

引理 3.1 设 $(E, \|\cdot\|)$ 是 Banach 空间，$A \in L(E, E)$ 是双曲线性映射，则 $id - A: E \to E$ 是可逆线性映射(按照我们的约定，这就是说 $id - A$ 在 $L(E,E)$ 中有逆).

证明. 设 E 关于 A 的闭不变子空间分解为

$$E = E^1 \oplus E^2, AE^1 = E^1, AE^2 = E^2.$$

并设

$$\|x\| = \max\{\|x_1\|,\|x_2\|\}$$
$$\forall x = x_1 + x_2, x_1 \in E^1, x_2 \in E^2,$$
$$\|A_1\| = \|(A|E^1)\| \leqslant \tau < 1,$$
$$\|A_2^{-1}\| = \|(A|E^2)^{-1}\| \leqslant \tau < 1.$$

我们来证明对任意 $y \in E$，方程

$$x - Ax = y \tag{3.1}$$

有唯一解 $x \in E$. 如果这一事实得到确认，那么 Banach 逆映射定理（[15]，第 III 章，定理 4.1）就保证了 $id - A$ 在 $L(E, E)$ 中有逆.

将方程 (3.1) 投影到 E^1 和 E^2 上得到

$$\begin{cases} x_1 = A_1x_1 + y_1, & (3.1)_1 \\ x_2 = A_2x_2 + y_2. & (3.1)_2 \end{cases}$$

上两式可以改写为

$$\begin{cases} x_1 = A_1x_1 + y_1, & (3.2)_1 \\ x_2 = A_2^{-1}(x_2 - y_2). & (3.2)_2 \end{cases}$$

将 $(3.2)_1$ 和 $(3.2)_2$ 的右边分别记为 $\Phi_1(x)$ 和 $\Phi_2(x)$，并且定义

$$\Phi(x) = \Phi_1(x) + \Phi_2(x).$$

容易看出 $\Phi: E \to E$ 是压缩映射，因而具有唯一不动点 $x \in E$. 这就是说方程 (3.1) 具有唯一解. □

双曲不动点在 C^1 小扰动下不会消失，事实上我们有以下定理.

定理 3.2 设 $(E, \|\cdot\|)$ 是 Banach 空间，$U \subset E$ 是开集，$0 \in U$ 是 $f \in C^1(U, E)$ 的双曲不动点. 则存在 0 点的开邻域 $W \subset U$ 和 f 的 C^1 邻域 $\mathscr{V}$，使得任意 $g \in \mathscr{U}$ 在 W 中有唯一不动点 c，并且 c 是 g 的双曲不动点.

证明. 我们知道，双曲不动点的集合 $H(E)$ 是 $L(E, E)$ 中的开集. 因为 $A = Df(0) \in H(E)$，所以存在 $\delta > 0$，使得

$$B \in L(E, E), \|B - A\| < 2\delta \Longrightarrow B \in H(E).$$

由 Df 的连续性可知，存在 $\alpha > 0$，使得

$$\|x\| < \alpha \Longrightarrow \|Df(x) - A\| < \delta.$$

于是，只要 $\|g - f\|_{C^1} < \delta$，就有

$$\|x\| < \alpha \Longrightarrow \|Dg(x) - A\| < 2\delta.$$

记 $F = id - f$. 则 $DF(0) = id - Df(0) = id - A$ 是可逆线性映射. 由第六章定理 9.8 可知，存在

$$W = \{x \in E \mid \|x\| < \beta\} \ (0 < \beta < \alpha),$$
$$V = \{y \in E \mid \|y\| < \gamma\} \ (\gamma > 0)$$

和

$$\mathscr{U} = \{G \in C^1(U,E) \mid \|G - F\|_{C^1} < \varepsilon\} \ (0 < \varepsilon < \delta),$$

使得:

$$\forall G \in \mathscr{U}, y \in V, \exists ! x \in W \cdot \ni \cdot G(x) = y.$$

记

$$\mathscr{V} = \{g \in C^1(U,E) \mid \|g - f\|_{C^1} < \varepsilon\}.$$

因为 $g \in \mathscr{V}$ 时 $G = id - g \in \mathscr{U}$，所以存在唯一的 $c \in W$，使得 $G(c) = c - g(c) = 0$，即 $g(c)=c$. 又因为 $\|Dg(c)-A\|<2\delta$，$Dg(c) \in H(E)$，所以 c 是 g 的双曲不动点. □

引理 3.3 设 $A \in L(E,E)$ 是双曲线性映射,则存在 $\varepsilon > 0$,使得: $B \in L(E,E)$, $\|B - A\| < \varepsilon \Rightarrow B$ 与 A 在 0 点邻近局部拓扑共轭.

证明. 我们沿用 § 1 中关于记号的约定,取 ε 满足

$$0 < \varepsilon < \frac{1}{2} \min\{1 - \tau, \|A^{-1}\|^{-1}\}.$$

对于 $B \in L(E,E), \|B - A\| < \varepsilon$，置

$$\varphi(x) = \begin{cases} (B - A)(x), & \|x\| \leqslant 1, \\ (B - A)\left(\dfrac{x}{\|x\|}\right), & \|x\| \geqslant 1. \end{cases}$$

类似于引理 2.1 中的做法可以验证

$$\varphi \in C_b^0(E), \mathrm{Lip}(\varphi) \leqslant 2\|B - A\| < 2\varepsilon.$$

对于 $\psi = 0$ 的情形应用定理 1.2，可知 $A + \varphi$ 与 A 拓扑共轭. 因而 B 与 A 在 0 点邻近局部拓扑共轭.

定理 3.4 (双曲不动点的局部结构稳定性) 设 E 是 Banach 空间，$U \subset E$ 是开集，$0 \in U$ 是 $f \in C^1(U,E)$ 的双曲不动点. 则 f 在 0 点邻近局部结构稳定,即: 只要 g 在 C^1 意义下充分接近于 f，g 在 0 点邻近就有唯一的双曲不动点 c，并且 g 限制于 c 点附近与 f 限制于 0 点邻近彼此拓扑共轭.

证明. 由定理 3.2，只要 g 在 C^1 意义下充分接近于 f，g 在 0 点邻近就有唯一不动点 c，并且 c 是 g 的双曲不动点. 记

$$\tilde{g}(x) = g(x + c) - c, B = Dg(c) = D\tilde{g}(0).$$

则在 0 点邻近有以下局部拓扑共轭关系

$$\tilde{g} \overset{\text{loc.}}{\sim} B,$$

$$B \overset{\text{loc.}}{\sim} A,$$

$$A \overset{\text{loc.}}{\sim} f.$$

因而在 0 点邻近有

$$\tilde{g} \overset{\text{loc.}}{\sim} f.$$

记

$$\begin{aligned} \tau_c: E &\to E \\ x &\longmapsto x + c. \end{aligned}$$

则有

$$\tilde{g} = \tau_c^{-1} \circ g \circ \tau_c.$$

即 g 在其不动点 c 邻近与 $\tilde{g}$ 在其不动点 0 邻近局部拓扑共轭. 因而 g 在 c 点邻近与 f 在 0 点邻近局部拓扑共轭. □

第九章　$\mathbb{R}^m$ 中双曲不动点的局部拓扑共轭分类

§1　局部拓扑共轭的标准形式

上一章中关于 Banach 空间中映射的双曲不动点的一般结果，对于 $\mathbf{R}^m$ 中的映射当然成立．例如，由 Hartman 定理，$f \in C^1(U, \mathbf{R}^m)$ 在其双曲不动点 $0 \in U$ 邻近局部拓扑共轭于 $A = Df(0)$:

$$f \overset{\text{loc.}}{\sim} A.$$

又，如果 $A, B \in \mathrm{H}(\mathbf{R}^m)$，$\|A - B\|$ 充分小，那么就有

$$A \overset{\text{loc.}}{\sim} B.$$

利用这些结果，我们给出双曲不动点的局部拓扑共轭分类．由上述讨论，只须考虑双曲线性映射的分类即可．

以下，如果没有特别的说明，所说的局部拓扑共轭，均指在 0 点邻近的局部拓扑共轭．

引理 1.1　如果 $A(t) \in \mathrm{H}(\mathbf{R}^m)$ 连续依赖于 $t \in [0,1]$，那么

$$A(0) \overset{\text{loc.}}{\sim} A(1).$$

证明．对任意 $t_0 \in [0, 1]$，存在 t_0 的开邻域 $U(t_0)$，使得 $t \in U(t_0)$ 时

$$A(t) \overset{\text{loc.}}{\sim} A(t_0).$$

选择有限个 $t_i (i = 1, \cdots, l)$，使相应的 $U(t_1), U(t_2), \cdots, U(t_l)$ 覆盖$[0,1]$．设这覆盖的 Lebesque 数为 δ．取 $N \in \mathbf{N}, N > \frac{1}{\delta}$．把 $[0, 1]$ 分成为 N 等份

$$\left[0,\ \frac{1}{N}\right],\ \left[\frac{1}{N},\ \frac{2}{N}\right],\ \cdots,\ \left[\frac{N-1}{N},\ 1\right].$$

则有

$$A(0)\overset{\text{loc.}}{\sim}A\left(\frac{1}{N}\right)\overset{\text{loc.}}{\sim}A\left(\frac{2}{N}\right)\overset{\text{loc.}}{\sim}\cdots$$

$$\cdots\overset{\text{loc.}}{\sim}A\left(\frac{N-1}{N}\right)\overset{\text{loc.}}{\sim}A(1).\ \square$$

注记 1.2 我们知道 $H(\mathbf{R}^m)$ 是 $L(\mathbf{R}^m,\mathbf{R}^m)$ 中的开集. 上面引理指出,如果 $A,\ B\in H(\mathbf{R}^m)$ 可以用一条包含在 $H(\mathbf{R}^m)$ 中的连续曲线连结,那么 A 与 B 局部拓扑共轭. 因而 $H(\mathbf{R}^m)$ 的每一道路连通分支含于一个局部拓扑共轭类之中.

定理 1.3 任何 $A\in H(\mathbf{R}^m)$ 与以下 4 m 个标准形之一局部拓扑共轭:

$$A_i^1=\underbrace{\begin{bmatrix}\frac{1}{2} & & & & & & \\ & \frac{1}{2} & & & & 0 & \\ & & \ddots & & & & \\ & & & \frac{1}{2} & & & \\ & 0 & & & 2 & & \\ & & & & & 2 & \\ & & & & & & \ddots \\ & & & & & & & 2\end{bmatrix}}_{i},\quad A_i^2=\begin{bmatrix}-\frac{1}{2} & & & & & & \\ & \frac{1}{2} & & & & 0 & \\ & & \ddots & & & & \\ & & & \frac{1}{2} & & & \\ & 0 & & & 2 & & \\ & & & & & 2 & \\ & & & & & & \ddots \\ & & & & & & & 2\end{bmatrix},$$

$$A_i^3=\begin{bmatrix}\frac{1}{2} & & & & & & \\ & \frac{1}{2} & & & & 0 & \\ & & \ddots & & & & \\ & & & \frac{1}{2} & & & \\ & 0 & & & -2 & & \\ & & & & & 2 & \\ & & & & & & \ddots \\ & & & & & & & 2\end{bmatrix},\quad A_i^4=\begin{bmatrix}-\frac{1}{2} & & & & & & \\ & \frac{1}{2} & & & & 0 & \\ & & \ddots & & & & \\ & & & \frac{1}{2} & & & \\ & 0 & & & -2 & & \\ & & & & & 2 & \\ & & & & & & \ddots \\ & & & & & & & 2\end{bmatrix}$$

(每个矩阵左上角的 $\frac{1}{2}$ 块共 i 个)

$(i=1,2,\cdots,m-1)$,

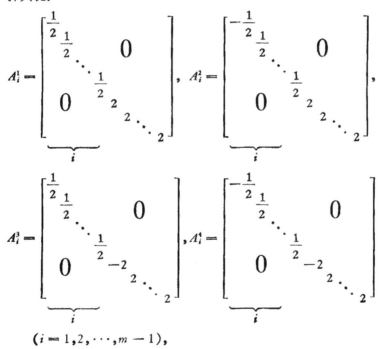

$$A_0^{1,2}=\begin{bmatrix}2 & & & 0\\ & 2 & & \\ & & \ddots & \\ 0 & & & 2\end{bmatrix},\quad A_0^{3,4}=\begin{bmatrix}-2 & & & 0\\ & 2 & & \\ & & \ddots & \\ 0 & & & 2\end{bmatrix},$$

$$A_m^{1,3}=\begin{bmatrix}\frac{1}{2} & & & 0\\ & \frac{1}{2} & & \\ & & \ddots & \\ 0 & & & \frac{1}{2}\end{bmatrix},\quad A_m^{2,4}=\begin{bmatrix}-\frac{1}{2} & & & 0\\ & \frac{1}{2} & & \\ & & \ddots & \\ 0 & & & \frac{1}{2}\end{bmatrix}.$$

证明. 我们约定：一个(任意阶的)方阵称为是双曲的，如果它的每一特征值 λ 都满足

$$|\lambda|\neq 0,1.$$

显然，为使一个对角形分块方阵是双曲的，必须而且只须它的对角线上的每一子块是双曲的. 设对角形分块方阵

$$A=\begin{bmatrix}A_1 & & & 0\\ & A_2 & & \\ & & \ddots & \\ 0 & & & A_n\end{bmatrix}$$

是双曲的. 如果其对角线上的某一子块 A_i 在双曲阵范围内通过一条连续道路 $A_i(t)(t\in[0,1])$ 而变化，那么显然整个方阵也在双曲阵范围内通过一条连续道路 $A(t)(t\in[0,1])$ 而变化，这里

$$A(t)=\begin{bmatrix}A_1 & & & & & & 0\\ & \ddots & & & & & \\ & & A_{i-1} & & & & \\ & & & A_i(t) & & & \\ & & & & A_{i+1} & & \\ & & & & & \ddots & \\ 0 & & & & & & A_n\end{bmatrix}.$$

以下，我们分若干步骤，把任意双曲方阵 $A\in \mathrm{H}(\mathbf{R}^m)$ 化成所述的标准形式.

第一步. 由线性代数课程知道，A 相似于它的 Jordan 标准形 $A(1)$，这里 $A(t)$ 形状如

$$\begin{bmatrix} \begin{matrix}\lambda_1 & & & \\ t & \lambda_1 & & \\ & \ddots & \ddots & \\ & & t & \lambda_1\end{matrix} & & & \\ & \ddots & & \\ & & \begin{matrix}\lambda_p & & & \\ t & \lambda_p & & \\ & \ddots & \ddots & \\ & & t & \lambda_p\end{matrix} & \\ & & & \begin{matrix}\alpha_1 & -\beta_1 & & & & & \\ \beta_1 & \alpha_1 & & & & & \\ t & 0 & \alpha_1 & -\beta_1 & & & \\ 0 & t & \beta_1 & \alpha_1 & & & \\ & & \ddots & & \ddots & & \\ & & & t & 0 & \alpha_1 & -\beta_1 \\ & & & 0 & t & \beta_1 & \alpha_1\end{matrix} \\ & & & & \ddots\end{bmatrix}.$$

相似(即线性共轭)当然是一种拓扑共轭,所以我们有

$$A \overset{\text{loc.}}{\sim} A(1).$$

因为 A 是双曲阵，$A(t)$ 也应是双曲阵 ($t \in [0,1]$)，所以

$$A(1) \overset{\text{loc.}}{\sim} A(0).$$

这里 $A(0)$ 形状如

$$\begin{bmatrix} \begin{matrix}\lambda_1 & & \\ & \lambda_1 & \\ & & \ddots \\ & & & \lambda_1\end{matrix} & & & \\ & \ddots & & \\ & & \begin{matrix}\lambda_p & & \\ & \lambda_p & \\ & & \ddots \\ & & & \lambda_p\end{matrix} & \\ & & & \begin{matrix}\alpha_1 & -\beta_1 & & & & \\ \beta_1 & \alpha_1 & & & & \\ & & \alpha_1 & -\beta_1 & & \\ & & \beta_1 & \alpha_1 & & \\ & & & & \ddots & \\ & & & & & \alpha_1 & -\beta_1 \\ & & & & & \beta_1 & \alpha_1\end{matrix} \\ & & & & \ddots\end{bmatrix}.$$

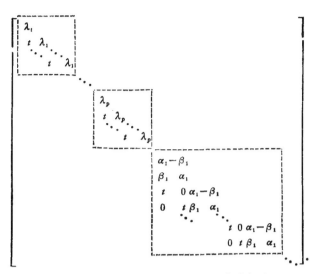

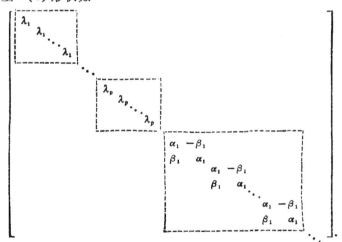

第二步. 我们指出上述 $A(0)$ 局部拓扑共轭于一个对角形方阵 B. 为此,把形状如

$$\begin{bmatrix}\alpha & -\beta\\ \beta & \alpha\end{bmatrix}\qquad(\alpha^2+\beta^2\neq 0,1)$$

的子块写成

$$\begin{bmatrix}\alpha & -\beta\\ \beta & \alpha\end{bmatrix}=\begin{bmatrix}\rho\cos\theta & -\rho\sin\theta\\ \rho\sin\theta & \rho\cos\theta\end{bmatrix},$$

这里

$$\rho=\sqrt{\alpha^2+\beta^2}\neq 0,1,$$

$$\cos\theta=\frac{\alpha}{\sqrt{\alpha^2+\beta^2}},\quad \sin\theta=\frac{\beta}{\sqrt{\alpha^2+\beta^2}}.$$

记

$$\Gamma(t)=\begin{bmatrix}\rho\cos(1-t)\theta & -\rho\sin(1-t)\theta\\ \rho\sin(1-t)\theta & \rho\cos(1-t)\theta\end{bmatrix},$$

则当 t 从 0 变到 1 时, $\Gamma(t)$ 在双曲方阵范围内连续变化,并且

$$\Gamma(0)=\begin{bmatrix}\alpha & -\beta\\ \beta & \alpha\end{bmatrix},\ \Gamma(1)=\begin{bmatrix}\rho & 0\\ 0 & \rho\end{bmatrix}.$$

第三步. 我们指出,交换方阵的两行和相应的两列,所得的方阵与原方阵线性共轭(相似). 因此,由第二步获得的方阵 B 可以重新排列成为如下的形式:

$$C=\begin{bmatrix}\lambda_1 & & & & & & & & & \\ & \ddots & & & & & & & & \\ & & \lambda_p & & & & & & 0 & \\ & & & \lambda_{p+1} & & & & & & \\ & & & & \ddots & & & & & \\ & & & & & \lambda_{p+q} & & & & \\ & & & & & & \mu_1 & & & \\ & 0 & & & & & & \ddots & & \\ & & & & & & & & \mu_r & \\ & & & & & & & & & \mu_{r+1} \\ & & & & & & & & & & \ddots \\ & & & & & & & & & & & \mu_{r+s}\end{bmatrix},$$

这里

$$-1 < \lambda_i < 0,\ i = 1, \cdots, p;$$
$$0 < \lambda_j < 1,\ j = p+1, \cdots, p+q;$$
$$\mu_k < -1,\ k = 1, \cdots, r;$$
$$\mu_l > 1,\ l = r+1, \cdots, r+s;$$
$$p+q+r+s = m.$$

第四步. 我们指出，C 局部拓扑共轭于

$$D = \begin{bmatrix} -\frac{1}{2} & & & & & & & \\ & \ddots & & & & & & \\ & & -\frac{1}{2} & & & & & \\ & & & \frac{1}{2} & & & & \\ & & & & \ddots & & & \\ & & & & & \frac{1}{2} & & \\ & & & & & & -2 & & & & \\ & & & & & & & \ddots & & & \\ & & & & & & & & -2 & & \\ & & & & & & & & & 2 & \\ & & & & & & & & & & \ddots & \\ & & & & & & & & & & & 2 \end{bmatrix} \begin{matrix} \}p \\ \}q \\ \}r \\ \}s \end{matrix}.$$

事实上，我们有

$$\Delta(t) = (1-t)C + tD \in \mathrm{H}(\mathbb{R}^m),\ \forall t \in [0,1].$$

$\Delta(t)$ 连续依赖于 $t \in [0,1]$，并且

$$\Delta(0) = C,\ \Delta(1) = D.$$

第五步. 我们指出，如下形式的两对方阵块，分别可以在双曲阵范围内，用连续道路彼此连结：

$$\begin{bmatrix} -\frac{1}{2} & 0 \\ 0 & -\frac{1}{2} \end{bmatrix} \text{ 与 } \begin{bmatrix} \frac{1}{2} & 0 \\ 0 & \frac{1}{2} \end{bmatrix},$$

$$\begin{bmatrix} -2 & 0 \\ 0 & -2 \end{bmatrix} \text{ 与 } \begin{bmatrix} 2 & 0 \\ 0 & 2 \end{bmatrix}.$$

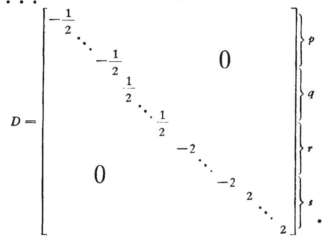

事实上，对于 $|\nu| \neq 1$，显然

$$A(t) = \begin{bmatrix} \nu\cos\pi t & -\nu\sin\pi t \\ \nu\sin\pi t & \nu\cos\pi t \end{bmatrix} \quad (t \in [0,1])$$

是双曲方阵，并且

$$A(0) = \begin{bmatrix} \nu & 0 \\ 0 & \nu \end{bmatrix},\ A(1) = \begin{bmatrix} -\nu & 0 \\ 0 & -\nu \end{bmatrix}.$$

利用上面五个步骤，我们可以把任意双曲方阵化成所述的 $4m$ 个标准形式之一. □

困难在于证明这 $4m$ 种类型彼此两两不能局部拓扑共轭. 这将是我们在下一节中的主要任务.

§2 局部拓扑共轭分类

设 A 和 A' 是 $\mathbb{R}^m$ 上的双曲线性映射，$\mathbb{R}^m$ 相应于 A 和 A' 的不变子空间分解分别为

$$\mathbb{R}^m = E^s \oplus E^u \text{ 和 } \mathbb{R}^m = E'^s \oplus E'^u.$$

如果 V 是 $\mathbb{R}^m$ 中包含 0 点的开集，而

$$h: V \cup A(V) \to \mathbb{R}^m$$

是从 $V \cup A(V)$ 到 $h(V \cup A(V))$ 的同胚，满足

$$h \circ A|V = A' \circ h|V, \tag{2.1}$$

那么由拓扑学中的区域不变性原理可知，$h(V)$ 也是 $\mathbb{R}^m$ 中的开集；又由共轭关系 (2.1) 可知，$h(0)$ 是 A' 的唯一不动点 0. 因而 $V' = h(V)$ 是 $\mathbb{R}^m$ 中包含原点 0 的开集，并且显然有

$$\begin{aligned} h(V \cup A(V)) &= h(V) \cup h(A(V)) \\ &= h(V) \cup A'(h(V)) = V' \cup A'(V'). \end{aligned}$$

我们引入记号:

$$V^s = E^s \cap V,\ V^u = E^u \cap V;$$
$$V'^s = E'^s \cap V',\ V'^u = E'^u \cap V'.$$

引理 2.1 双曲线性映射之间的局部拓扑共轭，在局部把收缩子空间变到收缩子空间中，把扩张子空间变到扩张子空间中. 事

实上，用上面引入的记号表示，我们有

$$h(V^s)=V'^s,\ h(V^u)=V'^u.$$

证明. 收缩子空间的特征是

$$\lim_{k\to+\infty}A^k x=0;$$

扩张子空间的特征是

$$\lim_{k\to+\infty}A^{-k}y=0.$$

显然局部拓扑共轭在局部保持上述特征性质

$$\lim_{k\to+\infty}A'^k h(x)=\lim_{k\to+\infty}h(A^k x)=0,$$

$$\lim_{k\to+\infty}A'^{-k}h(y)=\lim_{k\to+\infty}h(A^{-k}y)=0.$$

因而

$$h(V^s)\subset V'^s,\ h(V^u)\subset V'^u.$$

又，由 (2.1) 易得

$$h^{-1}\circ A'|V'=A\circ h^{-1}|V'.$$

因而又有

$$h^{-1}(V'^s)\subset V^s, h^{-1}(V'^u)\subset V^u,$$

即

$$V'^s\subset h(V^s),\ V'^u\subset h(V^u).\ \square$$

引理 2.2 如果两双曲线性映射 A 和 A' 局部拓扑共轭，那么它们也就整体拓扑共轭.

证明. 我们沿用前面的记号. 即假设 V 是 $\mathbf{R}^m$ 中包含原点 0 的开集，h: $V\cup A(V)\to\mathbf{R}^m$ 是从 $V\cup A(V)$ 到 $h(V\cup A(V))$ 的同胚，并且

$$h\circ A|V=A'\circ h|V.$$

记

$$V^s=V\cap E^s,\ V^u=V\cap E^u;$$

$$V'=h(V),\ V'^s=V'\cap E'^s,\ V'^u=V'\cap E'^u.$$

我们还引入记号

$$h_s=h|V^s,\ h_u=h|V^u.$$

对任意 $x\in E^s$，存在 $r\in\mathbf{Z}_+$，使得 $A^r x\in V^s$. 我们定义

$$\tilde{h}_s(x) = (A')^{-r}\circ h_s\circ A^r(x), \quad \forall x\in A^{-r}(V^s).$$

这样定义的 $\tilde{h}_s: E^s\to E'^s$ 是确定的. 事实上,如果 $A^r x\in V^s, A^{r+1}x\in V^s$, 那么

$$(A')^{-(r+1)}\circ h_s\circ A^{r+1}(x) = (A')^{-r}\circ((A')^{-1}\circ h_s\circ A)\circ A^r(x).$$

因为 $y = A^r(x)\in V^s$ 时 $(A')^{-1}\circ h_s\circ A(y) = h_s(y)$, 所以

$$(A')^{-(r+1)}\circ h_s\circ A^{r+1}(x) = (A')^{-r}\circ h_s\circ A^r(x).$$

上述讨论说明: $\tilde{h}_s(x)$ 的定义与使 $x\in A^{-r}(V^s)$ 之 $r\in \mathbf{Z}_+$ 的选择无关. 因而 $\tilde{h}_s$: $E^s\to E'^s$ 定义了一个映射. 这映射限制在每一 $A^{-r}(V^s)$ 上都是连续的:

$$\tilde{h}_s | A^{-r}(V^s) = (A')^{-r}\circ h_s\circ A^r | A^{-r}(V^s).$$

因而 $\tilde{h}_s$ 在 $E^s = \bigcup_{r\in \mathbf{Z}_+} A^{-r}(V^s)$ 上是连续的. 并且

$$\tilde{h}_s(E^s) = \bigcup_{r\in \mathbf{Z}_+} \tilde{h}_s(A^{-r}(V^s)) = \bigcup_{r\in \mathbf{Z}_+} (A')^{-r}(h_s(V^s))$$
$$= \bigcup_{r\in \mathbf{Z}_+} (A')^{-r}(V'^s) = E'^s.$$

容易看出, $\tilde{h}_s$ 有连续的逆映射,

$$\tilde{h}_s^{-1}(y) = A^{-r}\circ h_s^{-1}\circ (A')^r(y), \quad \forall y\in (A')^{-r}(V'^s).$$

因而 $\tilde{h}_s: E^s\to E'^s$ 是同胚. 同样的方式可以构造同胚 $\tilde{h}_u$: $E^u\to E'^u$ 如下

$$\tilde{h}_u(x) = (A')^r\circ h_u\circ A^{-r}(x), \quad \forall x\in A^r(V^u).$$

然后,我们置

$$\tilde{h}(x) = \tilde{h}(x_s + x_u) = \tilde{h}_s(x_s) + \tilde{h}_u(x_u),$$
$$\forall x = x_s + x_u, \quad x_s\in E^s, \quad x_u\in E^u.$$

显然 $\tilde{h}: \mathbf{R}^m\to \mathbf{R}^m$ 是连续映射,并且它有连续之逆映射

$$\tilde{h}^{-1}(y) = \tilde{h}^{-1}(y_s + y_u) = \tilde{h}_s^{-1}(y_s) + \tilde{h}_u^{-1}(y_u),$$
$$\forall y = y_s + y_u, \quad y_s\in E'^s, \quad y_u\in E'^u.$$

因而 $\tilde{h}$: $\mathbf{R}^m\to \mathbf{R}^m$ 是同胚.

对于 $x_s\in E^s$, 存在 $r\in \mathbf{Z}_+$, 使得 $x_s\in A^{-r}(V^s)$. 于是 $Ax_s\in A^{-(r-1)}(V^s)$,

$$\tilde{h}_s(Ax_s) = (A')^{-(r-1)} \circ h_s \circ A^{(r-1)}(Ax_s)$$
$$= A' \circ (A')^{-r} \circ h_s \circ A^r(x_s) = A'(\tilde{h}_s(x_s)).$$

同样可证,对于 $x_u \in E^u$ 有

$$\tilde{h}_u(Ax_u) = A'(\tilde{h}_u(x_u)).$$

因而

$$\tilde{h}(Ax) = \tilde{h}(Ax_s + Ax_u) = \tilde{h}_s(Ax_s) + \tilde{h}_u(Ax_u)$$
$$= A'\tilde{h}_s(x_s) + A'\tilde{h}_u(x_u)$$
$$= A'(\tilde{h}_s(x_s) + \tilde{h}_u(x_u)) = A'\tilde{h}(x),$$
$$\forall x = x_s + x_u, \quad x_s \in E^s, \quad x_u \in E^u.$$

这证明了 h 是 A 与 A' 之间的(整体)拓扑共轭. □

注记 2.3. 在上面引理中, $\tilde{h}_s$ 是 h_s 的扩充(延拓), $\tilde{h}_u$ 是 h_u 的扩充. 但是 $\tilde{h}$ 却不一定是 h 的扩充.

与局部拓扑共轭的情形类似,我们有

引理 2.4 双曲线性映射之间的拓扑共轭把收缩子空间变成收缩子空间, 把扩张子空间变成扩张子空间. 即如果 $h: \mathbb{R}^m \to \mathbb{R}^m$ 是 A 与 A' 之间的共轭同胚,那么

$$h(E^s) = E'^s, \quad h(E^u) = E'^u. \quad \square$$

为了进一步讨论同胚 h 的保持定向或反转定向的性质, 我们需要介绍有关映射度的知识.

以下,我们用 $|\cdot|$ 表示 $\mathbb{R}^k$ 中的范数,并且约定用记号 $x \to \infty$ 表示 $|x| \to \infty$.

设 $F: \mathbb{R}^k \to \mathbb{R}^k$ 是连续映射,满足

$$\lim_{x \to \infty} F(x) = \infty$$

(按照我们的约定,此即 $\lim\limits_{|x| \to \infty} |F(x)| = \infty$). 通过添加一个无穷远点∞, 我们可以把 $\mathbb{R}^k$ "一点紧化" 为 $\mathbb{R}^k \cup \{\infty\} = S^k$ (例如通过球极投影). 于是 F 可以扩充为从 $\mathbb{R}^k \cup \{\infty\} = S^k$ 到 $\mathbb{R}^k \cup \{\infty\} = S^k$ 的连续映射. 这扩充后的映射仍用 F 表示. 映射 $F: S^k \to S^k$ 诱导出同调群间的同态:

$$F_*: H_k(S^k) \to H_k(S^k)$$
$$c \longmapsto nc,$$

这里 c 是 $H_k(S^k)$ 的生成元，$n\in\mathbf{Z}$. 映射 F 的映射度即定义为 $\deg(F)=n\in\mathbf{Z}$. 于是，我们有

$$F_*(c)=\deg(F)\cdot c,$$

这里 c 是 $H_k(S^k)$ 的生成元.

关于映射度，我们有

(i) 如果 $id:S^k\to S^k$ 表示球面 S^k 的恒同映射，那么

$$\deg(id)=1;$$

(ii) 如果 $F,G:S^k\to S^k$ 是连续映射，那么

$$\deg(G\circ F)=\deg(G)\cdot\deg(F).$$

如果 $F:S^k\to S^k$ 是同胚，那么显然有

$$\deg(F^{-1})\cdot\deg(F)=\deg(id)=1,$$

因而

$$\deg(F)=\pm 1.$$

我们约定：

$\deg(F)=1$ 时，称同胚 F 是保持定向的；

$\deg(F)=-1$ 时，称同胚 F 是反转定向的.

引理 2.5 设 $G:\mathbb{R}^k\to\mathbb{R}^k$ 是同胚，则

$$\lim_{x\to\infty}G(x)=\infty.$$

证明. 若不然，则存在 $x_n\to\infty$，使得 $\{G(x_n)\}$ 有界，因而可以选出 $\{G(x_n)\}$ 的收敛子序列：

$$G(x_{n_p})\to y\quad(p\to+\infty).$$

但这时应有

$$x_{n_p}=G^{-1}(G(x_{n_p}))\to G^{-1}(y)\quad(p\to+\infty),$$

与 $x_n\to\infty$ 矛盾. □

引理 2.6 两个拓扑共轭的双曲线性映射，或者都保持收缩子空间的定向，或者都反转收缩子空间的定向.

关于扩张子空间的定向，也有类似的论断.

证明. 设 A 和 A' 是 $\mathbb{R}^m$ 上的双曲线性映射，$\mathbb{R}^m$ 关于 A 和 A' 的不变子空间分解分别为

$$\mathbb{R}^m=E^s\oplus E^u \text{ 和 } \mathbb{R}^m=E'^s\oplus E'^u.$$

又设同胚 $h: \mathbf{R}^m \to \mathbf{R}^m$ 满足

$$h \circ A = A' \circ h.$$

因为 $h(E^s) = E'^s$，$h(E^u) = E'^u$，根据维数不变原理我们有

$$\dim E^s = \dim E'^s,\quad \dim E^u = \dim E'^u.$$

以下记

$$k = \dim E^s = \dim E'^s.$$

将 E^s 和 E'^s 分别等同于 $\mathbf{R}^k$

$$E^s \simeq \mathbf{R}^k,\quad E'^s \cong \mathbf{R}^k.$$

于是，同胚 $A_s: E^s \to E^s$，$A'_s: E'^s \to E'^s$ 和 $h_s: E^s \to E'^s$ 分别诱导出同胚

$$\hat{A}_s: \mathbf{R}^k \to \mathbf{R}^k,$$
$$\hat{A}'_s: \mathbf{R}^k \to \mathbf{R}^k$$

和

$$\hat{h}_s:\ \mathbf{R}^k \to \mathbf{R}^k,$$

使得以下的图表可交换.

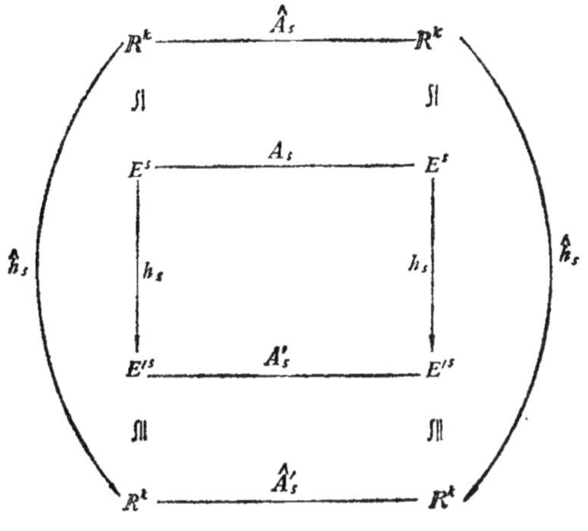

因而，我们有

$$\hat{h}_s \circ \hat{A}_s = \hat{A}'_s \circ \hat{h}_s,$$
$$\deg(\hat{h}_s) \cdot \deg(\hat{A}_s) = \deg(\hat{A}'_s) \cdot \deg(\hat{h}_s),$$

$$\deg(\hat{A}_s)=\deg(\hat{A}'_s).$$

关于扩张子空间的定向,可类似地加以讨论. □

根据上一节的讨论，一个映射在其双曲不动点邻近与某一双曲线性映射局部拓扑共轭；而每一双曲线性映射局部拓扑共轭于以下 4 m 个标准形之一:

$$A_i^1=\begin{bmatrix}\frac{1}{2} & & & & & & \\ & \frac{1}{2} & & & & 0 & \\ & & \ddots & & & & \\ & & & \frac{1}{2} & & & \\ & & & & 2 & & \\ & 0 & & & & 2 & \\ & & & & & & \ddots \\ & & & & & & & 2\end{bmatrix}_{\underbrace{\qquad}_{i}},\quad A_i^2=\begin{bmatrix}-\frac{1}{2} & & & & & & \\ & \frac{1}{2} & & & & 0 & \\ & & \ddots & & & & \\ & & & \frac{1}{2} & & & \\ & & & & 2 & & \\ & 0 & & & & 2 & \\ & & & & & & \ddots \\ & & & & & & & 2\end{bmatrix}_{\underbrace{\qquad}_{i}},$$

$$A_i^3=\begin{bmatrix}\frac{1}{2} & & & & & & \\ & \frac{1}{2} & & & & 0 & \\ & & \ddots & & & & \\ & & & \frac{1}{2} & & & \\ & & & & -2 & & \\ & 0 & & & & 2 & \\ & & & & & & \ddots \\ & & & & & & & 2\end{bmatrix}_{\underbrace{\qquad}_{i}},\quad A_i^4=\begin{bmatrix}-\frac{1}{2} & & & & & & \\ & \frac{1}{2} & & & & 0 & \\ & & \ddots & & & & \\ & & & \frac{1}{2} & & & \\ & & & & 2 & & \\ & 0 & & & & 2 & \\ & & & & & & \ddots \\ & & & & & & & 2\end{bmatrix}_{\underbrace{\qquad}_{i}}$$

$(i=1,\ 2,\cdots,m-1)$,

$$A_0^{1,2}=\begin{bmatrix}2 & & & 0\\ & 2 & & \\ & & \ddots & \\ 0 & & & 2\end{bmatrix},\quad A_0^{3,4}=\begin{bmatrix}-2 & & & 0\\ & 2 & & \\ & & \ddots & \\ 0 & & & 2\end{bmatrix},$$

$$A_m^{1,3}=\begin{bmatrix}\frac{1}{2} & & & 0\\ & \frac{1}{2} & & \\ & & \ddots & \\ 0 & & & \frac{1}{2}\end{bmatrix},\quad A_m^{2,4}=\begin{bmatrix}-\frac{1}{2} & & & 0\\ & \frac{1}{2} & & \\ & & \ddots & \\ 0 & & & \frac{1}{2}\end{bmatrix}.$$

定理 2.7 上面列举的 $4m$ 个标准形，分别属于不同的局部拓扑共轭类(对于双曲线性映射而言，局部拓扑共轭类也就是拓扑共轭类).

证明. 对于不同的两个标准形，至少有以下情形之一出现.

情形 1. 它们的收缩子空间的维数不同. 这时根据维数不变原理，它们不可能拓扑共轭.

情形 2. 它们的收缩子空间的维数相同，但是其中一个映射保持收缩子空间的定向，另一映射反转收缩子空间的定向，因而它们不可能拓扑共轭.

情形 3. 它们的收缩子空间的维数相同，并且它们都保持收缩子空间的定向，但是其一保持扩张子空间的定向，另一反转扩张子空间的定向，因而它们不可能拓扑共轭.

综上所述，我们证明了 $4m$ 个标准形分别属于不同的拓扑共轭类，因而也就分属于不同的局部拓扑共轭类. □

第十章　双曲不动点的稳定流形与不稳定流形

本章与第八章一样，在一般 Banach 空间的框架里进行讨论。

§1　稳定集与不稳定集

定义 1.1　设 $(E, \|\cdot\|)$ 是 Banach 空间，U 是 E 中开集，$0\in U$，$f\in C^1(U, E)$ 是从 U 到 $f(U)$ 的微分同胚(这只须验证：f 在 U 上单一和对任意的 $x\in U$ 微分 $Df(x)$ 是可逆线性映射)，$f(0)=0$，$V\subset U$ 是 0 点的任意邻域(即以 0 为内点的任意集合)。则 f 在 0 点的局部稳定集和局部不稳定集分别定义为

$$W_V^s(0)=W_V^s(0,f)=\left\{x\in\bigcap_{j=0}^{\infty}f^{-j}(V)\,\middle|\,\lim_{k\to+\infty}f^k(x)=0\right\}$$

和

$$W_V^u(0)=W_V^u(0,f)=\left\{y\in\bigcap_{j=0}^{\infty}f^{j}(V)\,\middle|\,\lim_{k\to+\infty}f^{-k}(y)=0\right\}.$$

定义 1.2　设 $(E, \|\cdot\|)$ 是 Banach 空间，$f:E\to E$ 是微分同胚，$f(0)=0$。则 f 在 0 点的稳定集和不稳定集分别定义为

$$W^s(0)=W^s(0,f)=\{x\in E\mid \lim_{k\to+\infty}f^k(x)=0\}$$

和

$$W^u(0)=W^u(0,f)=\{y\in E\mid \lim_{k\to+\infty}f^{-k}(y)=0\}.$$

显然这时对 0 点的任意邻域 V 有

$$W^s(0,f)=\bigcup_{l=0}^{\infty}f^{-l}(W_V^s(0,f)),$$

$$W^u(0,f)=\bigcup_{l=0}^{\infty} f^l(W_V^u(0,f)).$$

例 1.3 对于双曲线性映射 $A:E\to E$，我们有

$$W^s(0,A)=\{x\in E\,|\lim_{k\to+\infty} f^k(x)=0\}=E^s,$$

$$W^u(0,A)=\{y\in E\,|\lim_{k\to+\infty} f^{-k}(y)=0\}=E^u.$$

如果令

$$V=\{x\in E\,|\,\|x\|\leqslant b\},$$

则有

$$W_V^s(0,A)=V\cap E^s=V^s,$$

$$W_V^u(0,A)=V\cap E^u=V^u.$$

例 1.4 设 $0\in U$ 是 $f\in C^1(U,E)$的双曲不动点．根据 Hartman 定理，存在同胚 $h:E\to E$ 使得以下图表可交换．

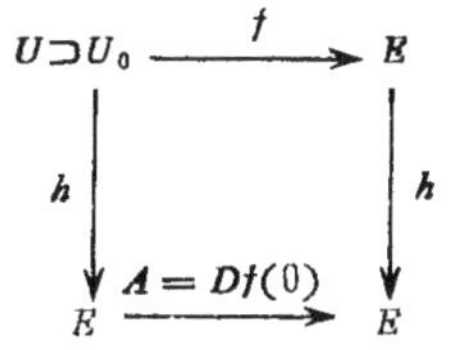

这里 $U_0\subset U$ 是包含 0 点的适当开集．我们知道 $h(U_0)$ 也是包含 0 点的开集(因为 $h:E\to E$ 是同胚并且 $h(0)=0$)．以下记

$$E(r)=\{x\in E\,|\,\|x\|\leqslant r\},$$

$$E^s(r)=E(r)\cap E^s,\ E^u(r)=E(r)\cap E^u.$$

取 $b>0$ 充分小可使

$$E(b)\subset h(U_0).$$

记

$$V=h^{-1}(E(b)),$$

则有

$$W_V^s(0,f)=h^{-1}(E^s(b)),$$

$$W_V^u(0,f)=h^{-1}(E^u(b)).$$

注记 1.5 由 Hartman 定理，$f\in C^r(U,E)(r\geqslant 1)$ 在其双

曲不动点处的局部稳定集和局部不稳定集都是拓扑流形（参看例1.4）．在下一节，我们将进一步证明 $f\in C^r(U,E)(r\geqslant 1)$ 在其双曲不动点处的局部稳定集和局部不稳定集都是 C^r 微分流形．因此，我们有理由把 f 在双曲不动点处的稳定集和不稳定集分别称为它的稳定流形和不稳定流形．

注记 1.6 我们对“稳定”集（“稳定”流形）和“不稳定”集（“不稳定”流形）这样的术语作一点解释．这里所谓的“稳定”或“不稳定”，与我们所关注的结构稳定性并无关系，仅仅用以表示点在 f 的正向迭代下趋向不动点或远离不动点．若采用“近趋集”（“近趋流形”）和“远离集”（“远离流形”）这样的术语或许更好．但为了遵从已经普遍习惯了的用法，我们仍沿用“稳定集”和“不稳定集”等术语．

§2 稳定流形定理

先作一些一般性的约定．

设 $(E,\|\cdot\|)$ 是 Banach 空间，$A:E\to E$ 是双曲线性映射，于是 E 分解为关于 A 不变的闭子空间的直和

$$E=E^s\oplus E^u.$$

必要时改赋等价的范数，可设

$$\|x\|=\max\{\|x_s\|,\|x_u\|\}$$
$$\forall x=x_s+x_u,\ x_s\in E^s,\ x_u\in E^u;$$
$$\|A_s\|=\|(A|E^s)\|\leqslant\tau<1,$$
$$\|A_u^{-1}\|=\|(A|E^u)^{-1}\|\leqslant\tau<1,$$

（这时我们说 A 的斜度 $\leqslant\tau$．）

我们采用以下记号

$$E(b)=\{x\in E\,|\,\|x\|\leqslant b\},$$
$$E^s(b)=\{x\in E^s\,|\,\|x\|\leqslant b\}=E(b)\cap E^s,$$
$$E^u(b)=\{x\in E^u\,|\,\|x\|\leqslant b\}=E(b)\cap E^u,$$

并且把 $E(b)$ 等同于 $E^s(b)\times E^u(b)$：

$$E(b) = E^s(b) \times E^u(b).$$

引理 2.1 设 $(F, |\cdot|)$ 是 Banach 空间，$B \in L(F, F)$ 是可逆线性映射，则

$$|Bz| \geqslant |B^{-1}|^{-1}|z|, \forall z \in F.$$

证明．我们有

$$|z| = |B^{-1}Bz| \leqslant |B^{-1}||Bz|, \ \forall z \in F. \quad \square$$

引理 2.2 设 $0 < \tau < 1$，$0 < \varepsilon < \frac{1}{2}(\tau^{-1} - 1)$，则 $\tau^{-1} - \varepsilon > 1 + \varepsilon > \tau + \varepsilon$.

证明．显然． $\square$

由第八章引理 2.2，映射 $f \in C^1(U, E)$ 在其双曲不动点 0 邻近可以表示成 $A + \varphi$ 的形式，这里 $A = Df(0)$ 是双曲线性映射，$\mathrm{Lip}(\varphi)$ 可以小于任意预先给定的正数．以下，我们对形如 $f = A + \varphi: E(b) \to E$ 这样的映射进行讨论．

引理 2.3 设 $f = A + \varphi: E(b) \to E$ 满足

$$\mathrm{Lip}(f - A) = \mathrm{Lip}(\varphi) < \varepsilon < \frac{1}{2}(\tau^{-1} - 1),$$

这里 $0 < \tau < 1$，而双曲线性映射 A 的斜度$\leqslant \tau$．如果 $x', x \in E(b)$ 满足

$$\|x'_u - x_u\| \geqslant \|x'_s - x_s\|,$$

那么

$$\|f_u(x') - f_u(x)\| \geqslant \|f_s(x') - f_s(x)\|,$$

并且

$$\|f(x') - f(x)\| \geqslant (\tau^{-1} - \varepsilon)\|x' - x\|.$$

证明．注意到当 $\|x'_u - x_u\| \geqslant \|x'_s - x_s\|$ 时有

$$\begin{aligned}\|x' - x\| &= \max\{\|x'_u - x_u\|, \|x'_s - x_s\|\} \\ &= \|x'_u - x_u\| \geqslant \|x'_s - x_s\|,\end{aligned}$$

我们得到

$$\begin{aligned}\|f_u(x') - f_u(x)\| &= \|A_u x'_u - A_u x_u + \varphi_u(x') - \varphi_u(x)\| \\ &\geqslant \|A_u(x'_u - x_u)\| - \|\varphi_u(x') - \varphi_u(x)\|\end{aligned}$$

$$
\begin{aligned}
&\geqslant \|A_u^{-1}\|^{-1}\|x'_u - x_u\| - \mathrm{Lip}(\varphi)\|x' - x\| \\
&\geqslant \tau^{-1}\|x'_u - x_u\| - \varepsilon\|x' - x\| \\
&= (\tau^{-1} - \varepsilon)\|x' - x\|,
\end{aligned}
$$

$$
\begin{aligned}
\|f_s(x') - f_s(x)\| &= \|A_s x'_s - A_s x_s + \varphi_s(x') - \varphi_u(x)\| \\
&\leqslant \|A_s\|\|x'_s - x_s\| + \mathrm{Lip}(\varphi)\|x' - x\| \\
&\leqslant (\tau + \varepsilon)\|x' - x\|.
\end{aligned}
$$

于是有:

$$
\begin{aligned}
\|f_u(x') - f_u(x)\| &\geqslant (\tau^{-1} - \varepsilon)\|x' - x\| \\
&\geqslant (\tau + \varepsilon)\|x' - x\| \\
&\geqslant \|f_s(x') - f_s(x)\|, \\
\|f(x') - f(x)\| &= \|f_u(x') - f_u(x)\| \\
&\geqslant (\tau^{-1} - \varepsilon)\|x' - x\|. \quad \square
\end{aligned}
$$

注记 2.4 设 $z = z_s + z_u, z_s \in E^s, z_u \in E^u$. 我们约定称 z 为竖向的,如果 $\|z_u\| \geqslant \|z_s\|$. 引理 2.3 告诉我们: 如果 $x' - x$ 是竖向的,那么 $f(x') - f(x)$ 也是竖向的,并且 $\|f(x') - f(x)\|$ 至少是$\|x' - x\|$ 的 $(\tau^{-1} - \varepsilon)$ 倍.

推论 2.5 设 $f = A + \varphi: E(b) \to E$ 满足

$$
\mathrm{Lip}(f - A) = \mathrm{Lip}(\varphi) < \varepsilon < \frac{1}{2}(\tau^{-1} - 1).
$$

如果 x', x 满足

1) $f^k(x'), f^k(x) \in E(b), k = 0, 1, 2, \cdots$,

2) $\|x'_u - x_u\| \geqslant \|x'_s - x_s\|$,

那么 $x' = x$.

证明. 因为 $f^k(x'), f^k(x) \in E(b), k = 0, 1, 2, \cdots$, 并且 $\|x'_u - x_u\| \geqslant \|x'_s - x_s\|$, 所以可以重复应用引理 2.3 而得到

$$
2b \geqslant \|f^k(x') - f^k(x)\| \geqslant (\tau^{-1} - \varepsilon)^k\|x' - x\|, \quad k = 0, 1, 2, \cdots
$$

但 $\tau^{-1} - \varepsilon > 1 + \varepsilon > 1$, 所以必有 $x' = x$. $\square$

推论 2.6 设 $f = A + \varphi: E(b) \to E$ 满足

$$\mathrm{Lip}(f-A)=\mathrm{Lip}(\varphi)<\varepsilon<\frac{1}{2}(\tau^{-1}-\varepsilon).$$

如果 x' 和 x 满足

1) $f^k(x'),\ f^k(x)\in E(b),\ k=0,1,2,\cdots,$

2) $x'_s=x_s,$

那么 $x'=x,$

证明. 这是上一推论的特殊情形. □

注记 2.7 推论 2.6 说明: 对任意的 $x_s\in E^s(b)$, 至多只有一个 $x_u=g(x_s)\in E^u(b)$, 使得 $x=(x_s,x_u)$ 满足

$$f^k(x)\in E(b),\ k=0,1,2,\cdots$$

由此可见, f 在 0 点的局部稳定流形应落在某一映射 $g:E^s(b)\to E^u(b)$ 的图象上

$$W^s_{E(b)}(0,f)\subset\mathscr{G}_u(g).$$

以下,我们将看到, f 的局部稳定流形正是一个具有某些良好分析性质的映射 $g:E^s(b)\to E^u(b)$ 的图象.

首先, 我们指出, 这样的映射 g 应该满足 Lipschitz 条件, $\mathrm{Lip}(g)\leqslant 1$. 事实上,如果 $x'=(x'_s,x'_u)=(x'_s,g(x'_s))$ 和 $x=(x_s,x_u)=(x_s,g(x_s))$ 是 f 在 0 点的稳定流形上的两点,那么

$$f^k(x'),f^k(x)\in E(b),k=0,1,2,\cdots$$

按照推论 2.5,这时不可能有

$$\|g(x'_s)-g(x_s)\|=\|x'_u-x_u\|>\|x'_s-x_s\|.$$

因而

$$\|g(x'_s)-g(x_s)\|\leqslant\|x'_s-x_s\|.$$

我们还将证明,如果 f 在 $E(b)$ 是 C^r 的(即在包含 $E(b)$ 的某开集上是 C^r 的),那么相应的映射 g 也是 C^r 的.

定理 2.8 (稳定流形定理) 设 $f=A+\varphi:\ E(b)\to E$ 是一映射,其中 A 是斜度为 τ 的双曲线性映射, $\varphi:\ E(b)\to E$ 满足

$$\mathrm{Lip}(\varphi)<\varepsilon<\min\left\{1-\tau,\ \frac{1}{2}(\tau^{-1}-1)\right\},$$

$$\varphi(0)=0.$$

则存在 Lipschitz 映射

$$g: E^s(b) \to E^u(b),\ \mathrm{Lip}(g) \leqslant 1,$$

使得

$$\mathscr{G}_{r^*}(g) = \{(x_s, g(x_s)) \mid x_s \in E^s(b)\} = W^s_{E(b)}(0, f).$$

如果 f (因而 $\varphi = f - A$) 在 $E(b)$ 上还是 C^r 的,那么 g 在 $E^s(b)$ 上也是 C^r 的.

证明. 根据定义,要使 $x = (x_s, x_u) \in W^s_{E(b)}(0, f)$,必须而且只须

$$(A + \varphi)^k(x_s, x_u) \in E(b),\ k = 0, 1, 2, \cdots,$$

$$\lim_{k \to +\infty} (A + \varphi)^k(x_s, x_u) = 0.$$

我们把含于子集 $S \subset E$ 之中的,收敛于 0 的点列 $\gamma = \{\gamma(k)\}$ 的集合记为 $\mathscr{S}_0(S)$, 即

$$\mathscr{S}_0(S) = \{\gamma = \{\gamma(k)\} \subset S \mid \lim_{k \to +\infty} \gamma(k) = 0\}.$$

对于 $S = E$ 的情形, 在 $\mathscr{S}_0(E)$ 中可以定义(逐项进行运算的)加法和数乘,同时可以引入范数 $|\cdot|$:

$$|\gamma| = \sup_k \|\gamma(k)\| < +\infty.$$

易验证 $(\mathscr{S}_0(E), |\cdot|)$ 是一个 Banach 空间. 如果 S 是 E 中闭子集, 那么 $\mathscr{S}_0(S) \subset \mathscr{S}_0(E)$ 也是 $\mathscr{S}_0(E)$ 中的闭子集(因而是完备子集). 以下,我们考虑作为 $\mathscr{S}_0(E)$ 的闭子集的完备距离空间 $\mathscr{S}_0(E(b))$. 如果 $x \in W^s_{E(b)}(0, f)$, 那么显然由

$$\gamma(0) = x,\ \gamma(k+1) = (A + \varphi)\gamma(k)(k = 0, 1, 2, \cdots),$$

定义了 $\mathscr{S}_0(E(b))$ 中的一个元素 $\gamma = \{\gamma(k)\}$.

我们寻求满足以下条件的 $\gamma = \{\gamma(k)\} \in \mathscr{S}_0(E(b))$:

$$\gamma(k+1) = (A + \varphi)\gamma(k)\ (k = 0, 1, 2, \cdots). \tag{2.1}$$

对于这样的序列 γ, 显然有 $\gamma(0) \in W^s_{E(b)}(0, f)$. 把 (2.1) 分别投影到 E^s 和 E^u 上可得:

$$\gamma_s(k+1) = A_s\gamma_s(k) + \varphi_s(\gamma(k))\ (k = 0, 1, 2, \cdots), \quad (2.1)_s$$

$$\gamma_u(k+1) = A_u\gamma_u(k) + \varphi_u(\gamma(k))(k = 0, 1, 2, \cdots). \quad (2.1)_u$$

我们以 $\gamma_s(0) = x_s$ 为参变元,把上两式改写为

$$\gamma_s(k)=\begin{cases}x_s & (k=0),\\ A_s\gamma_s(k-1)+\varphi_s(\gamma(k-1)) & (k=1,2,\cdots),\end{cases}\tag{2.2$_s$}$$

$$\gamma_u(k)=A_u^{-1}(\gamma_u(k+1)-\varphi_u(\gamma(k)))\ (k=0,1,2,\cdots).\tag{2.2$_u$}$$

把 $(2.2)_s$ 和 $(2.2)_u$ 右边的表达式分别记为

$$\mathscr{T}_s(x_s,\gamma)(k) \text{ 和 } \mathscr{T}_u(x_s,\gamma)(k)=\mathscr{T}_u(\gamma)(k).$$

又置

$$\mathscr{T}(x_s,\gamma)(k)=(\mathscr{T}_s(x_s,\gamma)(k),\ \mathscr{T}_u(\gamma)(k)).$$

这样，我们定义了映射

$$\mathscr{T}:E^s(b)\times\mathscr{S}_0(E(b))\to\mathscr{S}_0(E(b)).$$

以下验证 $\mathscr{T}$ 是一个 Lipschitz 映射. 我们有

$$\|\mathscr{T}_s(x_s',\gamma)(k)-\mathscr{T}_s(x_s,\gamma)(k)\|=\begin{cases}\|x_s'-x_s\| & (k=0),\\ 0 & (k\neq 0),\end{cases}$$

$$\|\mathscr{T}_u(x_s',\gamma)(k)-\mathscr{T}_u(x_s,\gamma)(k)\|=0$$

$$(k=0,1,2,\cdots),$$

$$|\mathscr{T}(x_s',\gamma)-\mathscr{T}(x_s,\gamma)|\leqslant\|x_s'-x_s\|;$$

又有

$$\|\mathscr{T}_s(x_s,\gamma')(k)-\mathscr{T}_s(x_s,\gamma)(k)\|\leqslant(\tau+\varepsilon)|\gamma'-\gamma|,$$

$$\|\mathscr{T}_u(x_s,\gamma')(k)-\mathscr{T}_u(x_s,\gamma)(k)\|\leqslant\tau(1+\varepsilon)|\gamma'-\gamma|,$$

$$|\mathscr{T}(x_s,\gamma')-\mathscr{T}(x_s,\gamma)|\leqslant(\tau+\varepsilon)|\gamma'-\gamma|.$$

我们看到 $\mathscr{T}:E^s(b)\times\mathscr{S}_0(E(b))\to\mathscr{S}_0(E(b))$ 是 Lipschitz 映射，并且一致地对第二变元压缩(因为 $\tau+\varepsilon<1$). 根据第六章定理 8.3，存在唯一 Lipschitz 映射

$$\eta:E^s(b)\to\mathscr{S}_0(E(b))$$

满足

$$\mathscr{T}(x_s,\eta(x_s))=\eta(x_s),\ \forall x_s\in E^s(b).$$

考察 $\eta(x_s)\in\mathscr{S}_0(E(b))$，我们有

$$\eta(x_s)(k+1)=(A+\varphi)\eta(x_s)(k),\ k=0,1,2,\cdots,$$

$$\lim_{k\to+\infty}(A+\varphi)^k\eta(x_s)(0)=\lim_{k\to+\infty}\eta(x_s)(k)=0.$$

因而

$$\eta(x_s)(0) \in W^s_{E(b)}(0, f).$$

显然有

$$\eta_s(x_s)(0) = \mathscr{T}_s(x_s, \eta(x_s))(0) = x_s.$$

如果记

$$g(x_s) = \eta_u(x_s)(0),$$

则映射 $g: E^s(b) \to E^u(b)$, 使得

$$(x_s, g(x_s)) = \eta(x_s)(0) \in W^s_{E(b)}(0, f),$$

即

$$\mathscr{G}_r(g) \subset W^s_{E(b)}(0, f).$$

再由推论 2.6 和注记 2.7 即得知

$$\mathscr{G}_r(g) = W^s_{E(b)}(0, f).$$

如果 $\varphi: E(b) \to E$ 还是 C^r 的(即在包含 $E(b)$ 的某开集上是 C^r 的),那么

$$\mathscr{T}: E^s(b) \times \mathscr{S}_0(E(b)) \to \mathscr{S}_0(E)$$

也是 C^r 的(这就是说,可以把 $\mathscr{T}$ 的定义扩充于包含 $E^s(b) \times \mathscr{S}_0(E(b))$ 的一个开集上,并且是 C^r 的),因而 $\eta: E^s(b) \to \mathscr{S}_0(E)$ 也是 C^r 的(参看第六章定理 8.4). 考察 $g: E^s(b) \to E^u$ 的表达式:

$$g(x_s) = \eta_u(x_s)(0),$$

我们得到

$$g = \pi \circ \rho \circ \eta,$$

这里 $\rho: \mathscr{S}_0(E) \to E$ 是 $\mathscr{S}_0(E)$ 中的序列到其第 0 项的投影; $\pi: E \to E^u$ 是从 $E = E^s \oplus E^u$ 到 E^u 的投影. ρ 和 π 都是有界线性映射, 因而都是 C^∞ 的. 前面已谈到, η 是 C^r 的. 于是 $g = \pi \circ \rho \circ \eta$ 是 C^r 的. □

推论 2.9 在定理 2.8 条件下,我们有

$$W^s_{E(b)}(0, f) = \bigcap_{k=0}^{\infty} f^{-k}(E(b))$$
$$= \{x \mid f^k(x) \in E(b), k = 0, 1, 2, \cdots\}.$$

证明. 显然有

$$W^s_{E(b)}(0,f)\subset\bigcap_{k=0}^{\infty}f^{-k}(E(b)).$$

我们来证明相反的包含式. 由推论 2.6 和注记 2.7 可知，对任意 $x_s\in E^s(b)$，至多只有一个 $x_u\in E^u(b)$ 能使 $x=(x_s,x_u)$ 满足

$$f^k(x)\in E(b),\ k=0,1,2,\cdots \tag{2.3}$$

但由定理 2.8 已经知道 $x_u=g(x_s)$ 满足上述条件. 这样,我们证明了,如果 x 满足 (2.3)，那么

$$x\in\mathscr{G}_*(g)=W^s_{E(b)}(0,f),$$

即

$$\bigcap_{k=0}^{\infty}f^{-k}(E(b))\subset\mathscr{G}_*(g)=W^s_{E(b)}(0,f).\qquad\square$$

注记 2.10 推论 2.9 的结果可与第七章命题 2.6 的 (iv) 相比较. 由推论 2.9,我们可以把 f 在 0 点的局部稳定流形定义为: 在 f 的正向迭代下始终停留在 $E(b)$ 中的点 x 的集合. 这种定义方式,比较容易检验,使用起来更为方便.

命题 2.11 在定理 2.8 的条件下，$f=A+\varphi$ 在其局部稳定流形上满足

$$\|f(x)-f(y)\|\leqslant\lambda\|x-y\|,\ \forall x,\ y\in W^s_{E(b)}(0,f);$$

因而,对于任何与$\|\cdot\|$等价的范数$|\cdot|$也有

$$|f^k(x)-f^k(y)|\leqslant K\lambda^k|x-y|,$$

$$\forall x,y\in W^s_{E(b)}(0,f),\ k=0,1,2,\cdots$$

这里

$$0<\lambda=\tau+\varepsilon<1,\ K>0.$$

证明. 如果 $x,y\in W^s_{E(b)}(0,f)$，那么必定有

$$\|x_u-y_u\|\leqslant\|x_s-y_s\|.$$

否则，根据引理 2.3 将有

$$2b\geqslant\|f^k(x)-f^k(y)\|\geqslant(\tau^{-1}-\varepsilon)^k\|x-y\|>0,$$

但 $\tau^{-1}-\varepsilon>1$，上式是不可能的.

因为 $f(x)$ 与 $f(y)$ 仍然在局部稳定流形上,根据同样的理由

$$\|f_u(x)-f_u(y)\|\leqslant\|f_s(x)-f_s(y)\|.$$

于是

$$\begin{aligned}\|f(x)-f(y)\|&=\|f_s(x)-f_s(y)\|\\&=\|A_sx_s-A_sy_s+\varphi_s(x)-\varphi_s(y)\|\\&\leqslant(\tau+\varepsilon)\|x-y\|.\quad\square\end{aligned}$$

命题 2.12 在定理 2.8 的条件下,如果 φ 是 C^1 的,那么 $f=A+\varphi$ 在 0 点的局部稳定流形在该点的切空间就是双曲线性映射 $A+D\varphi(0)$ 的线性稳定流形(收缩子空间). 特别地,如果 $D\varphi(0)=0$,那么这切空间就是 A 的收缩子空间 E^s.

证明. 我们沿用定理 2.8 证明中引入的记号. 因为 $f(0)=(A+\varphi)(0)=0$,所以满足(2.3)的唯一形如 $x=(0,x_u)$ 的点是 $x=(0,0)=0$. 因而

$$\eta(0)(0)=(0,g(0))=(0,0)=0.$$

由此易得

$$\eta(0)(k)=0,k=0,1,2,\cdots,$$

即

$$\eta(0)=0\in\mathscr{S}_0(E(b)).$$

在 $x_s=0$ 处微分关系式

$$\mathscr{T}\circ(id,\eta)(x_s)=\eta(x_s),$$

我们得到

$$D\mathscr{T}(0,0)(id,D\eta(0))(\xi_s)=D\eta(0)(\xi_s),$$

即

$$D\mathscr{T}(0,0)(\xi_s,D\eta(0)(\xi_s))=D\eta(0)(\xi_s).$$

这里

$$D\mathscr{T}(0,0)=(D\mathscr{T}_s(0,0),D\mathscr{T}_u(0)),$$

$$D\mathscr{T}_s(0,0)(\xi_s,\gamma)(k)=\begin{cases}\xi_s & (k=0),\\ A_s\gamma_s(k-1)+(D\varphi(0))_s\gamma_s(k-1) & (k\geqslant1),\end{cases}$$

$$D\mathscr{T}_u(0)(\gamma)(k)=A_u^{-1}(\gamma_u(k+1)-(D\varphi(0))_u\gamma_u(k))\quad(k\geqslant0),$$

我们看到，映射

$$D\mathscr{T}(0,0): E\times\mathscr{S}_0(E)\to\mathscr{S}_0(E)$$

也是一致地对第二变元压缩的．因而

$$D\eta(0)(\xi_s)(0)=(\xi_s,\ Dg(0)(\xi_s)),\ \xi_s\in E^s,$$

构成 $A+D\varphi(0)$ 的线性稳定流形．换句话说，$\mathscr{G}_{-}(g)$ 在 0 点的切空间即为 $A+D\varphi(0)$ 的线性稳定流形．特别地，如果 $D\varphi(0)=0$，那么 $\mathscr{G}_{-}(g)$ 在 0 点的切空间即 E^s．□

注记 2.13 映射 $f\in C^1(U,E)$ 在其双曲不动点 $0\in U$ 邻近可以表示为 $A+\varphi$ 的形式，这里 $A=Df(0)$ 是双曲线性映射，$\mathrm{Lip}(\varphi)<\varepsilon$，$\varphi(0)=0$，$D\varphi(0)=0$．对这一情形用命题 2.12 可知，$f$ 在 0 点的稳定流形在该点与 E^s 相切．

注记 2.14 对于 $E^s=\{0\}$ 或 $E^s=E$ 的特殊情形，稳定流形定理当然也成立，其验证更为简单，留给读者作为练习．

注记 2.15 显然 f 的局部不稳定集就是 f^{-1} 的局部稳定集．上面关于局部稳定流形的一切讨论，都可以逐字逐句地翻译为关于局部不稳定流形的结果．具体的验证留给读者作为练习．

第十一章　符号动力系统与“马蹄”

§1　符号动力系统

考虑N个符号的集合，例如N个数字的集合

$$S(N)=\{0,1,\cdots,N-1\}.$$

这集合赋以离散的拓扑成为一个拓扑空间（其任意子集都是开集）．这拓扑空间可距离化：对任意 $a,b\in S(N)$，我们定义其距离为

$$\delta(a,b)=\begin{cases}1, & \text{如果 } a\neq b,\\ 0, & \text{如果 } a=b.\end{cases}$$

可列个这样的空间 $S(N)$ 的乘积

$$\Sigma(N)=\prod_{i=-\infty}^{+\infty}S_i,\ S_i=S(N),$$

或

$$\Sigma(N)=\prod_{i=0}^{+\infty}S_i,\ S_i=S(N),$$

称为符号空间，其元素分别为双边符号序列

$$\cdots,s_{-2},s_{-1};\ s_0,s_1,s_2,\cdots$$

或单边符号序列

$$s_0,s_1,s_2,\cdots$$

因而前一情形 $\Sigma(N)$ 称为双边符号空间；后一情形 $\Sigma(N)$ 称为单边符号空间．符号空间也是可以距离化的．对双边情形，我们引入距离

$$d(s,t)=\sum_{i=-\infty}^{+\infty}\frac{\delta(s_i,t_i)}{2^{|i|}},$$

这里

$$s=(\cdots, s_{-2}, s_{-1}; s_0, s_1, s_2, \cdots),$$

$$t=(\cdots, t_{-2}, t_{-1}; t_0, t_1, t_2, \cdots).$$

对单边情形，我们引入距离

$$d(s, t)=\sum_{j=0}^{+\infty} \frac{\delta(s_j, t_j)}{2^j},$$

这里

$$s=(s_0, s_1, s_2, \cdots),\quad t=(t_0, t_1, t_2, \cdots).$$

符号空间 $\sum(N)$ 上的移位映射 $\sigma: \sum(N) \rightarrow \sum(N)$ 定义如下：

$$(\sigma(s))_j=s_{j+1}$$

$$(j=0, \pm 1, \pm 2, \cdots, \text{或者}\ j=0, 1, 2, \cdots),$$

即：σ 的作用是将双边符号序列或单边符号序列左移一位. 对于双边情形，$\sigma: \sum(N) \rightarrow \sum(N)$ 定义了一个动力系统，其作用是将点

$$s=(\cdots, s_{-2}, s_{-1}; s_0, s_1, s_2, \cdots)$$

变为

$$\sigma(s)=(\cdots, s_{-2}, s_{-1}, s_0; s_1, s_2, \cdots).$$

对于单边情形，$\sigma: \sum(N) \rightarrow \sum(N)$ 定义了一个半动力系统，其作用是将点

$$s=(s_0, s_1, s_2, s_3, \cdots)$$

变为

$$\sigma(s)=(s_1, s_2, s_3, \cdots).$$

以下两命题对双边或单边情形都成立，我们仅对双边情形给出证明.

命题 1.1 符号空间 $\sum(N)$ 是

(i) 紧致的，

(ii) 完全的，

(iii) 完全不连通的.

证明.

(i) 有限的离散空间 $S(N)$ 是紧致的，因而它们的乘积空间 $\sum(N)$ 也是紧致的.

(ii) 只须证明：对任意 $s\in\sum(N)$，存在点列 $\{s^{(n)}\}\subset\sum(N)\setminus\{s\}$ 以 s 为极限. 设

$$s=(\cdots,s_{-2},s_{-1};\ s_0,s_1,\cdots,s_n,\cdots).$$

我们取

$$s^{(n)}=(\cdots,s_{-2},s_{-1};s_0,s_1,\cdots,s_n^*,\cdots),$$

这里

$$s_n^*=\begin{cases}1, & \text{如果 } s_n=0,\\ 0, & \text{其他情形}.\end{cases}$$

显然

$$s^{(n)}\in\sum(N)\setminus\{s\},$$

并且

$$\lim_{n\to+\infty}s^{(n)}=s.$$

(iii) 我们指出：$\sum(N)$ 中的任何连通集至多只能含有一点. 假设 $\sum(N)$ 的子集 D 含有两个不同的点

$$s=(\cdots,s_{-2},s_{-1};\ s_0,s_1,s_2,\cdots),$$
$$t=(\cdots,t_{-2},t_{-1};t_0,t_1,t_2,\cdots).$$

设 $s_k\neq t_k$. 考虑以下两个开集

$$U=\{u\in\sum(N)\,|\,u_k=s_k\},$$
$$V=\{v\in\sum(N)\,|\,v_k\neq s_k\}.$$

显然有

$$U\cup V=\sum(N),\ U\cap V=\varnothing,$$
$$s\in U\cap D,\ t\in V\cap D.$$

因而 D 是不连通的. 我们证明了：$\sum(N)$ 的任何连通集至多含有一点，即它是完全不连通的. □

命题 1.2 符号动力系统 $\sigma:\sum(N)\to\sum(N)$ 具有以下性质

(i) σ 的周期点集在 $\sum(N)$ 中稠密，即

$$\overline{\mathrm{Per}(\sigma)}=\sum(N);$$

(ii) σ 有一条轨道在 $\sum(N)$ 中稠密.

证明. 考察 $\sum(N)$ 上的距离，我们发现：如果两双边序列 s

和 t 从 $-m$ 项到 m 项相等，那么 m 越大时它们就越接近. 这一点对我们以下的讨论很有用处.

(i) $s\in\sum(N)$ 为 σ 的周期点的充分必要条件是它为循环序列. 对任意 $r\in\sum(N)$，取它的 $-m$ 项到 m 项的一段，令其循环，这样生成一循环序列 $r^{(m)}$. 显然 $r^{(m)}\in \mathrm{Per}(\sigma)$. 因为上述 m 可以任意大，所以 r 的任意邻近都有周期点. 这样，我们证明了 $\overline{\mathrm{Per}(\sigma)}=\sum(N)$.

(ii) 我们构造 $t\in\sum(N)$，使得 σ 过这点的轨道在 $\sum(N)$ 中稠密. 首先任意取定 t 的负标号项. 然后取 $0,1,\cdots,N-1$ 为 t 的第 0 项到第 $N-1$ 项. 接着排上 $0,0,0,1,\cdots 0,N-1;1,0,1,1,\cdots,1,N-1;\cdots;N-1,0,N-1,1,\cdots,N-1,N-1$（穷尽 $S(N)$ 元素的所有二元排列）. 接着再排上 $0,0,0,0,0,1,\cdots,N-1,N-1,N-1$（穷尽 $S(N)$ 元素的所有三元排列）. 继续这样做下去，我们构造出 $t\in\sum(N)$. 对任意给定的 $r\in\sum(N)$ 和 $m\in\mathbb{N}$，t 总有某一段与 r 从 $-m$ 项到 m 项的一段相符合. 因为 m 可以任意大，所以 t 的轨道可以进入 r 的任意邻域之中. □

§2 移位不变集

符号动力系统比较容易研究. 当人们对符号系统的动力性态有了很好的了解之后，就期望通过它去研究更一般的系统. 例如，在公理 A 系统的研究中，人们通过有限型子移位研究系统的 Ω 集；在 Chaos 研究中，人们通过符号系统描述某些紊动行为. Smale 的"马蹄"模型的提出，可以说是这些方面研究的先声. 我们将重点介绍这一模型. 为避免一开始就陷入比较琐碎的细节，我们先抽出最基本的思想并通过半动力系统的较简单的模型加以说明.

定义 2.1 设 X 是拓扑空间，$f:X\to X$ 是同胚或连续映射，Λ 是 f 的不变集. 如果存在同胚 $h:\sum(N)\to\Lambda$（这里 $\sum(N)$ 是适当的双边或单边符号空间)，使得

$$f\circ h = h\circ\sigma,$$

即以下图表可交换，

$$\begin{array}{ccc} \Sigma(N) & \xrightarrow{\ \sigma\ } & \Sigma(N) \\ {\scriptstyle h}\downarrow & & \downarrow{\scriptstyle h} \\ \Lambda & \xrightarrow{\ f\ } & \Lambda \end{array}$$

则称 Λ 为系统 f 的移位不变集.

引理 2.2 设 X, Y 是两集合，$f: X\to Y$ 是映射，$A\subset X$，$B\subset Y$，则

$$f(A\cap f^{-1}(B)) = f(A)\cap B.$$

证明. 读者可直接验证. □

下面，我们给出半动力系统具有移位不变集的例子. 这一相当简单的例子实际上已经体现了 Smale“马蹄”这一类模型的构造的基本点.

考虑这样的映射 $f: \mathbf{R}\to\mathbf{R}$, 它把线段 $J=[-1,1]$ 拉长(拉长的倍数>2)然后折迭覆盖于 J 之上. 我们甚至可以给出光滑的映射满足上述要求,例如

$$f: \mathbf{R}\to\mathbf{R}$$

$$x\longmapsto -3x^2+\frac{4}{3}.$$

我们来分析这样的半动力系统. 首先注意到: $f^{-1}(J)$ 是两段不相交的子线段 U_0 和 U_1 的并集

$$f^{-1}(J) = U_0\cup U_1,$$

这两线段的长度都小于 J 的长度的一半

$$|U_0|,\ |U_1| < \frac{1}{2}|J| = 1.$$

我们有

$$f(U_0) = f(U_1) = J\supset U_0\cup U_1.$$

在 U_0 和 U_1 中又各含有不相交的子线段 U_{00}, U_{01} 和 U_{10}, U_{11} 满足

$$f(U_{00})=U_0,\ f(U_{01})=U_1,$$
$$f(U_{10})=U_0,\ f(U_{11})=U_1,$$

并且

$$|U_{ij}|<\frac{1}{2}|U_i|<\frac{1}{2}\qquad(i,j=0,1).$$

一般地，对于 $k\in\mathbf{Z}_+$，我们定义

$$U_{s_0s_1\cdots s_k}=U_{s_0}\cap f^{-1}(U_{s_1})\cap\cdots\cap f^{-k}(U_{s_k}),\qquad(2.1)$$

这里 $s_0,s_1,\cdots,s_k\in\{0,1\}=S(2)$.

引理 2.3 $U_{s_0s_1\cdots s_k}(k\geqslant 1)$ 满足

(i) $f(U_{s_0s_1\cdots s_k})=U_{s_1\cdots s_k}$;

(ii) $|U_{s_0s_1\cdots s_k}|<\dfrac{1}{2^k}$.

证明. 对 $k=1$ 的情形，(i) 和 (ii)的验证已如以上所述. 今证一般情形.

(i) 利用引理2.2并注意到 $f(U_{s_0})=J$，我们得到

$$\begin{aligned}f(U_{s_0s_1\cdots s_k})&=f(U_{s_0}\cap f^{-1}(U_{s_1\cdots s_k}))\\&=f(U_{s_0})\cap U_{s_1\cdots s_k}\\&=U_{s_1\cdots s_k}.\end{aligned}$$

(ii) 因为 f 拉长的比率大于 2，所以

$$|U_{s_1\cdots s_k}|=|f(U_{s_0s_1\cdots s_k})|>2|U_{s_0s_1\cdots s_k}|.$$

因而

$$|U_{s_0s_1\cdots s_k}|<\frac{1}{2}|U_{s_1\cdots s_k}|<\frac{1}{2}\cdot\frac{1}{2^{k-1}}=\frac{1}{2^k}.\qquad\square$$

上述形成 $U_{s_0},U_{s_0s_1},\cdots,U_{s_0s_1\cdots s_k}$ 的过程如图 11-2-1 所示.

对于 $s=(s_0,s_1,s_2,\cdots)\in\sum(2)$，我们引入记号:

$$U(s)=\bigcap_{j=0}^{\infty}f^{-j}(U_{s_j})=\bigcap_{k=0}^{\infty}U_{s_0s_1\cdots s_k}.\qquad(2.2)$$

引理 2.4 由 (2.2) 所定义的 $U(s)$ 满足

(i) $f(U(s))=U(\sigma(s))$;

(ii) $\#(U(s))=1$，即 $U(s)$ 是单点集,

证明.

(i) $f(U(s)) = f\left(\bigcap_{k=0}^{\infty} U_{s_0 s_1 \cdots s_k}\right)$

$$= \bigcap_{k=1}^{\infty} U_{s_1 \cdots s_k} = U(\sigma(s)).$$

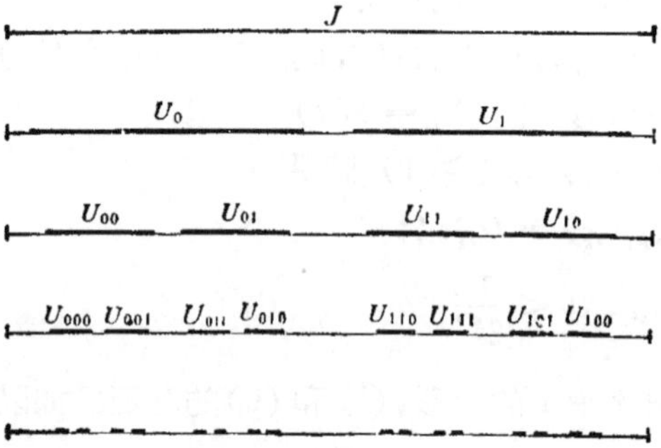

图 11-2-1

(ii) 由引理 2.3 的 (ii) 立即可得. □

又引入记号

$$\Lambda = \bigcap_{j=0}^{\infty} f^{-j}(J) = \bigcup_{s \in \Sigma(2)} U(s). \qquad (2.3)$$

我们有

定理 2.5 Λ 是 f 的一个紧致的不变集,并且 $f|\Lambda$ 拓扑共轭于

$$\sigma: \Sigma(2) \to \Sigma(2).$$

证明. 由 Λ 的表示式(2.3)易见它是 f 的一个紧致的不变集. 下面,我们来构造从 σ 到 $f|\Lambda$ 的拓扑共轭 h. 把单点集 $U(s)$ 与它所包含的唯一点等同视之,对任意 $s \in \Sigma(2)$ 我们定义

$$h(s) = U(s).$$

这样得到一个映射 $h: \Sigma(2) \to \Lambda$. 我们来证明 h 是一个同胚. 首先指出 h 是连续的. 事实上,如果 $s, t \in \Sigma(2)$,

$$d(s, t) < \frac{1}{2^n},$$

那么 s 和 t 从 0 项到 n 项完全相同，

$$h(s),\ h(t) \in U_{s_0 s_1 \cdots s_n} = U_{t_0 t_1 \cdots t_n}.$$

这时应有

$$|h(s) - h(t)| < \frac{1}{2^n}.$$

因而 h 是连续的. 其次，h 是单一的. 事实上，如果 $s,\ t \in \Sigma(2)$，$s \neq t$，那么存在 $k \in \mathbb{Z}_+$ 使得 $s_k \neq t_k$. 因为

$$h(s) \in U_{s_0 s_1 \cdots s_k},\quad h(t) \in U_{t_0 t_1 \cdots t_k},$$

$$f^k(h(s)) \in U_{s_k},\quad f^k(h(t)) \in U_{t_k},$$

$$U_{s_k} \cap U_{t_k} = \varnothing,$$

所以

$$f^k(h(s)) \neq f^k(h(t)),$$

$$h(s) \neq h(t).$$

又，显然 $h: \Sigma(2) \to \Lambda$ 是满映射.

因为 $\Sigma(2)$ 是紧致空间，$\Lambda \subset \mathbb{R}$ 是 Hausdorff 空间，$h: \Sigma(2) \to \Lambda$ 是单、满、连续映射，所以 h 是同胚. 引理 2.4 的 (i) 则给出

$$f \circ h = h \circ \sigma. \quad \square$$

在上面的讨论中，起决定作用的事实是：f 将两不相交的子线段 U_0 和 U_1 拉长再盖到 $J \supset U_0 \cup U_1$ 之上，拉长的倍数 >2. 这样的性质是"经得起 C^1 小扰动的"，即如果 g 在 C^1 意义下充分接近 f，那么 g 也具有类似的性质. 据此，我们得到

定理 2.6 映射 f 在不变集 Λ 是结构稳定的.

证明. 设 g 在 C^1 意义下充分接近 f. 类似于上面的讨论可以得到 g 的紧致的不变集

$$\Lambda' = \bigcap_{j=0}^{\infty} g^{-j}(J) = \bigcup_{s \in \Sigma(2)} U'(s),$$

并可类似地定义

$$h'(s) = U'(s),\quad \forall s \in \Sigma(2).$$

同上面一样，可以证明 $h': \Sigma(2) \to \Lambda'$ 满足

$$g \circ h' = h' \circ \sigma.$$

从交换图表

$$\begin{array}{ccc}
\Lambda & \xrightarrow{f} & \Lambda \\
\uparrow{\scriptstyle h} & & \uparrow{\scriptstyle h} \\
\Sigma(2) & \xrightarrow{\sigma} & \Sigma(2) \\
\downarrow{\scriptstyle h'} & & \downarrow{\scriptstyle h'} \\
\Lambda' & \xrightarrow{g} & \Lambda'
\end{array}$$

可得交换图表

$$\begin{array}{ccc}
\Lambda & \xrightarrow{f} & \Lambda \\
{\scriptstyle H=h'\circ h^{-1}}\downarrow & & \downarrow{\scriptstyle H=h'\circ h^{-1}} \\
\Lambda' & \xrightarrow{g} & \Lambda'
\end{array}$$

即 g 与 f 拓扑共轭.

尚须指出当 g 在 C^1 意义下充分接近于 f 时可以使得

$$d(H(x), x) < \varepsilon, \ \forall x \in \Lambda.$$

这可以从 $h(s)$ 与 $h'(s)$ 充分接近的事实得出. □

§3 Smale 的"马蹄"模型

Smale 构造了被称为"马蹄"的著名模型. 这个例子中的微分同胚 φ,在它的一个不变集上,拓扑共轭于双边符号空间 $\Sigma(2)$ 的移位映射 σ. 下面,我们就来介绍这一著名的例子.

考虑平面 $\mathbb{R}^2$ 上的正方形

$$P = (-1-\varepsilon, 1+\varepsilon) \times (-1-\varepsilon, 1+\varepsilon)$$

和

$$Q = [-1, 1] \times [-1, 1].$$

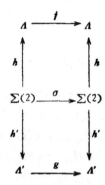

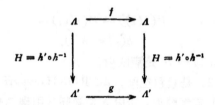

把正方形 P 在竖直方向上拉长（拉伸比>2），在水平方向上压缩$\left(\text{压缩比}<\frac{1}{2}\right)$，做成一竖直的窄长条，然后弯成马蹄形放回到 P 上，如下图所示：

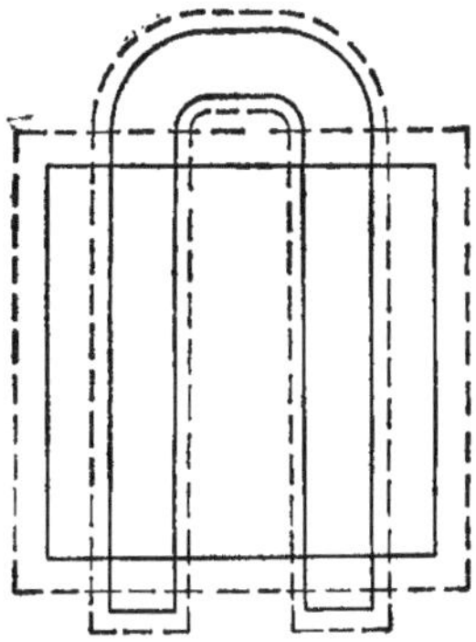

图 11-3-1

用这种方式我们构造了一个映射

$$\varphi: P \rightarrow \mathbb{R}^2.$$

它是从 P 到象集 $\varphi(P)$ 的微分同胚．我们将证明 φ 有一不变集 $\Lambda \subset Q$，而 $\varphi|\Lambda$ 拓扑共轭于双边符号空间 $\sum(2)$ 的移位映射[1]．

首先，我们观察到，

$$V = \varphi(Q) \cap Q$$

由两个不相交的竖条 V_0 和 V_1 组成

$$V = V_0 \cup V_1,$$

每一竖条的宽度小于 Q 的宽度的一半

$$\theta(V_0),\ \theta(V_1) < 1$$

（这里 $\theta(V_i)$ 表示竖条 V_i 的宽度）．

其次，我们注意到 $U = \varphi^{-1}(V)$ 由两个不相交的横条

$$U_0 = \varphi^{-1}(V_0) \text{ 和 } U_1 = \varphi^{-1}(V_1)$$

1）以下的讨论实际上只涉及 φ 在闭正方形 Q 上的性态．但为了便于陈述可微性条件，我们将范围稍许放大而把 φ 定义于开正方形 P 上．

组成

$$U = U_0 \cup U_1,$$

每一横条的厚度小于Q的厚度的一半

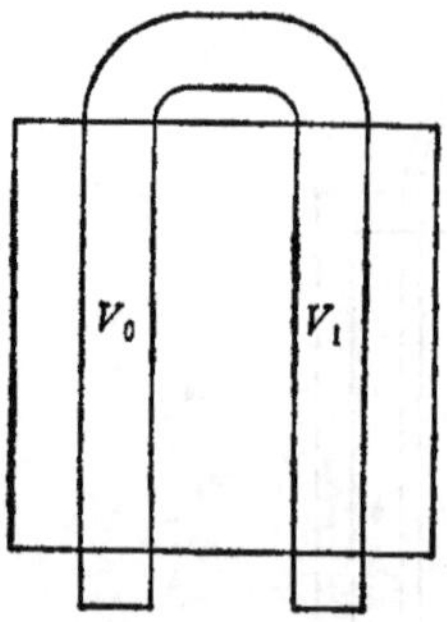

图 11-3-2

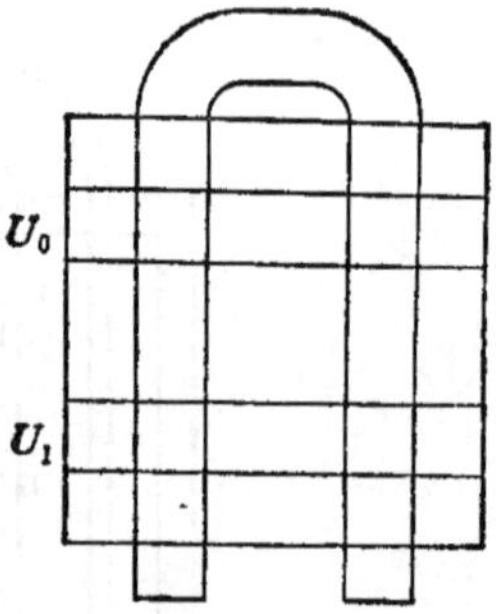

图 11-3-3

$$\theta(U_0),\ \theta(U_1) < 1$$

(这里 $\theta(U_i)$ 表示横条 U_i 的厚度).

以下记

$$U_{ij} = \varphi^{-1}(V_i \cap U_j) = U_i \cap \varphi^{-1}(U_j),\ i, j = 0, 1;$$

$$V_{ij} = \varphi(U_i \cap V_j) = V_i \cap \varphi(V_j),\ i, j = 0, 1.$$

可以看出: U_{ij} 是包含在 U_i 中的横条,其厚度小于 U_i 的厚度的一半

$$\theta(U_{ij}) < \frac{1}{2}\theta(U_i) < \frac{1}{2};$$

V_{ij} 是包含在 V_i 中的竖条,其宽度小于 V_i 的宽度的一半

$$\theta(V_{ij}) < \frac{1}{2}\theta(V_i) < \frac{1}{2}.$$

(参看图 11-3-4 和图 11-3-5.)

一般地,对于

$$s_{-k}, \cdots, s_{-1};\ s_0, s_1, \cdots, s_k \in \{0, 1\} = S(2),$$

我们定义

$$U_{s_0 s_1 \cdots s_k} = \varphi^{-1}(V_{s_0} \cap U_{s_1 \cdots s_k}) = U_{s_0} \cap \varphi^{-1}(U_{s_1 \cdots s_k})$$

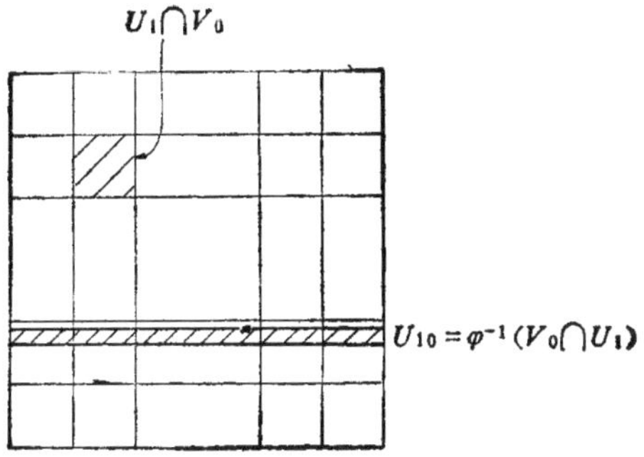

图 11-3-4

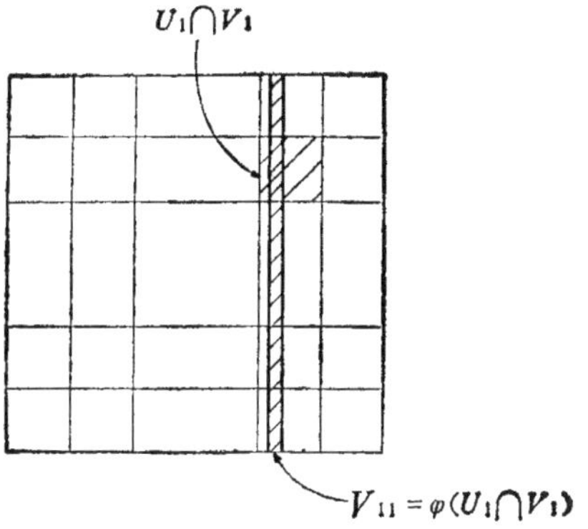

图 11-3-5

$$= U_{s_0} \cap \varphi^{-1}(U_{s_1}) \cap \cdots \cap \varphi^{-k}(U_{s_k}),$$

$$V_{s_{-k}\cdots s_{-2}s_{-1}} = \varphi(U_{s_{-1}} \cap V_{s_{-k}\cdots s_{-2}}) = V_{s_{-1}} \cap \varphi(V_{s_{-k}\cdots s_{-2}})$$

$$= V_{s_{-1}} \cap \varphi(V_{s_{-2}}) \cap \cdots \cap \varphi^{k-1}(V_{s_{-k}}).$$

可以看出，$U_{s_0s_1\cdots s_k}$ 是包含于 $U_{s_0s_1\cdots s_{k-1}}$ 中的一横条，而 $V_{s_{-k}\cdots s_{-1}}$ 是包含于 $V_{s_{-k+1}\cdots s_{-1}}$ 中的一竖条，

引理 3.1 我们有

(i) $\varphi(U_{s_0s_1\cdots s_k}) = V_{s_0} \cap U_{s_1\cdots s_k}$,

$$\varphi(V_{s_{-k}\cdots s_{-1}}) \cap V_{s_0} = V_{s_{-k}\cdots s_{-1}s_0};$$

(ii) $$\theta(U_{s_0s_1\cdots s_k}) < \frac{1}{2}\theta(U_{s_1\cdots s_k}) < \frac{1}{2^k},$$

$$\theta(V_{s_{-k}\cdots s_{-2}s_{-1}}) < \frac{1}{2}\theta(V_{s_{-k}\cdots s_{-2}}) < \frac{1}{2^{k-1}}.$$

证明.

(i) 由定义直接验证即得.

(ii) 根据定义有

$$U_{s_0 s_1\cdots s_k} = \varphi^{-1}(V_{s_0}\cap U_{s_1\cdots s_k}).$$

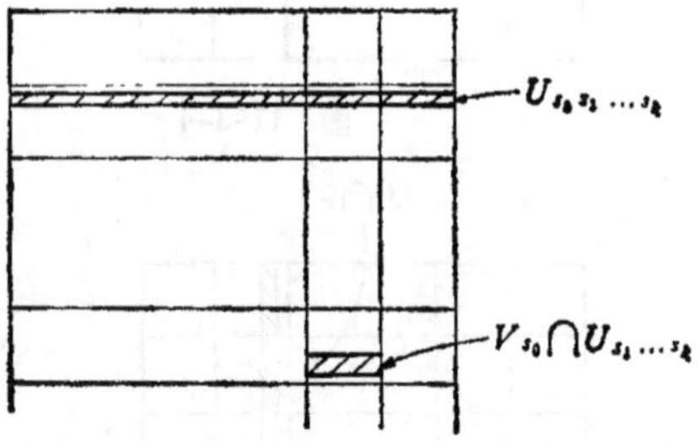

图 11-3-6

因为 φ^{-1} 在竖向上是压缩，压缩比$<\frac{1}{2}$，所以

$$\theta(U_{s_0 s_1\cdots s_k}) < \frac{1}{2}\theta(U_{s_1\cdots s_k}) < \frac{1}{2^k}.$$

类似地可以证明

$$\theta(V_{s_{-k}\cdots s_{-2}s_{-1}}) < \frac{1}{2}\theta(V_{s_{-k}\cdots s_{-2}}) < \frac{1}{2^{k-1}}. \quad \square$$

对于 $s=(\cdots, s_{-2}, s_{-1}; s_0, s_1, s_2, \cdots)\in\Sigma(2)$，我们引入记号

$$U(s) = \bigcap_{j=0}^{\infty}\varphi^{-j}(U_{s_j})$$

$$= \bigcap_{k=0}^{\infty} U_{s_0 s_1\cdots s_k}\left(=\bigcap_{k=1}^{\infty} U_{s_0 s_1\cdots s_k}\right),$$

$$V(s) = \bigcap_{j=1}^{\infty}\varphi^{j-1}(V_{s_{-j}})$$

$$= \bigcap_{k=1}^{\omega} V_{s_{-k}\cdots s_{-1}} \left(= \bigcap_{k=2}^{\infty} V_{s_{-k}\cdots s_{-1}} \right).$$

引理 3.2. 我们有

(i) $\varphi(V(s)\cap U(s)) = V(\sigma(s))\cap U(\sigma(s))$;

(ii) $\#(V(s)\cap U(s)) = 1$.

证明.

(i) 由引理 3.1 的 (i) 可得

$$\varphi(U(s)) = \bigcap_{k=1}^{\infty} \varphi(U_{s_0 s_1 \cdots s_k})$$

$$= V_{s_0} \cap \bigcap_{k=1}^{\infty} U_{s_1 \cdots s_k}$$

$$= V_{s_0} \cap U(\sigma(s)),$$

$$\varphi(V(s)) \cap V_{s_0} = \bigcap_{k=1}^{\infty} \varphi(V_{s_{-k}\cdots s_{-1}}) \cap V_{s_0}$$

$$= \bigcap_{k=1}^{\infty} V_{s_{-k}\cdots s_{-1} s_0}$$

$$= V(\sigma(s)),$$

$$\begin{aligned}\varphi(V(s)\cap U(s)) &= \varphi(V(s)) \cap \varphi(U(s)) \\ &= \varphi(V(s)) \cap V_{s_0} \cap U(\sigma(s)) \\ &= V(\sigma(s)) \cap U(\sigma(s)).\end{aligned}$$

(ii) 对任意 $k\in \mathrm{N}$，我们有

$$V(s)\cap U(s) \subset V_{s_{-k}\cdots s_{-1}} \cap U_{s_0 s_1 \cdots s_k},$$

而

$$\theta(V_{s_{-k}\cdots s_{-1}}) < \frac{1}{2^{k-1}},$$

$$\theta(U_{s_0 s_1 \cdots s_k}) < \frac{1}{2^k}.$$

因而# $(V(s)\cap U(s)) = 1$. □

再引入记号

$$\Lambda = \bigcup_{s \in \Sigma(2)} (V(s) \cap U(s)).$$

把单点集与它所含的唯一点等同视之，我们可以定义一个映射 $h: \Sigma(2) \to \Lambda$ 如下：

$$h(s) = V(s) \cap U(s), \quad \forall s \in \Sigma(2).$$

定理 3.3 (Smale) Λ 是 φ 的一个紧致不变集，并且 $\varphi|\Lambda$ 拓扑共轭于(双边)符号系统 $\sigma: \Sigma(2) \to \Sigma(2)$.

证明. 首先指出 $h: \Sigma(2) \to \Lambda$ 是连续映射. 事实上，如果 $s, t \in \Sigma(2)$ 满足

$$d(s, t) < \frac{1}{2^k},$$

那么 $h(s)$ 和 $h(t)$ 就落在一个宽度 $<\frac{1}{2^{k-1}}$，厚度$<\frac{1}{2^k}$的矩形之中

$$h(s), \ h(t) \in V_{s_{-k} \cdots s_{-1}} \cap U_{s_0 s_1 \cdots s_k}.$$

这证明了 h 的连续性.

其次证明 h 的单一性. 设 $s, t \in \Sigma(2)$. 如果存在 $k \in \mathbf{Z}$, $k \geq 0$，使 $s_k \neq t_k$，那么

$$U_{s_k} \cap U_{t_k} = \varnothing,$$

$$\varphi^k(h(s)) \in U_{s_k}, \ \varphi^k(h(t)) \in U_{t_k},$$

因而

$$h(s) \neq h(t).$$

如果存在 $l \in \mathbf{Z}$, $l > 0$，使得 $s_{-l} \neq t_{-l}$，那么

$$V_{s_{-l}} \cap V_{t_{-l}} = \varnothing,$$

$$\varphi^{-(l-1)}(h(s)) \in V_{s_{-l}}, \ \varphi^{-(l-1)}(h(t)) \in V_{t_{-l}},$$

因而也有

$$h(s) \neq h(t).$$

余下的证明过程与定理 2.5 的证明完全类似，读者可自行补足. □

§4 产生"马蹄"式移位不变集的更一般的条件

仔细地分析上节中的模型,我们发现起关键作用的因素是:不相交的横条与不相交的竖条之间的一定的映射关系,以及这些条的厚度和宽度的一定的控制关系. 我们对这些关键因素加以概括和推广,给出产生"马蹄"式移位不变集的更一般的条件.

先叙述若干定义.

对于给定的 $0<\mu<1$,如果 $u:[-1,1]\to[-1,1]$满足条件

$$|u(x_1)-u(x_2)|\leqslant\mu|x_1-x_2|,$$
$$\forall x_1,\ x_2\in[-1,1],$$

则称曲线 $y=u(x)$ 为 μ 横曲线.

如果两条 μ 横曲线 $y=u_1(x)$ 和 $y=u_2(x)$ 满足

$$-1\leqslant u_1(x)<u_2(x)\leqslant 1$$

则称

$$U=\{(x,y)|-1\leqslant x\leqslant 1,\ u_1(x)\leqslant y\leqslant u_2(x)\}$$

为一个 μ 横条,这横条的厚度定义为

$$\theta(U)=\max_{-1\leqslant x\leqslant 1}\{u_2(x)-u_1(x)\}$$

类似地,如果函数 $v:[-1,1]\to[-1,1]$ 满足条件

$$|v(y_1)-v(y_2)|\leqslant\mu|y_1-y_2|,$$
$$\forall y_1,\ y_2\in[-1,1],$$

则称曲线 $x=v(y)$ 为 μ 竖曲线. 类似地可以定义 μ 竖条 V 及其宽度 $\theta(V)$.

引理 4.1 设有一串 μ 横条

$$U^{(1)}\supset U^{(2)}\supset\cdots\supset U^{(k)}\supset U^{(k+1)}\supset\cdots$$

满足

$$\lim_{k\to+\infty}\theta(U^{(k)})=0,$$

则这些 μ 横条之交

$$\bigcap_{k=1}^{\infty}U^{(k)}$$

是一 μ 横曲线.

类似的结果对 μ 竖条也成立.

证明. 设

$$U^{(k)}=\{(x,y)\mid -1\leqslant x\leqslant 1,\ u_1^{(k)}(x)\leqslant y\leqslant u_2^{(k)}(x)\}.$$

对于固定的 $x\in[-1,1]$, 存在极限

$$\lim_{k\to+\infty} u_1^{(k)}(x)=\lim_{k\to+\infty} u_2^{(k)}(x)=u(x).$$

这样定义了一个函数

$$u:[-1,1]\to[-1,1],$$

满足

$$|u(x_1)-u(x_2)|\leqslant\mu|x_1-x_2|,\quad \forall x_1,x_2\in[-1,1].$$

曲线 $y=u(x)$ 即为横条 $U^{(k)}(k=1,2,\cdots)$ 之交集. □

引理 4.2 一条 μ 横曲线 $y=u(x)$ 和一条 μ 竖曲线 $x=v(y)$ 相交于唯一的交点.

证明. 我们要证明以下方程组有唯一解

$$\begin{cases}y=u(x),\\ x=v(y).\end{cases}$$

把第一方程代入第二方程得

$$x=v(u(x)).$$

因为

$$\begin{aligned}|v(u(x_1))-v(u(x_2))|&\leqslant\mu|u(x_1)-u(x_2)|\\&\leqslant\mu^2|x_1-x_2|,\\&\quad\forall x_1,x_2\in[-1,1],\end{aligned}$$

所以 $v\circ u$: $[-1,1]\to[-1,1]$ 有唯一的不动点. □

由这一引理, 由 μ 横曲线 u 和 μ 竖曲线 v 组成的曲线对决定了唯一的一点 $z=(x,y)\in Q=[-1,1]\times[-1,1]$. 以下记

$$\|u\|=\max_{-1\leqslant x\leqslant 1}\{|u(x)|\},$$

$$\|v\| = \max_{-1\leqslant x\leqslant 1}\{|v(x)|\},$$

$$|z| = \max\{|x|, |y|\}.$$

引理 4.3 设 $z_j = (x_j, y_j)$ 是 μ 横曲线 u_j 和 μ 竖曲线 v_j 的交点 $(j = 1, 2)$，则有以下估计

$$|z_1 - z_2| \leqslant \frac{1}{1-\mu}\max\{\|u_1 - u_2\|, \|v_1 - v_2\|\}$$

证明．我们有

$$\begin{aligned}|x_1 - x_2| &= |v_1(y_1) - v_2(y_2)| \\ &\leqslant |v_1(y_1) - v_1(y_2)| + |v_1(y_2) - v_2(y_2)| \\ &\leqslant \mu|y_1 - y_2| + \|v_1 - v_2\| \\ &\leqslant \mu|z_1 - z_2| + \|v_1 - v_2\|.\end{aligned}$$

类似地有

$$\begin{aligned}|y_1 - y_2| &\leqslant \mu|x_1 - x_2| + \|u_1 - u_2\| \\ &\leqslant \mu|z_1 - z_2| + \|u_1 - u_2\|.\end{aligned}$$

于是

$$|z_1 - z_2| \leqslant \mu|z_1 - z_2| + \max\{\|u_1 - u_2\|, \|v_1 - v_2\|\},$$

$$|z_1 - z_2| \leqslant \frac{1}{1-\mu}\max\{\|u_1 - u_2\|, \|v_1 - v_2\|\}. \quad \square$$

推论 4.4 如果 μ 横曲线 u 与 μ 竖条 V 的两竖边 v_1 和 v_2 分别相交于 z_1 和 z_2，那么

$$|z_1 - z_2| \leqslant \frac{1}{1-\mu}\theta(V).$$

类似地，如果 μ 竖曲线 v 与 μ 横条 U 的两横边 u_1 和 u_2 分别交于 z_1 和 z_2，那么

$$|z_1 - z_2| \leqslant \frac{1}{1-\mu}\theta(U).$$

证明．在引理 4.3 中，分别考虑 $u_1 = u_2 = u$ 和 $v_1 = v_2 = v$ 的特殊情形． $\square$

以下设 $\phi: Q \to \mathbf{R}^2$ 是从 Q 到 $\phi(Q)$ 的同胚；$U_0, \cdots, U_{N-1}$ 是 Q 中 N 个两两不相交的 μ 横条，$V_0, \cdots, V_{N-1}$ 是 Q 中 N 个两两

不相交的μ竖条，我们给出。

条件(I) 对于 $j=0,\cdots,N-1$，

$$\phi(U_j)=V_j,$$

并且ϕ把U_j的横边变成V_j的横边，把U_j的竖边变成V_j的竖边。

条件(II) 对于任意μ横条 $U\subset\bigcup_{j=0}^{N-1}U_j$，

$$\widetilde{U}_k=\phi^{-1}(V_k\cap U)$$

是包含在U_k中的μ横条，满足

$$\theta(\widetilde{U}_k)\leqslant\nu\theta(U);$$

对于任意μ竖条$V\subset\bigcup_{j=0}^{N-1}V_j$，

$$\widetilde{V}_l=\phi(U_l\cap V)$$

是包含在V_l中的μ竖条，满足

$$\theta(\widetilde{V}_l)\leqslant\nu\theta(V).$$

这里 $0<\nu<1$。

在这些条件下，我们可以证明，ϕ具有紧致不变集 $\Delta\subset Q$，$\phi|\Delta$ 拓扑共轭于双边符号系统 $\sigma:\sum(N)\to\sum(N)$。

类似于上一节中的做法，对于

$$s_{-k},\cdots,s_{-1};\ s_0,s_1,\cdots,s_k\in S(N),$$

我们引入记号

$$\begin{aligned}U_{s_0s_1\cdots s_k}&=\phi^{-1}(V_{s_0}\cap U_{s_1\cdots s_k})=U_{s_0}\cap\phi^{-1}(U_{s_1\cdots s_k})\\&=U_{s_0}\cap\phi^{-1}(U_{s_1})\cap\cdots\cap\phi^{-k}(U_{s_k}),\\V_{s_{-k}\cdots s_{-2}s_{-1}}&=\phi(U_{s_{-1}}\cap V_{s_{-k}\cdots s_{-2}})=V_{s_{-1}}\cap\phi(V_{s_{-k}\cdots s_{-2}})\\&=V_{s_{-1}}\cap\phi(V_{s_{-2}})\cap\cdots\cap\phi^{k-1}(V_{s_{-k}}).\end{aligned}$$

依据条件(I)和(II)，容易证明 $U_{s_0s_1\cdots s_k}$ 是包含在 $U_{s_0s_1\cdots s_{k-1}}$ 之中的μ横条，$V_{s_{-k}\cdots s_{-1}}$ 是包含在 $V_{s_{-k+1}\cdots s_{-1}}$ 之中的μ竖条。

引理 4.5 我们有

(i) $\phi(U_{s_0s_1\cdots s_k})=V_{s_0}\cap U_{s_1\cdots s_k}$，

$$\phi(V_{s_{-k}\cdots s_{-1}})\cap V_{s_0}=V_{s_{-k}\cdots s_{-1}s_0};$$

(ii) $\theta(U_{s_0s_1\cdots s_k})\leqslant\nu\theta(U_{s_1\cdots s_k})<\nu^k$，

$$\theta(V_{s_{-k}\cdots s_{-2}s_{-1}}) \leqslant \nu\theta(V_{s_{-k}\cdots s_{-2}}) < \nu^{k-1}. \qquad \square$$

又,对于 $s = (\cdots, s_{-2}, s_{-1}; s_0, s_1, \cdots) \in \sum(N)$
引入记号

$$U(s) = \bigcap_{j=0}^{\infty} \phi^{-j}(U_{s_j})$$

$$= \bigcap_{k=0}^{\infty} U_{s_0 s_1 \cdots s_k} \left(= \bigcap_{k=1}^{\infty} U_{s_0 s_1 \cdots s_k} \right),$$

$$V(s) = \bigcap_{j=1}^{\infty} \phi^{j-1}(V_{s_{-j}})$$

$$= \bigcap_{k=1}^{\infty} V_{s_{-k}\cdots s_{-1}} \left(= \bigcap_{k=2}^{\infty} V_{s_{-k}\cdots s_{-1}} \right).$$

我们有:

引理 4.6

(i) $\phi(V(s) \cap U(s)) = V(\sigma(s)) \cap U(\sigma(s))$,

(ii) $\#(V(s) \cap U(s)) = 1$.

证明.

(i) 类似于引理 3.2 的 (i),读者自证之.

(ii) 由引理 4.2 可知,μ 竖曲线 $V(s)$ 与 μ 横曲线 $U(s)$ 相交于唯一的一点. $\square$

再引入记号

$$\triangle = \bigcup_{s \in \sum(N)} (V(s) \cap U(s)),$$

同以前一样可以证明

定理 4.7 $\triangle$ 是 ϕ 的紧致不变集,$\phi|\triangle$ 拓扑共轭于(双边)符号系统 $\sigma: \sum(N) \to \sum(N)$.

证明. 将单点集等同于它所包含的唯一点,我们可以定义 $h:$ $\sum(N) \to \triangle$ 如下

$$h(s) = V(s) \cap U(s).$$

这里只验证 h 的连续性,其余的证明请读者参照上节自行补足.如

果 $s, t \in \sum(N)$ 满足

$$d(s, t) < \frac{1}{2^k},$$

那么

$$h(s), h(t) \in V_{s_{-k}\cdots s_{-1}} \cap U_{s_0 s_1 \cdots s_k},$$

于是由引理 4.3 可得

$$|h(s) - h(t)| \leqslant \frac{1}{1-\mu} \max\{\theta(V_{s_{-k}\cdots s_{-1}}), \theta(U_{s_0 s_1 \cdots s_k})\}$$

$$\leqslant \frac{\nu^{k-1}}{1-\mu}. \quad \square$$

§5 涉及微分的条件

上节中的条件 (II) 比较难验证. 本节继续上面的讨论并用涉及微分的条件 (III) 代替 (II).

设 C^1 映射 $\psi: P \to \mathbb{R}^2$ 是到其象集 $\psi(P)$ 的微分同胚，它的坐标表示式为

$$\psi: \begin{cases} x_1 = f(x_0, y_0), \\ y_1 = g(x_0, y_0), \end{cases}$$

这里 $(x_1, y_1) = \psi(x_0, y_0)$. ψ 的切映射 $d\psi$ 把 (x_0, y_0) 处的切向量 (ξ_0, η_0) 变成为 (x_1, y_1) 处的切向量 (ξ_1, η_1)

$$d\psi: \begin{cases} \xi_1 = f_x \xi_0 + f_y \eta_0, \\ \eta_1 = g_x \xi_0 + g_y \eta_0. \end{cases}$$

我们陈述涉及微分的条件如下.

条件 (III)

(III)$^+$ 对任意 $p \in \bigcup_{j=0}^{N-1} U_j$, $(d\psi)_p$ 把 p 点切空间中的 μ 竖扇形

$$S_p^+ = \{(\xi_0, \eta_0) \mid |\xi_0| \leqslant \mu |\eta_0|\}$$

映入到 $\psi(p)$ 点的切空间中类似的扇形之中

$$(d\psi)_p(S_p^+)\subset S_{\psi(p)}^+=\{(\xi_1,\eta_1)\,|\,|\xi_1|\leqslant\mu|\eta_1|\},$$
并且 $(\xi_0,\eta_0)\in S_p^+$ 和相应的 $(\xi_1,\eta_1)=(d\psi)_p(\xi_0,\eta_0)\in S_{\psi(p)}^+$ 应满足

$$|\eta_1|\geqslant\mu^{-1}|\eta_0|;$$

(III)⁻ 对任意 $q\in\bigcup_{j=0}^{N-1}V_j$, $(d\psi^{-1})_q$ 把 q 点的切空间中的 μ 横扇形

$$S_q^-=\{(\xi_1,\eta_1)\,|\,|\eta_1|\leqslant\mu|\xi_1|\}$$
映入到 $\psi^{-1}(q)$ 点切空间的相应扇形之中
$$(d\psi^{-1})_q(S_q^-)\subset S_{\psi^{-1}(q)}^-=\{(\xi_0,\eta_0)\,|\,|\eta_0|\leqslant\mu|\xi_0|\},$$
并且 $(\xi_1,\eta_1)\in S_q^-$ 和相应的 $(\xi_0,\eta_0)=(d\psi^{-1})_q(\xi_1,\eta_1)\in S_{\psi^{-1}(q)}^-$ 应满足

$$|\xi_0|\geqslant\mu^{-1}|\xi_1|.$$

注记 5.1 在某种意义下，条件 (III) 意味着 ψ 沿纵向拉长沿横向收缩.

我们将证明以下蕴含关系
$$(\text{I})+(\text{III})\Longrightarrow(\text{II}).$$
为此,先做一些准备.

引理 5.2 存在光滑函数 $\beta:\mathbb{R}\to\mathbb{R}$ 满足

(i) $\beta(t)\begin{cases}>0, & \text{如果 } |t|<1,\\ =0, & \text{如果 } |t|\geqslant 1;\end{cases}$

(ii) $\beta(-t)=\beta(t)$, $\forall t\in\mathbb{R}$;

(iii) $\int_{\mathbb{R}}\beta(t)dt=1$.

证明. 先取
$$\alpha(t)=\begin{cases}e^{t^2-1}, & \text{如果 } |t|<1,\\ 0, & \text{如果 } |t|\geqslant 1.\end{cases}$$
然后令
$$\beta(t)=\frac{\alpha(t)}{\int_{\mathbb{R}}\alpha(t)dt}.\quad\square$$

引理 5.3 设 $v:[-1,1]\to\mathbf{R}$ 满足

$$|v(t_1)-v(t_2)|\leqslant\mu|t_1-t_2|,\ \forall t_1,t_2\in[-1,1],$$

$$|v(t)|\leqslant 1,\ \forall t\in[-1,1],$$

那么对任意 $\varepsilon>0$，存在光滑函数 $\tilde{v}:\mathbf{R}\to\mathbf{R}$ 满足

$$|\tilde{v}(t_1)-\tilde{v}(t_2)|\leqslant\mu|t_1-t_2|,\ \forall t_1,t_2\in\mathbf{R},$$

$$|\tilde{v}(t)|\leqslant 1,\ \forall t\in\mathbf{R},$$

$$|\tilde{v}(t)-v(t)|<\varepsilon,\ \forall t\in[-1,1].$$

证明. 补充规定

$$v(t)=\begin{cases}v(-1), & \text{如果 } t<-1,\\ v(1), & \text{如果 } t>1,\end{cases}$$

我们把 v 的定义域扩充到整个实数轴 $\mathbf{R}$. 显然扩充后的函数满足

$$|v(t_1)-v(t_2)|\leqslant\mu|t_1-t_2|,\ \forall t_1,t_2\in\mathbf{R},$$

$$|v(t)|\leqslant 1,\ \forall t\in\mathbf{R}.$$

对于 $0<\lambda<\mu^{-1}\varepsilon$，我们置

$$\tilde{v}(t)=\frac{1}{\lambda}\int_{\mathbf{R}}\beta\left(\frac{t-s}{\lambda}\right)v(s)ds$$

$$=\int_{\mathbf{R}}\beta(r)v(t+\lambda r)dr.$$

易见 $\tilde{v}\in C^\infty(\mathbf{R},\mathbf{R})$ 并且满足

$$|\tilde{v}(t_1)-\tilde{v}(t_2)|\leqslant\int\beta(r)|v(t_1+\lambda r)-v(t_2+\lambda r)|dr$$

$$\leqslant\mu|t_1-t_2|,\ \forall t_1,t_2\in\mathbf{R},$$

$$|\tilde{v}(t)|\leqslant\int\beta(r)|v(t+\lambda r)|dr\leqslant 1,\ \forall t\in\mathbf{R};$$

$$|\tilde{v}(t)-v(t)|=\int\beta(r)|v(t+\lambda r)-v(t)|dr$$

$$\leqslant\mu\lambda\int\beta(r)|r|dr$$

$$\leqslant\mu\lambda\int\beta(r)dr<\varepsilon,\ \forall t\in\mathbf{R}.\quad\square$$

引理 5.4 设 $\psi:P\to\mathbf{R}^2$ 是到象集 $\psi(P)$ 的微分同胚，满足条

件 (I) 和 (III); $\gamma\subset\bigcup_{j=0}^{N-1}V_j$ 是一条 μ 竖曲线，$\delta\subset\bigcup_{j=0}^{N-1}U_j$ 是一条 μ 横曲线. 则 ϕ 把 $\hat{\gamma}=U_k\cap\gamma$ 映成 V_k 中的一条 μ 竖曲线 $\phi(\hat{\gamma})$，ϕ^{-1} 把 $\check{\delta}=V_l\cap\delta$ 映成 U_l 中的一条 μ 横曲线 $\phi^{-1}(\check{\delta})$.

证明. 设 γ 由 $x=v(y)$ 给出，这里 v 满足

$$|v(y_1)-v(y_2)|\leqslant\mu|y_1-y_2|,\ \forall y_1,\ y_2\in[-1,1].$$

如果 γ 是光滑的，那么容易得到

$$|v'(y)|\leqslant\mu,\ \forall y\in[-1,1].$$

因而

$$(v'(y),1)\in S^+,\ \forall y\in[-1,1].$$

对任意不相同的点 (x_1,y_1) 和 $(x_2,y_2)\in\hat{\gamma}$，记

$$(x_3,y_3)=\phi(x_1,y_1),\ 即\ \begin{cases}x_3=f(x_1,y_1),\\ y_3=g(x_1,y_1);\end{cases}$$

$$(x_4,y_4)=\phi(x_2,y_2),\ 即\ \begin{cases}x_4=f(x_2,y_2),\\ y_4=g(x_2,y_2).\end{cases}$$

利用 Cauchy 中值公式和条件 (III) 可得

$$\begin{aligned}\left|\frac{x_3-x_4}{y_3-y_4}\right|&=\left|\frac{f(v(y_1),y_1)-f(v(y_2),y_2)}{g(v(y_1),y_1)-g(v(y_2),y_2)}\right|\\&=\left|\frac{f_x(v(\zeta),\zeta)v'(\zeta)+f_y(v(\zeta),\zeta)}{g_x(v(\zeta),\zeta)v'(\zeta)+g_y(v(\zeta),\zeta)}\right|\\&\leqslant\mu,\end{aligned}$$

即

$$|x_3-x_4|\leqslant\mu|y_3-y_4|.$$

因而 $\phi(\hat{\gamma})$ 是一个函数 $x=w(y)$ 的图象，并且

$$|w(y_3)-w(y_4)|\leqslant\mu|y_3-y_4|,\quad\forall y_3,\ y_4\in[-1,1].$$

对于 γ 不一定光滑的一般情形，根据引理 5.3，我们可以用一条光滑的 μ 竖曲线 $\tilde{\gamma}$ 来一致逼近 γ. 记 $\hat{\tilde{\gamma}}=U_k\cap\tilde{\gamma}$，则 $\phi(\hat{\tilde{\gamma}})$ 是一条 μ 竖曲线，而当 $\tilde{\gamma}$ 一致收敛于 γ 时，$\phi(\hat{\tilde{\gamma}})$ 一致收敛于 $\phi(\hat{\gamma})$. 这证明了 $\phi(\hat{\gamma})$ 也是一条 μ 竖曲线. □

命题 5.5 设 C^1 映射 $\psi: P \to \mathbb{R}^2$ 是到象集 $\psi(P)$ 的微分同胚。如果 ψ 对于 $0<\mu<\frac{1}{2}$ 满足条件 (I) 和 (III)，那么它对于 $\nu=\frac{\mu}{1-\mu}$ 满足条件 (II)。

证明. 设 $V\subset\bigcup_{j=0}^{N-1}V_j$ 是一个 μ 竖条. 由引理 5.4，显然 ψ 把 $U_k\cap V$ 变成 μ 竖条

$$\widetilde{V}_k=\psi(U_k\cap V)\subset V_k.$$

还需要验证关于宽度的要求是否得到满足. 设 p_0 和 p_1 是，在

$$\widetilde{V}_k=\psi(U_k\cap V)$$

的边界竖曲线 $\psi(\hat{\gamma}_0)$ 和 $\psi(\hat{\gamma}_1)$ 上，有相同纵坐标的两点. 以平行于横轴的直线段 $p=p(t)\ (t\in[0,1])$ 联结这两点

$$p(t)=(1-t)p_0+tp_1,\quad t\in[0,1].$$

显然

$$\dot{p}(t)=p_1-p_0\in S^-_{p(t)}.$$

考虑曲线 $z=z(t)$，这里

$$z(t)=\psi^{-1}(p(t)),\quad t\in[0,1].$$

由条件 (III) 可知 $z(t)=(x(t),y(t))$ 满足

$$\dot{z}(t)=d\psi^{-1}(\dot{p}(t))\in S^-_{z(t)},$$

$$|\dot{x}(t)|\geqslant\mu^{-1}|\dot{p}(t)|>0.$$

因为 $\dot{x}(t)$ 对于 $t\in[0,1]$ 不变号，所以

$$\begin{aligned}|p_1-p_0|&=\int_0^1|\dot{p}(t)|\,dt\\&\leqslant\mu\int_0^1|\dot{x}(t)|\,dt\\&=\mu|x(1)-x(0)|\leqslant\mu|z(1)-z(0)|.\end{aligned}$$

注意到 $z=z(t)$ 是一条 μ 横曲线，而 $z(0)$ 和 $z(1)$ 分别是这 μ 横曲线与 μ 竖曲线 γ_0 和 γ_1 的交点，由推论 4.4 可知

$$|z(1)-z(0)|\leqslant\frac{1}{1-\mu}\theta(V),$$

$$|p_1 - p_0| \leqslant \frac{\mu}{1-\mu}\theta(V).$$

这证明了：对于 $\nu = \dfrac{\mu}{1-\mu}$,

$$\theta(\widetilde{V}_k) \leqslant \nu\theta(V). \quad \square$$

§6 Smale "马蹄"模型中的移位不变集的结构稳定性

Smale "马蹄"模型中的映射 $\varphi: P \to \mathbb{R}^2$ 显然满足条件 (I) 和 (III). 我们将指出，φ 经过 C^1 小扰动之后，仍能满足这些条件.

引理 6.1 设 $0<\mu<1$. 则对于在 C^1 意义下充分接近于 φ 的 ψ,

$$\psi(\{\pm 1\} \times [-1+\delta, -\delta]) \cap Q$$

和

$$\psi(\{\pm 1\} \times [\delta, 1+\delta]) \cap Q$$

都是 μ 竖曲线.

证明. 对适当的 α 和 β, 考察

$$p(t) = (\pm 1, t), \quad t \in [\alpha, \beta],$$

及其在 ψ 作用下的象

$$(x(t), y(t)) = (x_\psi(t), y_\psi(t)) = \psi(p(t)).$$

我们知道，当 $\psi = \varphi$ 时

$$\left|\frac{\dot{x}_\varphi(t)}{\dot{y}_\varphi(t)}\right| = 0.$$

所以当 ψ 在 C^1 意义下充分接近 φ 时应有

$$\left|\frac{\dot{x}(t)}{\dot{y}(t)}\right| = \left|\frac{\dot{x}_\psi(t)}{\dot{y}_\psi(t)}\right| \leqslant \mu.$$

这时显然有

$$|x(t_1) - x(t_2)| \leqslant \mu|y(t_1) - y(t_2)|,$$
$$\forall t_1, t_2 \in [\alpha, \beta].$$

即 $\psi(p(t))\cap Q$ 是一条 μ 竖曲线. □

注记 6.2 由上面引理很容易看出，对于在 C^1 意义下充分接近 φ 的 ψ, 条件 (I) 仍然成立.

下面考虑 $\mathbf{R}^2$ 中的 μ 竖扇形

$$S^+=\{(\xi,\eta)\in\mathbf{R}^2\,|\,|\xi|\leqslant\mu|\eta|\}$$

和 μ 横扇形

$$S^-=\{(\xi,\eta)\in\mathbf{R}^2\,|\,|\eta|\leqslant\mu|\xi|\}.$$

引理 6.3 设线性映射

$$A=\begin{bmatrix}a_{11} & a_{12}\\ a_{21} & a_{22}\end{bmatrix}:\mathbf{R}^2\to\mathbf{R}^2 \tag{6.1}$$

满足条件

$$0<\frac{|a_{12}|+|a_{11}|\mu}{|a_{22}|-|a_{21}|\mu}\leqslant\mu\quad\left(0<\frac{|a_{21}|+|a_{22}|\mu}{|a_{11}|-|a_{12}|\mu}\leqslant\mu\right),$$

则

$$A(S^+)\subset S^+\ (AS^-\subset S^-).$$

证明. 设 $(\xi_0,\eta_0)\in S^+$,

$$\begin{cases}\xi_1=a_{11}\xi_0+a_{12}\eta_0,\\ \eta_1=a_{21}\xi_0+a_{22}\eta_0.\end{cases} \tag{6.2}$$

则

$$\begin{aligned}|\xi_1|=|a_{11}\xi_0+a_{12}\eta_0|&\leqslant(|a_{12}|+|a_{11}|\mu)|\eta_0|\\ &\leqslant\mu(|a_{22}|-|a_{21}|\mu)|\eta_0|\\ &\leqslant\mu|a_{21}\xi_0+a_{22}\eta_0|=\mu|\eta_1|.\end{aligned}$$

论断的另一部分(括号中的部分)可以类似地加以证明. □

引理 6.4 对于 $0<\tau<\mu<1$, 可以选择充分小的 $\varepsilon>0$, 使得只要线性映射 (6.1) 满足条件

$$\begin{bmatrix}\leqslant\tau+\varepsilon & \leqslant\varepsilon\\ \leqslant\varepsilon & \geqslant\tau^{-1}-\varepsilon\end{bmatrix}, \tag{6.3}$$

就有

$$A(S^+)\subset S^+. \tag{6.4}$$

证明. 我们有

$$\frac{|a_{12}| + |a_{11}|\mu}{|a_{22}| - |a_{21}|\mu} \leqslant \frac{\varepsilon + (\tau + \varepsilon)\mu}{\tau^{-1} - \varepsilon - \varepsilon\mu}.$$

当 $\varepsilon = 0$ 时上式右端为

$$\frac{\tau\mu}{\tau^{-1}} = \tau^2\mu < \mu.$$

所以当 ε 充分小时仍有

$$\frac{\varepsilon + (\tau + \varepsilon)}{\tau^{-1} - \varepsilon - \varepsilon\mu} < \mu. \quad \square$$

注记 6.5 在上一引理中，可以把条件 (6.3) 换成

$$\begin{bmatrix} \geqslant\tau^{-1} - \varepsilon & \leqslant\varepsilon \\ \leqslant\varepsilon & \leqslant\tau + \varepsilon \end{bmatrix}, \tag{6.3}$$

同时把结论换成

$$A(S^-)\subset S^-. \tag{6.4)'$$

引理 6.6 我们沿用引理 6.4 的条件和记号. 只要 $\varepsilon > 0$ 充分小，就可以使得

$$|\eta_1| \geqslant \mu^{-1}|\eta_0|, \ \forall(\xi_0, \eta_0) \in S^+. \tag{6.5}$$

证明. 由 (6.2) 和 (6.3) 易得

$$\begin{aligned} |\eta_1| &= |a_{21}\xi_0 + a_{22}\eta_0| \\ &\geqslant (|a_{22}| - |a_{21}|\mu)|\eta_0| \\ &\geqslant (\tau^{-1} - \varepsilon - \varepsilon\mu)|\eta_0|. \end{aligned}$$

当 $\varepsilon = 0$ 时

$$\tau^{-1} - 0 - 0 = \tau^{-1} > \mu^{-1}.$$

所以当 ε 充分小时仍有

$$\tau^{-1} - \varepsilon - \varepsilon\mu > \mu^{-1}. \quad \square$$

注记 6.7 在上一引理中，可以把条件 (6.3) 换成条件 (6.3)'，同时把结论换成

$$|\xi_1| \geqslant \mu^{-1}|\xi_0|, \ \forall(\xi_0, \eta_0) \in S^-. \tag{6.5)'$$

定理 6.8 Smale "马蹄" 模型中的 φ 在其移位不变集 Λ 上是结构稳定的.

证明. 由上面的讨论(引理和注记 6.1—6.7) 可知，对于在 C^1

意义下充分接近于φ的ψ，条件(I)和条件(III)得到满足，因而ψ也有一个相似于Λ的移位不变集Δ. 仿照定理 2.6 就可以完成本定理的证明. □

§7 关于 Cantor 集的一点注记

我们注意到，在§2和§3的各例中出现的移位不变集，都具有类似于 Cantor 集的构造. 这并非偶然现象. 事实上，拓扑学中的一个定理告诉我们：任何紧致的，完全的，完全不连通的距离空间都同胚于 Cantor 三分集. 据此，我们可以断定：任何移位不变集都同胚于 Cantor 三分集.（参看[18]，第97页.）

第十二章　向量丛与 Riemann 几何介绍

我们的目标是研究紧致微分流形上微分动力系统的大范围性态．为此，需要用到一些大范围的分析工具．这主要是下一章将要介绍的截面空间与映射流形．本章介绍为引入这些工具所必需的基础知识．已经熟悉这一部分内容的读者可以浏览一遍主要的定义和结果，然后转入下一章．

§1　向量丛与转换函数系

通常的 Euclid 空间本身具有两重结构：拓扑结构与线性结构．因此，映射在一点邻近的线性化(微分)可以在这空间自身中进行，而"弯曲"的空间(一般的微分流形)不能具有整体的线性结构，为了进行线性化的讨论，必须按一定的方式给其每一点配上一个线性空间(切空间)．一般说来，一个给定的拓扑空间或者微分流形，其每一点都按一定方式结合一个线性空间，这样的结构就是向量丛．下面我们来叙述其定义．

定义 1.1（**向量丛**）　设 E，X 是拓扑空间，$\pi: E \to X$ 是满连续映射，k 是一个自然数．我们说

$$(E, \pi, X, \mathbf{R}^k)$$

是一个 k 维实向量丛（有时也说 $\pi: E \to X$ 是一个 k 维实向量丛，或者更简单地说 E 是一个 k 维实向量丛)，如果

（1）对任意 $x \in X$，

$$E_x = \pi^{-1}(x)$$

具有 k 维实向量空间结构；

（2）对任意 $x_0 \in X$，存在 x_0 在 X 中的开邻域 U 和同胚

$$h: \pi^{-1}(U) \to U \times \mathbf{R}^k,$$

满足下列条件：

（2a）$p_1 \circ h = \pi$，即以下图表可交换，

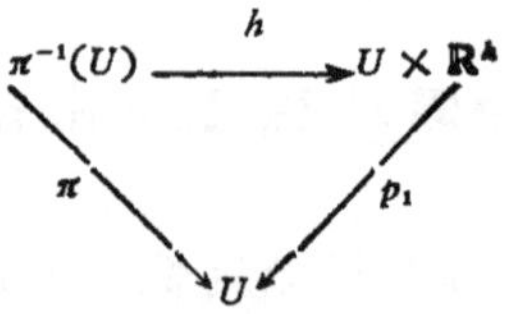

这里 p_1 是从乘积空间 $U \times \mathbf{R}^k$ 到第一个因子 U 的投影，

（2b）对任意 $x \in U$

$$h|\pi^{-1}(x): \pi^{-1}(x) \to \{x\} \times \mathbf{R}^k$$

是线性空间的同构.

上述开集 U 称为是 x_0 点的一个局部平凡化邻域，$h: \pi^{-1}(U) \to U \times \mathbf{R}^k$ 称为是相应的局部平凡化同胚，有时也就简称为局部平凡化.

对于向量丛 $(E, \pi, X, \mathbf{R}^k)$，$E$ 称为全空间，X 称为底空间，π 称为向量丛的投影，$E_x = \pi^{-1}(x)$ 称为向量丛在点 x 上的纤维，$\mathbf{R}^k$ 称为是向量丛的纤维型.

特别地，如果 E，X 是 C^r 微分流形，$\pi: E \to X$ 是 C^r 淹没(submersion)，并要求所涉及的局部平凡化

$$h: \pi^{-1}(U) \to U \times \mathbf{R}^k$$

是 C^r 微分同胚，则把这样的向量丛 $(E, \pi, X, \mathbf{R}^k)$ 称为是 C^r 向量丛，C^∞ 向量丛又称光滑向量丛.

定义 1.2（保持纤维的映射） 设$(E, \pi, X, \mathbf{R}^k)$ 和 $(E', \pi', X', \mathbf{R}^{k'})$ 是两个向量丛，Q 是 E 的子集，$F: Q \to E'$ 和 $f: \pi(Q) \to X'$ 是两个映射. F 称为是覆盖 f 的一个保持纤维的映射，如果

$$\pi' \circ F = f \circ \pi,$$

即以下图表可交换.

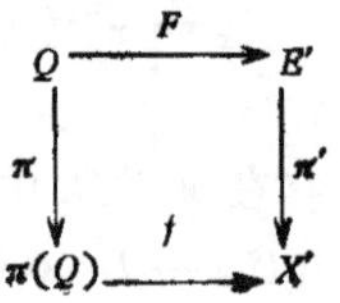

上述保持纤维映射 F 把纤维 $E_x=\pi^{-1}(x)$ 的子集

$$E_x\cap Q=\pi^{-1}(x)\cap Q$$

映入到纤维

$$E'_{f(x)}=(\pi')^{-1}(f(x))$$

之中．事实上

$$\xi\in Q,\ \pi(\xi)=x\Longrightarrow\pi'(F(\xi))=f(x).$$

定义 1.3（向量丛映射）[1] 设 $(E,\pi,X,\mathbf{R}^k)$ 和 $(E',\pi',X',\mathbf{R}^{k'})$ 是两个向量丛（C^r 向量丛），$F:E\to E'$ 和 $f:X\to X'$ 都是连续映射（C^r 映射）．我们说 F 是覆盖 f 的一个向量丛映射．如果

（1）F 是覆盖 f 的一个保持纤维的映射，即

$$\pi'\circ F=f\circ\pi;$$

（2）限制在任意一条纤维 E_x 之上，F 是线性映射．

例 1.4 乘积空间 $X\times\mathbf{R}^k$ 是平凡的向量丛．从 $X\times\mathbf{R}^k$ 到 $Y\times\mathbf{R}^l$ 的保持纤维的映射 F 可以表示为

$$F(x,\xi)=(f(x),\Phi(x,\xi)).$$

例 1.5 C^r 流形 M 的切丛 TM 是 C^{r-1} 向量丛．从 C^r 流形 M 到 C^r 流形 N 的 C^r 映射 $f:M\to N$ 诱导出一个 C^{r-1} 向量丛映射

$$Tf:TM\to TN.$$

设 $(E,\pi,X,\mathbf{R}^k)$ 是向量丛（C^r 向量丛），$x_0\in X$，考虑 x_0 的两个局部平凡化邻域 U_α,U_β 和相应的局部平凡化

$$h_\alpha:\pi^{-1}(U_\alpha)\to U_\alpha\times\mathbf{R}^k,$$
$$h_\beta:\pi^{-1}(U_\beta)\to U_\beta\times\mathbf{R}^k.$$

显然

$$h_\beta\circ h_\alpha^{-1}:(U_\alpha\cap U_\beta)\times\mathbf{R}^k\to(U_\alpha\cap U_\beta)\times\mathbf{R}^k$$

是一个同胚（C^r 同胚）．对于 $x\in U_\alpha\cap U_\beta$，

$$h_\beta\circ h_\alpha^{-1}:\{x\}\times\mathbf{R}^k\to\{x\}\times\mathbf{R}^k$$

是线性同构，因而 $h_\beta\circ h_\alpha^{-1}$ 可以表示成

$$h_\beta\circ h_\alpha^{-1}(x,\xi)=(x,g_{\beta\alpha}(x)\xi),$$

1）在有的文献中称之为向量丛同态．

这里 $g_{\beta\alpha}(x)$ 是从 $\mathbf{R}^k$ 到 $\mathbf{R}^k$ 的线性同构

$$g_{\beta\alpha}(x):\mathbf{R}^k \to \mathbf{R}^k$$
$$\xi \longmapsto g_{\beta\alpha}(x)\xi.$$

我们可以把

$$h_\alpha|\pi^{-1}(x):\pi^{-1}(x) \to \{x\} \times \mathbf{R}^k$$

和

$$h_\beta|\pi^{-1}(x):\pi^{-1}(x) \to \{x\} \times \mathbf{R}^k$$

视为纤维 $\pi^{-1}(x)$ 上的坐标系. 于是 $g_{\beta\alpha}(x)$ 就是从一个坐标系到另一个坐标系的纤维坐标变换.

由上述讨论给出的连续映射 (C^r 映射)

$$g_{\beta\alpha}:U_\alpha \cap U_\beta \to \mathrm{GL}(\mathbf{R}^k),$$

应满足以下关系

$$g_{\gamma\beta}(x)g_{\beta\alpha}(x) = g_{\gamma\alpha}(x),\ \forall x \in U_\alpha \cap U_\beta \cap U_\gamma. \tag{1.1}$$

特别地, 在 (1.1) 中取 $\gamma = \beta = \alpha$ 可得

$$g_{\alpha\alpha}(x) = I,\ \forall x \in U_\alpha.$$

在 (1.1) 中取 $\gamma = \alpha$ 可得

$$g_{\alpha\beta}(x) = (g_{\beta\alpha}(x))^{-1},\ \forall x \in U_\alpha \cap U_\beta.$$

定义 1.6 (转换函数系) 设 X 是拓扑空间 (C^r 流形), $\{U_\alpha\}$ 是 X 的一个开覆盖. 如果对任何使得 $U_\alpha \cap U_\beta \neq \varnothing$ 的 α 和 β, 给定一个连续映射 (C^r 映射)

$$g_{\beta\alpha}:U_\alpha \cap U_\beta \to \mathrm{GL}(\mathbf{R}^k),$$

这些映射满足条件:

$$g_{\gamma\beta}(x)g_{\beta\alpha}(x) = g_{\gamma\alpha}(x),\ \forall x \in U_\alpha \cap U_\beta \cap U_\gamma,$$

则称 $\{g_{\beta\alpha}\}$ 是与开覆盖 $\{U_\alpha\}$ 相关联的一个转换函数系.

前面我们已经看到, 向量丛底空间的任何一个局部平凡化覆盖决定了一个与之相关联的转换函数系, 其中的转换函数即纤维上的坐标变换. 下面我们将证明: 给定拓扑空间 (C^r 流形) X 的任意一个开覆盖 $\{U_\alpha\}$ 和与之相关联的一个转换函数系

$$g_{\beta\alpha}:U_\alpha \cap U_\beta \to \mathrm{GL}(\mathbf{R}^k).$$

可以构造一个向量丛 (C^r 向量丛)

$$(E, \pi, X, \mathbf{R}^k),$$

它在各 U_α 上可以局部平凡化，并且按这局部平凡化所决定的 $\pi^{-1}(x)$ 上的纤维坐标变换恰好为 $g_{\beta\alpha}(x)$.

为此目的，先介绍一些简单的引理.

引理 1.7 设 $E = \bigcup E_\lambda$，各 E_λ 是拓扑空间(拓扑为 $\mathscr{S}_\lambda$)，如果对任意 $\lambda, \mu \in \Lambda$，$E_\lambda \cap E_\mu$ 是 E_λ 及 E_μ 中的开集，并且 E_λ 和 E_μ 的拓扑在 $E_\lambda \cap E_\mu$ 中的限制是一致的，则可在 E 上引入拓扑，使得各 E_λ 都是开集，并且限制在各 E_λ 之中．E 的拓扑与 E_λ 的拓扑一致.

证明．在 E 上定义拓扑

$$\mathscr{S} = \{G \subset E \mid G \cap E_\lambda \in \mathscr{S}_\lambda, \forall \lambda \in \Lambda\}.$$

对任意 $H \in \mathscr{S}_\lambda$，我们有 $H \cap (E_\lambda \cap E_\mu) \in \mathscr{S}_\lambda$．因为

$$H \cap E_\mu = H \cap (E_\lambda \cap E_\mu) \subset E_\lambda \cap E_\mu,$$

而 E_λ 与 E_μ 在 $E_\lambda \cap E_\mu$ 中的拓扑是一致的，所以

$$H \cap E_\mu \in \mathscr{S}_\mu.$$

这里 $\mu \in \Lambda$ 是任意的，因而

$$H \in \mathscr{S}.$$

这证明了

$$\mathscr{S}_\lambda \subset \mathscr{S}.$$

又，对任意 $G \in \mathscr{S}$，如果 $G \subset E_\lambda$，则

$$G = G \cap E_\lambda \in \mathscr{S}_\lambda. \qquad \square$$

引理 1.8 设 $E_\lambda(\lambda \in \Lambda)$ 是一族集合，$(Y_\lambda, \mathscr{T}_\lambda)(\lambda \in \Lambda)$ 是一族拓扑空间，$h_\lambda: E_\lambda \to Y_\lambda(\lambda \in \Lambda)$ 是一族单、满映射．如果对任意 $\lambda, \mu \in \Lambda$，$h_\lambda(E_\lambda \cap E_\mu)$ 是 Y_λ 中的开集，$h_\mu(E_\lambda \cap E_\mu)$ 是 Y_μ 中的开集，并且

$$h_\mu \circ h_\lambda^{-1}: h_\lambda(E_\lambda \cap E_\mu) \to h_\mu(E_\lambda \cap E_\mu)$$

是同胚，则可以在 $E = \bigcup\limits_{\lambda \in \Lambda} E_\lambda$ 上引入拓扑，使得各 E_λ 是开集，并且

$$h_\lambda: E_\lambda \to Y_\lambda$$

是同胚.

证明. 在各 E_λ 上定义拓扑

$$\mathscr{S}_\lambda = \{H \subset E_\lambda \mid h_\lambda(H) \in \mathscr{T}_\lambda\},$$

再应用上一引理在 $E = \bigcup_{\lambda \in \Lambda} E_\lambda$ 上引入满足我们要求的拓扑 $\mathscr{S}$. □

引理 1.9 如果在引理 1.8 中的各 $Y_\lambda (\lambda \in \Lambda)$ 是 C^r 流形，并且

$$h_\mu \circ h_\lambda^{-1}: h_\lambda(E_\lambda \cap E_\mu) \to h_\mu(E_\lambda \cap E_\mu)$$

是 C^r 同胚,则可在 $E = \bigcup_{\lambda \in \Lambda} E_\lambda$ 上引入 C^r 微分流形结构，使得各

$$h_\lambda: E_\lambda \to Y_\lambda$$

是 C^r 微分同胚.

证明. 按照引理 1.8 中的作法赋予 $E = \bigcup_{\lambda \in \Lambda} E_\lambda$ 拓扑结构. 对于任意 $x \in E_\lambda$，设 (V, ϕ) 是 Y_λ 中 $h_\lambda(x)$ 邻近的局部坐标系，我们取

$$(h_\lambda^{-1}(V), \phi \circ h_\lambda)$$

为 x 邻近的局部坐标系. 以这种方式引进

$$E = \bigcup_{\lambda \in \Lambda} E_\lambda$$

的 C^r 微分流形结构，就满足我们的要求. □

定理 1.10（由转换函数系构造向量丛） 设 X 是拓扑空间 (C^r 流形)，$\{U_\alpha\}_{\alpha \in \Lambda}$ 是 X 的开覆盖，$\{g_{\beta\alpha}\}$ 是与之相关联的一个转换函数系. 则可构造以 X 为底的向量丛 (C^r 向量丛) E，它以 $\{U_\alpha\}$ 为其局部平凡化覆盖并以 $\{g_{\beta\alpha}(x)\}$ 为相应的纤维坐标变换.

证明. 我们记

$$\tilde{E} = \bigcup_{\alpha \in \Lambda} (U_\alpha \times \mathbb{R}^k \times \{\alpha\}),$$

并在 $\tilde{E}$ 上引入等价关系“$\sim$”:

$$\begin{cases} (x, \xi, \alpha) \sim (y, \eta, \beta) \\ \text{当且仅当 } x = y,\ \eta = g_{\beta\alpha}(x)\xi. \end{cases}$$

然后按此等价关系作商集

$$E = \widetilde{E}/\sim.$$

E是由等价类 $[(x, \xi, \alpha)]$ 组成的集合. 属于同一等价类的 (x, ξ, α) 和 (y, η, β) 应满足 $x = y$. 因此可以定义

$$\pi: E \to X$$

$$[(x, \xi, \alpha)] \longmapsto x.$$

这是一个满映射.

集合 $\pi^{-1}(U_\alpha)$ 的任何元素都可以唯一地表示为 $[(x, \xi, \alpha)]$ 的形式(其中的标号为 α), 因而可以定义

$$h_\alpha: \pi^{-1}(U_\alpha) \to U_\alpha \times \mathbb{R}^k$$

$$[(x, \xi, \alpha)] \longmapsto (x, \xi) .$$

h_α 显然满足

$$p_1 \circ h_\alpha = \pi.$$

这样定义的 h_α 是单、满映射, 并且

$$h_\beta \circ h_\alpha^{-1}: (U_\alpha \cap U_\beta) \times \mathbb{R}^k \to (U_\alpha \cap U_\beta) \times \mathbb{R}^k$$

$$(x, \xi) \longmapsto (x, g_{\beta\alpha}(x)\xi)$$

是同胚 (C^r 微分同胚). 因而可以通过 $\{h_\alpha\}_{\alpha \in A}$, 借助于 $U_\alpha \times \mathbb{R}^k$ 的拓扑结构 (C^r 流形结构), 定义 $E = \bigcup_{\alpha \in A} \pi^{-1}(U_\alpha)$ 上的拓扑结构 (C^r 流形结构), 使得各 $\pi^{-1}(U_\alpha)$ 为开集, 并且

$$h_\alpha: \pi^{-1}(U_\alpha) \to U_\alpha \times \mathbb{R}^k$$

是同胚 (C^r 微分同胚).

这样, 我们构造了以 X 为底空间的向量丛 (C^r 向量丛) E, 它以 $\{U_\alpha\}_{\alpha \in A}$ 为局部平凡化覆盖并且相应的纤维坐标变换为 $\{g_{\beta\alpha}(x)\}$. □

例 1.11 设M是一个m维的 C^r 流形($r \geqslant 1$), $\{(U_\alpha, \varphi_\alpha)\}$ 是其局部坐标系. 对于M的开覆盖 $\{U_\alpha\}$, 以

$$g_{\beta\alpha} = D(\varphi_\beta \circ \varphi_\alpha^{-1}): U_\alpha \cap U_\beta \to \mathrm{GL}(\mathbb{R}^m)$$

为转换函数系, 这样构成的 C^{r-1} 向量丛, 就是M的切丛 TM.

§2 向量丛的等价

定义 2.1（向量丛的同构） 设 $(E, \pi, X, \mathbb{R}^k)$ 和 $(E', \pi', X', \mathbb{R}^k)$ 是两个向量丛（C^r 向量丛），$F: E \to E'$ 是覆盖 $f: X \to X'$ 的保持纤维的连续映射（C^r 映射）. 如果 F 限制在每一纤维上是向量空间的同构，则称 F 是从 E 到 E' 的向量丛同构.

对于 $X' = X$, $f = id$ 的特殊情形，我们有以下定义.

定义 2.2（向量丛的等价） 设 $(E, \pi, X, \mathbb{R}^k)$ 和 $(E', \pi', X, \mathbb{R}^k)$ 是两个向量丛（C^r 向量丛）. 如果 $F: E \to E'$ 是覆盖 $id: X \to X$ 的保持纤维的连续映射（C^r 映射）并且 F 限制在每一纤维上是向量空间的同构，则称 F 是从 E 到 E' 的向量丛等价映射. 如果这样的等价映射存在，则称向量丛 E 和向量丛 E' 等价.

注记 2.3 在定义 2.2 的条件下，如果

$$h: \pi^{-1}(U) \to U \times \mathbb{R}^k \text{ 和 } h': (\pi')^{-1}(U') \to U' \times \mathbb{R}^k$$

分别是 E 和 E' 在 $x_0 \in X$ 邻近的局部平凡表示，那么在 x_0 邻近 F 可局部表示为

$$h' \circ F \circ h^{-1}: (U \cap U') \times \mathbb{R}^k \to (U \cap U') \times \mathbb{R}^k$$
$$(x, \xi) \longmapsto (x, \tilde{g}(x)\xi).$$

这里

$$\tilde{g}: U \cap U' \to GL(\mathbb{R}^k)$$

是连续映射（C^r 映射）. 而 F^{-1} 可局部表示为

$$h \circ F^{-1} \circ (h')^{-1}: (U \cap U') \times \mathbb{R}^k \to (U \cap U') \times \mathbb{R}^k,$$
$$(x, \xi) \longmapsto (x, (\tilde{g}(x))^{-1}\xi).$$

由此看出 F^{-1} 是从 E' 到 E 的等价映射.

容易证明：向量丛的等价是一种等价关系.

下面，我们考察向量丛的等价引出的转换函数系之间的关系.

沿用定义 2.2 中的记号. 设 $\{U_\alpha\}$ 和 $\{U'_i\}$ 分别是 X 的关于向量丛 E 和 E' 的局部平凡化覆盖，$\{g_{\beta\alpha}\}$ 和 $\{g'_{ji}\}$ 分别是相应于 $\{U_\alpha\}$ 和 $\{U'_i\}$ 的由纤维坐标变换给出的转换函数系. 于是

$$h_\beta \circ h_\alpha^{-1}(x, \xi) = (x, g_{\beta\alpha}(x)\xi), \ \forall x \in U_\alpha \cap U_\beta, \ \xi \in \mathbb{R}^k,$$

$$h'_j \circ (h'_i)^{-1}(x, \xi) = (x, g'_{ji}(x)\xi), \ \forall x \in U'_i \cap U'_j, \ \xi \in \mathbb{R}^k.$$

设 F 的局部表示为

$$h'_i \circ F \circ h_\alpha^{-1}(x, \xi) = (x, \tilde{g}_{i\alpha}(x)\xi),$$

$$\forall x \in U_\alpha \cap U'_i, \ \xi \in \mathbb{R}^k,$$

则有

$$\tilde{g}_{i\beta}(x) g_{\beta\alpha}(x) = \tilde{g}_{i\alpha}(x), \ \forall x \in U_\alpha \cap U_\beta \cap U'_i, \tag{2.1}$$

$$g'_{ji}(x) \tilde{g}_{i\alpha}(x) = \tilde{g}_{j\alpha}(x), \ \forall x \in U_\alpha \cap U'_i \cap U'_j. \tag{2.2}$$

定义 2.4 设 X 是拓扑空间 (C^r 流形)，$\{U_\alpha\}$ 和 $\{U'_i\}$ 是 X 的开覆盖，

$$g_{\beta\alpha}: U_\alpha \cap U_\beta \to GL(\mathbb{R}^k) \ \text{和} \ g'_{ji}: U'_i \cap U'_j \to GL(\mathbb{R}^k)$$

分别是相应于 $\{U_\alpha\}$ 和 $\{U'_i\}$ 的转换函数系．如果对于任何使得 $U_\alpha \cap U'_i \neq \varnothing$ 的 α 和 i，存在连续映射 (C^r 映射)

$$\tilde{g}_{i\alpha}: U_\alpha \cap U'_i \to GL(\mathbb{R}^k),$$

这些 $\tilde{g}_{i\alpha}$ 满足条件 (2.1) 和 (2.2)，则称转换函数系 $\{g_{\beta\alpha}\}$ 与转换函数系 $\{g'_{ji}\}$ 等价．

定理 2.5 设 $(E, \pi, X, \mathbb{R}^k)$ 和 $(E', \pi', X', \mathbb{R}^k)$ 是向量丛 (C^r 向量丛)，$\{U_\alpha\}$ 和 $\{U'_i\}$ 分别是它们的局部平凡化覆盖，$\{g_{\beta\alpha}\}$ 和 $\{g'_{ji}\}$ 分别是由相应的纤维坐标变换给出的转换函数系． 则 E 和 E' 等价的充分必要条件是 $\{g_{\beta\alpha}\}$ 与 $\{g'_{ji}\}$ 等价．

证明．条件的必要性的证明已见于前面的讨论．这里我们来证明条件的充分性．设 $\{g_{\beta\alpha}\}$ 与 $\{g'_{ji}\}$ 等价，则存在一族连续映射 (C^r 映射) $\{\tilde{g}_{i\alpha}\}$，

$$\tilde{g}_{i\alpha}: U_\alpha \cap U'_i \to GL(\mathbb{R}^k),$$

满足条件 (2.1) 和 (2.2)．通过局部平凡化

$$h_\alpha: \pi^{-1}(U_\alpha) \to U_\alpha \times \mathbb{R}^k,$$

$$h'_i: (\pi')^{-1}(U'_i) \to U'_i \times \mathbb{R}^k,$$

我们定义映射

$$\tilde{F}_{i\alpha}: (U_\alpha \cap U'_i) \times \mathbb{R}^k \to (U_\alpha \cap U'_i) \times \mathbb{R}^k$$

$$(x, \xi) \longmapsto (x, \tilde{g}_{i\alpha}(x)\xi),$$

然后置

$$F|\pi^{-1}(U_\alpha\cap U_i')=(h_i')^{-1}\circ\tilde{F}_{i\alpha}\circ h_\alpha|\pi^{-1}(U_\alpha\cap U_i').$$

在交集

$$\pi^{-1}(U_\alpha\cap U_i')\cap\pi^{-1}(U_\beta\cap U_i')=\pi^{-1}(U_\alpha\cap U_\beta\cap U_i')$$

或者

$$\pi^{-1}(U_\alpha\cap U_i')\cap\pi^{-1}(U_\alpha\cap U_j')=\pi^{-1}(U_\alpha\cap U_i'\cap U_j')$$

之上，表面上F可以有两种定义方式．但利用条件(2.1)和(2.2)容易验证：F的这两种定义是吻合的．这样F定义了一个从E到E'的映射．容易验证F是一个从E到E'的等价．□

注记 2.6 上面的定理说明：向量丛的等价类与转换函数系的等价类是互相唯一确定的．

§3 子丛与限制．回退与 Whitney 和

定义 3.1（子向量丛） 设$(E,\pi,X,\mathbb{R}^k)$是一个向量丛(C^r向量丛)．我们把$E_1\subset E$称为E的子向量丛，如果对任意$x\in X$，存在x的开邻域U和E的局部平凡化

$$h:\pi^{-1}(U)\to U\times\mathbb{R}^k,$$

使得

$$h(\pi^{-1}(U)\cap E_1)=U\times\mathbb{R}^{k_1}\times\{0\}.$$

这里k_1是不超过k的自然数．

定义 3.2（向量丛的限制） 设$(E,\pi,X,\mathbb{R}^k)$是一个向量丛(C^r向量丛)，S是X的一个子集(开子集)．显然

$$(\pi^{-1}(S),\pi|\pi^{-1}(S),S,\mathbb{R}^k)$$

也是一个向量丛(C^r向量丛)，它被称为是向量丛$(E,\pi,X,\mathbb{R}^k)$在S上的限制，记为

$$(E,\pi,X,\mathbb{R}^k)|S,$$

或者更简单地记为$E|S$．

以下，我们给出由已知的向量丛构造新的向量丛的一些例子．其中一个十分有效的构造方法是：利用原来向量丛的转换函数系

构造出一些新的转换函数系，然后由新的转换函数系生成新的向量丛． 根据§2中的讨论，用这种方式定义的新向量丛是在等价的意义下唯一确定的．

定义 3.3（**向量丛的回退**） 设 $(E, \pi, X, \mathbb{R}^k)$ 是一个向量丛(C^r 向量丛)，Y 是一个拓扑空间(C^r 流形)，而

$$f: Y \to X$$

是一个连续映射(C^r 映射)． 设 $\{U_\alpha\}$ 是 X 关于向量丛 E 的一个局部平凡化覆盖，$\{g_{\beta\alpha}\}$ 是相应的转换函数系．显然 $\{f^{-1}(U_\alpha)\}$ 是 Y 的一个开覆盖，而函数系 $\{g_{\beta\alpha}\circ f\}$ 满足

$$g_{\gamma\beta}(f(y))g_{\beta\alpha}(f(y)) = g_{\gamma\alpha}(f(y)),$$
$$\forall y \in f^{-1}(U_\alpha)\cap f^{-1}(U_\beta)\cap f^{-1}(U_\gamma).$$

因此，按照定理 1.10，存在以 Y 为底的向量丛(C^r 向量丛)． 它以 $\{f^{-1}(U_\alpha)\}$ 为局部平凡化覆盖，以 $\{g_{\beta\alpha}\circ f\}$ 为相应的转换函数系．这样定义的 Y 上的向量丛，称为是向量丛 E 借助于映射 f 的回退，记为 f^*E．

注记 3.4 粗略地讲，向量丛的回退，就是把 $f(y)\in X$ 之上的纤维 $\pi^{-1}(f(y))$ 拉回来作为 $y\in Y$ 上的纤维，这样构造而成的向量丛．

定义 3.5（**向量丛的 Whitney 和**） 设 $(E', \pi', X, \mathbb{R}^{k'})$ 和 $(E'', \pi'', X, \mathbb{R}^{k''})$ 是同一底空间 X 上的两个向量丛(C^r 向量丛)．取 X 关于这两个丛的局部平凡化覆盖 $\{U_\alpha\}$，设这两个丛相应的转换函数系分别为 $\{g'_{\beta\alpha}\}$ 和 $\{g''_{\beta\alpha}\}$． 于是

$$g'_{\beta\alpha}(x)\in GL(\mathbb{R}^{k'}),\ g''_{\beta\alpha}(x)\in GL(\mathbb{R}^{k''}),$$
$$\forall x\in U_\alpha\cap U_\beta.$$

我们置

$$g_{\beta\alpha}(x) = \begin{bmatrix} g'_{\beta\alpha}(x) & 0 \\ 0 & g''_{\beta\alpha}(x)\end{bmatrix}\in GL(\mathbb{R}^k),$$
$$\forall x\in U_\alpha\cap U_\beta.$$

这里 $k = k' + k''$． 用这种方式，我们定义了

$$g_{\beta\alpha}: U_\alpha\cap U_\beta \to GL(\mathbb{R}^k).$$

容易验证 $\{g_{\beta\alpha}\}$ 是一转换函数系，因而生成一个 X 上的 k 维实向量从 E. 这样的向量从 E 称为是向量从 E' 和向量从 E'' 的 Whitney 和，或称直和，记为

$$E = E' \oplus E''.$$

注记 3.6 粗略地讲，在每一点 $x \in X$，把向量从 E' 和 E'' 的纤维 E'_x 和 E''_x 的直和 $E'_x \oplus E''_x$ 作为纤维，这样做成的向量从 E，就是向量从 E' 与向量从 E'' 的 Whitney 和.

§4 向量从的 Riemann 度量

定义 4.1（Riemann 度量） 设 $(E, \pi, X, \mathbb{R}^k)$ 是实向量从. E 上的 Riemann 度量（C^r-Riemann 度量）是一个连续映射（C^r 映射）

$$\beta: E \oplus E \to \mathbb{R},$$

它限制在每一纤维 $E_x \oplus E_x$ 上，是 E_x 上的内积，即对称、双线性、正定的实函数：

(1) $\beta(\xi, \eta) = \beta(\eta, \xi)$, $\forall \xi, \eta \in E_x$;

(2) $\beta(\lambda_1\xi_1 + \lambda_2\xi_2, \eta) = \lambda_1\beta(\xi_1, \eta) + \lambda_2\beta(\xi_2, \eta)$,

$$\forall \lambda_1, \lambda_2 \in \mathbb{R}, \xi_1, \xi_2, \eta \in E_x;$$

(3) $\beta(\xi, \xi) \geqslant 0$, 并且 $\beta(\xi, \xi) = 0 \Longrightarrow \xi = 0$.

以下，Riemann 度量常记为 $\langle \xi, \eta \rangle$ 或者 $\langle\langle \xi, \eta \rangle\rangle$ 等.

例 4.2 对于平凡从 $X \times \mathbb{R}^k$，一个显然的 Riemann 度量是

$$\langle (x; u_1, \cdots, u_k), (x; v_1, \cdots, v_k) \rangle = \sum_{j=1}^{k} u_j v_j.$$

任何向量从都可以通过局部平凡化在各局部按照例 4.2 的方式引入 Riemann 度量. 对于仿紧流形 M，我们可以设法把这些局部定义的 Riemann 度量"粘合"起来，做成整体定义的 Riemann 度量. 为此，将利用单位分解的技巧.

引理 4.3（单位分解） 设 X 是一个仿紧 C^r 流形 $(0 \leqslant r \leqslant$

$+\infty$)，$\{U_\alpha\}_{\alpha\in A}$ 是X的任意一族开覆盖，则存在一族函数

$$\{\theta_\beta\}_{\beta\in B}\subset C^r(X, \mathbf{R})$$

满足

(1) $0\leqslant\theta_\beta(x)\leqslant 1$，$\forall\beta\in B$，$x\in X$；

(2) 任给 $\beta\in B$，存在 $\alpha(\beta)\in A$，使得

$$\mathrm{supp}\theta_\beta\subset U_{\alpha}(\beta);$$

(3)$\{\mathrm{supp}\theta_\beta\}$是局部有限的，并且

$$\sum_{\beta\in B}\theta_\beta(x)=1, \ \forall x\in X.$$

这里

$$\mathrm{supp}\theta=\overline{\{x\in X\,|\,\theta(x)\neq 0\}}$$

这样的函数系 $\{\theta_\beta\}_{\beta\in B}$ 称为是从属于开覆盖 $\{U_\alpha\}_{\alpha\in A}$ 的 C^r 单位分解. 特别地，如果开覆盖 $\{U_\alpha\}_{\alpha\in A}$ 本身已是局部有限的，则可取 $B=A$，并可要求

$$\mathrm{supp}\theta_\alpha\subset U_\alpha, \ \forall\alpha\in A.$$

这引理的证明. 见于一般的流形论的书中，这里就不详述了.

定理 4.4 设X是仿紧 C^r 流形 ($0\leqslant r\leqslant+\infty$)，而 $(E, \pi, X, \mathbf{R}^k)$ 是X上的 C^r 向量丛. 则在E上存在 C^r 的 Riemann 度量.

证明. 取X的关于向量丛E的局部平凡化覆盖 $\{U_\alpha\}_{\alpha\in A}$. 不失一般性，可设 $\{U_\alpha\}_{\alpha\in A}$ 已是局部有限的，因而存在 C^r 单位分解 $\{\theta_\alpha\}_{\alpha\in A}$，满足

$$\mathrm{supp}\theta_\alpha\subset U_\alpha, \ \forall\alpha\in A.$$

设相应于 U_α 的局部平凡化为

$$h_\alpha:\pi^{-1}(U_\alpha)\to U_\alpha\times\mathbf{R}^k.$$

我们置

$$\langle\xi, \eta\rangle_\alpha=\begin{cases}\theta_\alpha(x)\langle h_\alpha(\xi), h_\alpha(\eta)\rangle, & \text{如果 } \xi, \eta\in E_x,\ x\in U_\alpha,\\ 0, & \text{其他情形}.\end{cases}$$

这里 $\langle\cdot,\cdot\rangle$表示例 4.2 中所给的内积. 显然 $\langle\xi, \eta\rangle_\alpha$ 是对称的，双线性的，非负的，并且对于使得 $\theta_\alpha(x)\neq 0$ 的 x，$\langle\xi, \eta\rangle_\alpha$ 在 E_x 上还是正定的. 又置

$$\langle\xi,\eta\rangle = \sum_{\alpha}\langle\xi,\eta\rangle_{\alpha}. \qquad (4.1)$$

因为覆盖 $\{U_\alpha\}$ 是局部有限的，对任意的 $\xi,\eta\in E_x$，$x\in X$，上述和式中除有限项外都是 0，因而求和有意义．由于

$$\sum_{\alpha\in A}\theta_\alpha(x) = 1,\ \forall x\in X,$$

由(4.1)定义的$\langle\cdot,\cdot\rangle$在每一纤维 E_x 上都是正定的，因而给出了 E 的一个 C^r 的 Riemann 度量． □

定义 4.5（Finsler 构造） 设 $(E,\pi,X,\mathbb{R}^k)$ 是向量丛．E 上的一个 Finsler 构造是一个连续函数

$$\gamma: E\to\mathbb{R},$$

它限制在每一纤维 $E_x(x\in X)$ 之上都是线性空间 E_x 上的范数．

例 4.6 向量丛 $(E,\pi,X,\mathbb{R}^k)$ 上的一个 Riemann 度量$\langle\cdot,\cdot\rangle$自然地诱导出一个 Finsler 构造

$$|\xi| = \sqrt{\langle\xi,\xi\rangle},\ \xi\in E_x,\ x\in X.$$

§5 线性映射丛

定义 5.1（线性映射丛） 设 $(E',\pi',X,\mathbb{R}^{k'})$ 和 $(E'',\pi'',X,\mathbb{R}^{k''})$ 是同一底 X 上的两个向量丛（C^r 向量丛）．取 X 关于这两个丛的局部平凡化覆盖 $\{U_\alpha\}$．设这两个丛相应的转换函数系分别为 $\{g'_{\beta\alpha}\}$ 和 $\{g''_{\beta\alpha}\}$．对于任意的 $x\in X$，考虑 E'_x 到 E''_x 的线性映射 $\mathscr{A}\in L(E'_x,E''_x)$，借助于 E' 和 E'' 的局部平凡化，可以把 $\mathscr{A}$ 表示为一个 $k''\times k'$ 矩阵 $A\in\mathbb{R}^{k'k''}$．随着局部平凡化的改变（即纤维上坐标的改变），$\mathscr{A}$ 的矩阵表示也应作相应的改变．根据上述考虑，我们定义一个新的转换函数系如下：

$$g_{\beta\alpha}: U_\alpha\cap U_\beta\to GL(\mathbb{R}^{k'k''}),$$

$$g_{\beta\alpha}(x)A = g''_{\beta\alpha}(x)\cdot A\cdot(g'_{\beta\alpha}(x))^{-1},$$

这里“·”表示矩阵的乘法．

由这转换函数系 $\{g_{\beta\alpha}\}$ 定义的 $k'k''$ 实向量丛，称为是由向量丛 E' 到向量丛 E'' 的线性映射丛，记为 $\mathrm{L}(E', E'')$.

注记 5.2 线性映射丛 $\mathrm{L}(E', E'')$ 的每一纤维是由从 E' 到 E'' 的线性映射组成的线性空间

$$\mathrm{L}(E', E'')_x = \mathrm{L}(E'_x, E''_x).$$

如果 E' 和 E'' 都具有 Finsler 构造，则在 $\mathrm{L}(E', E'')$ 上可以自然地诱导出一个 Finsler 构造，其定义方式与通常线性映射的范数的定义类似：

$$\|\mathscr{A}\| = \sup_{\|\xi\|'=1} \|\mathscr{A}\xi\|''.$$

§6 $\mathbb{R}^m$ 中的方向微商

为方便起见，分别以 $\mathscr{F}(\mathbf{R}^m) = C^\infty(\mathbf{R}^m, \mathbf{R})$ 和 $\mathscr{X}(\mathbf{R}^m)$ 表示 $\mathbf{R}^m$ 上的 C^∞ 函数的集合和 C^∞ 向量场的集合. 对于 $f \in \mathscr{F}(\mathbf{R}^m)$ 和 $X = (\xi^1, \xi^2, \cdots, \xi^m) \in \mathscr{X}(\mathbf{R}^m)$，我们定义 f 沿 X 的方向微商如下：

$$X(f) = \sum_{i=1}^m \xi^i \frac{\partial f}{\partial x^i} \in \mathscr{F}(\mathbf{R}^m).$$

易验证这样定义的方向微商满足：

($\mathbf{X}_1$) $$X(\alpha f + \beta g) = \alpha X(f) + \beta X(g),\quad \forall \alpha, \beta \in \mathbf{R}, f, g \in \mathscr{F}(\mathbf{R}^m);$$

($\mathbf{X}_2$) $$X(fg) = fX(g) + gX(f),\quad \forall f, g \in \mathscr{F}(\mathbf{R}^m).$$

对于 $Y = (\eta^1, \eta^2, \cdots, \eta^m) \in \mathscr{X}(\mathbf{R}^m)$，我们定义它沿 X 的方向微商为

$$\nabla_X Y = (X(\eta^1), X(\eta^2), \cdots, X(\eta^m)) \in \mathscr{X}(\mathbf{R}^m).$$

这样定义的方向微商满足：

(∇_1) $$\nabla_{(\alpha_1 X_1 + \alpha_2 X_2)} Y = \alpha_1 \nabla_{X_1} Y + \alpha_2 \nabla_{X_2} Y,\quad \forall \alpha_1, \alpha_2 \in \mathbf{R}, X_1, X_2, Y \in \mathscr{X}(\mathbf{R}^m),$$

$$\nabla_X(\beta_1 Y_1 + \beta_2 Y_2) = \beta_1 \nabla_X Y_1 + \beta_2 \nabla_X Y_2,$$
$$\forall \beta_1, \beta_2 \in \mathbb{R}, X, Y_1, Y_2 \in \mathscr{X}(\mathbb{R}^m);$$

(∇_2) $$\nabla_{fX} Y = f \nabla_X Y, \forall f \in \mathscr{F}(\mathbb{R}^m), X \in \mathscr{X}(\mathbb{R}^m);$$

(∇_3) $$\nabla_X(fY) = X(f)Y + f\nabla_X Y,$$
$$\forall f \in \mathscr{F}(\mathbb{R}^m), X, Y \in \mathscr{X}(\mathbb{R}^m).$$

如果记

$$\langle X, Y \rangle = \sum_{i=1}^m \xi^i \eta^i,$$

$$[X, Y] = (X(\eta^1) - Y(\xi^1), X(\eta^2) - Y(\xi^2), \cdots, X(\eta^m) - Y(\xi^m)).$$

则有

(∇_4) $$X\langle Y, Z \rangle = \langle \nabla_X Y, Z \rangle + \langle Y, \nabla_X Z \rangle,$$
$$\forall X, Y, Z \in \mathscr{X}(\mathbb{R}^m);$$

(∇_5) $$\nabla_X Y - \nabla_Y X = [X, Y], \forall X, Y \in \mathscr{X}(\mathbb{R}^m).$$

在下一节中，我们将以上述讨论为模型，把方向微商的概念推广到一般的 C^∞ 流形.

§7 联 络

我们主要讨论 C^∞ 情形，并把 C^∞ 流形和 C^∞ 映射分别称为光滑流形和光滑映射.

以下设 M 是给定的一个光滑流形.

定义 7.1（向量场） 记 $\mathscr{F}(M) = C^\infty(M, \mathbb{R})$. 一个映射

$$X: \mathscr{F}(M) \to \mathscr{F}(M)$$

称为是一个向量场，如果它满足

($\mathbf{X}_1$) $$X(\alpha f + \beta g) = \alpha X(f) + \beta X(g),$$
$$\forall \alpha, \beta \in \mathbb{R}, f, g \in \mathscr{F}(M);$$

($\mathbf{X}_2$) $$X(fg) = fX(g) + gX(f),$$
$$\forall f, g \in \mathscr{F}(M).$$

注记 7.2 由 ($\mathbf{X}_2$) 易见

$$X(1)=X(1\cdot 1)=2X(1),$$

因而 $X(1)=0$. 由此易得

$$X(c)=cX(1)=0.$$

这里我们用同一记号 c 表示常数和取常值 c 的函数.

以上定义的向量场具有所谓局部性,即 $X_p(f)=X(f)(p)$ 只由 f 在 p 点邻近的值决定: 如果 f_1 和 f_2 在 p 点的邻域 U 上相等

$$f_1|U=f_2|U,$$

那么

$$X_p(f_1)=X_p(f_2).$$

为了证明向量场的局部性,只须证明以下的特殊情形:

引理 7.3 设 $f\in\mathscr{F}(M)$, $X\in\mathscr{X}(M)$. 如果存在 p 点的邻域 U,使得 $f|U=0$, 那么

$$X_p(f)=X(f)(p)=0.$$

证明. 取 $\lambda\in C^\infty(M,\mathbb{R})=\mathscr{F}(M)$ 满足

$$\lambda(q)=\begin{cases}1, & \text{如果 } q=p,\\ 0, & \text{如果 } q\notin U.\end{cases}$$

则有

$$\lambda\cdot f=0.$$

于是

$$0=X_p(\lambda f)=\lambda(p)X_p(f)+f(p)X_p(\lambda)=X_p(f). \qquad \square$$

由于局部性,我们可以通过局部坐标来表示向量场. 设 $x(q)=(x^1(q),\ x^2(q),\ \cdots,\ x^m(q))$ 是 p 点邻近的局部坐标, 则 $f\in\mathscr{F}(M)$ 可以局部表示为

$$f(q)=f(p)+\sum_{i=1}^{m}(x^i(q)-x^i(p))f_i(q),$$

这里

$$f_i(q)=\int_0^1\frac{\partial(f\circ x^{-1})}{\partial x^i}(x(p)+t(x(q)-x(p)))dt,$$

$$f_i(p)=\frac{\partial(f\circ x^{-1})}{\partial x^i}(x(p)).$$

于是

$$X_p(f)=\sum_{i=1}^{m}X_p(x^i)\frac{\partial(f\circ x^{-1})}{\partial x^i}(x(p)).$$

以下记

$$\xi^i(p)=X_p(x^i),$$

$$(\partial_i f)_p=\frac{\partial(f\circ x^{-1})}{\partial x^i}(x(p)),$$

则可将X局部表示为

$$X_p(f)=\sum_{i=1}^{m}\xi^i(p)(\partial_i f)_p,$$

$$X=\sum_{i=1}^{m}\xi^i\partial_i.$$

注记 7.4 通过对局部性和局部表达式的观察，我们看到，这样定义的向量场X在每一点p表示一个切向量 $X_p\in T_pM$.

注记 7.5 对于$X, Y\in\mathscr{X}(M)$，可以考虑它们的复合$XY=X\circ Y:\mathscr{F}(M)\to\mathscr{F}(M)$. 然而 XY 不再满足 $(\mathbf{X}_2)$，所以不再是向量场. 但容易验证 $[X, Y]=XY-YX$ 是一个向量场. 这向量场称为是向量场X和Y的Lie氏积.

定义 7.6 映射 $\nabla:\mathscr{X}(M)\times\mathscr{X}(M)\to\mathscr{X}(M)$ 称为是M上的一个联络，如果 $\nabla_X Y=\nabla(X, Y)$ 满足以下各条件：

(∇_1) $\nabla_{(\alpha_1X_1+\alpha_2X_2)}Y=\alpha_1\nabla_{X_1}Y+\alpha_2\nabla_{X_2}Y,$

$$\forall\alpha_1, \alpha_2\in\mathbf{R},\ X_1, X_2, Y\in\mathscr{X}(M),$$

$$\nabla_X(\beta_1Y_1+\beta_2Y_2)=\beta_1\nabla_XY_1+\beta_2\nabla_XY_2,$$

$$\forall\beta_1, \beta_2\in\mathbf{R},\ X, Y_1, Y_2\in\mathscr{X}(M);$$

(∇_2) $\nabla_{fX}Y=f\nabla_XY,\ \forall f\in\mathscr{F}(M),\ X\in\mathscr{X}(M);$

(∇_3) $\nabla_X(fY)=X(f)Y+f\nabla_XY,$

$$\forall f\in\mathscr{F}(M),\ X, Y\in\mathscr{X}(M).$$

用类似于引理7.3的做法容易验证联络具有局部性，即：如果在 p 点的邻域 U 上有

$$X|U=0,\text{ 或者 } Y|U=0,$$

那么

$$(\nabla_X Y)_p=0.$$

于是，我们可以通过局部坐标来计算联络．设在局部坐标表示下

$$X=\sum_{i=1}^m \xi^i\partial_i,\quad Y=\sum_{i=1}^m \eta^i\partial_i$$

则由 (∇_1)，(∇_2) 和 (∇_3) 容易得到

$$\nabla_X Y=\sum_{i=1}^m\sum_{j=1}^m \xi^i((\partial_i\eta^j)\partial_j+\eta^j\nabla_{\partial_i}\partial_j). \tag{7.1}$$

设

$$\nabla_{\partial_i}\partial_j=\sum_{k=1}^m \Gamma_{ij}^k\partial_k, \tag{7.2}$$

这里 $\Gamma_{ij}^k(i,j,k=1,\cdots,m)$ 称为联络系数．引用联络系数可以把(7.1)改写成

$$\nabla_X Y=\sum_{k=1}^m\sum_{i=1}^m \xi^i\left(\partial_i\eta^k+\sum_{j=1}^m \eta^j\Gamma_{ij}^k\right)\partial_k. \tag{7.3}$$

§8 Riemann 联络

定义 8.1 (**Riemann 流形**) 设 M 是光滑流形．若在 M 的切丛 TM 上给定了一个 Riemann 度量 $\langle\cdot,\cdot\rangle$，则称 M 为 Riemann 流形．

注记 8.2 因为切向量场在每一点表示一个切向量(参看注记7.4)，所以对于 $X,Y\in\mathscr{X}(M)$，$\langle X,Y\rangle$ 有意义：

$$\langle X,Y\rangle_p=\langle X_p,Y_p\rangle.$$

引理 8.3 如果 $V,W\in\mathscr{X}(M)$ 满足

$$\langle V,Z\rangle=\langle W,Z\rangle,\ \forall Z\in\mathscr{X}(M),$$

那么 $V = W$.

证明. 留给读者作为练习. □

定义 8.4 (Riemann 联络) 设 Riemann 流形上的联络∇(不仅满足 (∇_1)—(∇_3), 而且)还满足:

(∇_4) $X\langle Y, Z\rangle = \langle \nabla_X Y, Z\rangle + \langle Y, \nabla_X Z\rangle$,

$$\forall X, Y, Z \in \mathscr{X}(M);$$

(∇_5) $\nabla_X Y - \nabla_Y X = [X, Y]$, $\forall X, Y \in \mathscr{X}(M)$,

则称∇为M上的 Riemann 联络.

定理 8.5 在任意 Riemann 流形M上存在唯一的 Riemann 联络.

证明. 唯一性. 从 (∇_4) 和 (∇_5) 可得:

(a) $\langle \nabla_X Y, Z\rangle + \langle Y, \nabla_X Z\rangle = X\langle Y, Z\rangle$,

(b) $\langle \nabla_Y Z, X\rangle + \langle Z, \nabla_Y X\rangle = Y\langle Z, X\rangle$,

(c) $\langle \nabla_Z X, Y\rangle + \langle X, \nabla_Z Y\rangle = Z\langle X, Y\rangle$,

(d) $\langle \nabla_X Y, Z\rangle - \langle \nabla_Y X, Z\rangle = \langle [X, Y], Z\rangle$,

(e) $\langle \nabla_Y Z, X\rangle - \langle \nabla_Z Y, X\rangle = \langle [Y, Z], X\rangle$,

(f) $\langle \nabla_Z X, Y\rangle - \langle \nabla_X Z, Y\rangle = \langle [Z, X], Y\rangle$.

对以上各式作运算 (a) + (b) − (c) + (d) − (e) + (f), 我们得到:

$$\begin{aligned}\langle \nabla_X Y, Z\rangle = \frac{1}{2}\{&X\langle Y, Z\rangle + Y\langle X, Z\rangle \\ &- Z\langle X, Y\rangle + \langle [X, Y], Z\rangle - \langle [Y, Z], X\rangle \\ &+ \langle [Z, X], Y\rangle\}.\end{aligned} \tag{8.1}$$

因为 $Z \in \mathscr{X}(M)$ 可以任意取, 根据引理 8.3 即可断定 $\nabla_X Y$ 是唯一确定的.

充分性. 设 $U \subset M$ 是开集 (视为M的开子流形). 由于联络 $\nabla: \mathscr{X}(M) \times \mathscr{X}(M) \to \mathscr{X}(M)$ 具有局部性, 我们可以将它局限于 $\mathscr{X}(U) \times \mathscr{X}(U)$ 而得到

$$\nabla | \mathscr{X}(U) \times \mathscr{X}(U).$$

限制于 $\mathscr{X}(U) \times \mathscr{X}(U)$ 之上, ∇仍是U上的联络, 以下记

$$\nabla|U = \nabla|\mathscr{X}(U) \times \mathscr{X}(U).$$

由上面的讨论，$\nabla|U$ 也是唯一确定的.

我们将通过局部坐标表示在每一局部坐标域 U_α 上局部地给出 Riemann 联络 ∇^α. 由于唯一性，如果 $U_\alpha \cap U_\beta \neq \varnothing$，那么就应有

$$\nabla^\alpha | U_\alpha \cap U_\beta = \nabla^\beta | U_\alpha \cap U_\beta.$$

于是我们可以唯一地确定 ∇ 如下

$$\nabla | U_\alpha = \nabla^\alpha, \ \forall \alpha.$$

这样确定的 ∇ 即 M 上的唯一 Riemann 联络.

对于给定的局部坐标，度量张量 g_{ij} 和联络系数 Γ_{ij}^k 分别定义如下

$$g_{ij} = \langle \partial_i, \partial_j \rangle, \tag{8.2}$$

$$\nabla_{\partial_i} \partial_j = \sum_{k=1}^m \Gamma_{ij}^k \partial_k. \tag{8.3}$$

要局部地给出一个联络，只须给出其联络系数就可以了. 注意到

$$[\partial_i, \partial_j] = \partial_i \partial_j - \partial_j \partial_i = 0,$$

从 (8.1) 可以得到

$$\langle \nabla_{\partial_i} \partial_j, \partial_l \rangle = \frac{1}{2}\{\partial_i \langle \partial_j, \partial_l \rangle + \partial_j \langle \partial_l, \partial_i \rangle - \partial_l \langle \partial_i, \partial_j \rangle\}.$$

再利用 (8.2) 和 (8.3) 即得

$$\sum_{k=1}^m \Gamma_{ij}^k g_{kl} = \frac{1}{2}\{\partial_i g_{jl} + \partial_j g_{li} - \partial_l g_{ij}\},$$

$$\Gamma_{ij}^k = \frac{1}{2} \sum_{l=1}^m \{\partial_i g_{jl} + \partial_j g_{li} - \partial_l g_{ij}\} g^{lk},$$

$$i, j, k = 1, 2, \cdots, m.$$

这里 g^{lk} 是逆方阵 $(g_{ij})^{-1}$ 中第 l 行与第 k 列交汇处的元素. □

注记 8.6 由 Γ_{ij}^k 的表达式易见:

$$\Gamma_{ij}^k = \Gamma_{ji}^k.$$

即: Riemann 联络系数关于下标对称.

§9 沿曲线的协变微商.平行移动

定义 9.1（**沿曲线的向量场**） 设M是光滑流形，$\gamma:[\tau_0,\tau]\to M$ 是一条光滑曲线. 如果光滑映射

$$v:[\tau_0,\tau]\to TM$$

满足条件

$$v(t)\in T_{\gamma(t)}M,\ \forall t\in[\tau_0,\tau],$$

则称它为沿曲线γ的光滑向量场. 沿曲线γ的全体光滑向量场组成的集合记为 $\mathscr{X}(\gamma)$. 在局部坐标下，$v\in\mathscr{X}(\gamma)$ 表示为

$$v(t)=\sum_{i=1}^{m}v^i(t)\partial_i,$$

这里各分量 $v^i(t)$ 是 t 的光滑函数.

引理 9.2 对于给定的联络 ∇，存在唯一的 D_t: $\mathscr{X}(\gamma)\to\mathscr{X}(\gamma)$ 满足以下条件

$(\mathbf{D}_1)$，$D_t(\alpha v(t)+\beta w(t))=\alpha D_t v(t)+\beta D_t w(t)$，

$$\forall\alpha,\beta\in\mathbf{R},\ v,w\in\mathscr{X}(\gamma);$$

$(\mathbf{D}_2)$ $D_t(f(t)v(t))=\dfrac{df(t)}{dt}v(t)+f(t)D_t v(t)$，

$$\forall f\in C^\infty([\tau_0,\tau],\mathbf{R}),\ v\in\mathscr{X}(\gamma);$$

$(\mathbf{D}_3)$ 如果存在包含曲线γ的开集U和U上的向量场Y，使得 $Y_{\gamma(t)}=v(t)$，则

$$D_t v(t)=\nabla_{\dot\gamma(t)}Y,$$

这里 $\dot\gamma(t)=d\gamma\left(\dfrac{d}{dt}\right)\in T_{\gamma(t)}M$ 是曲线γ的切向量.

证明. 我们指出：上述条件 $(\mathbf{D}_1)$—$(\mathbf{D}_3)$ 可唯一地确定 $D_t v(t)$ 在局部坐标下的表达式；而 $D_t v(t)$ 的局部坐标表达式又给出了它的存在性的证明.

设在局部坐标下

$$\dot{\gamma}(t) = \sum_{i=1}^{m} \frac{dx^i}{dt} \partial_i,$$

$$v(t) = \sum_{i=1}^{m} v^i(t) \partial_i.$$

则由 $(\mathbf{D}_1)$—$(\mathbf{D}_3)$ 可以得到:

$$\begin{aligned} D_t v(t) &= \sum_{j=1}^{m} \left(\frac{dv^j(t)}{dt} \partial_j + v^j(t) D_t \partial_j \right) \\ &= \sum_{j=1}^{m} \left(\frac{dv^j(t)}{dt} \partial_j + v^j(t) \nabla_{\dot{\gamma}(t)} \partial_j \right) \\ &= \sum_{k=1}^{m} \frac{dv^k(t)}{dt} \partial_k \\ &\quad + \sum_{j=1}^{m} \sum_{i=1}^{m} v^j(t) \frac{dx^i}{dt} \nabla_{\partial_i} \partial_j \\ &= \sum_{k=1}^{m} \left(\frac{dv^k(t)}{dt} + \sum_{i,j=1}^{m} \Gamma_{ij}^k \frac{dx^i}{dt} v^j(t) \right) \partial_k. \quad \square \end{aligned}$$

定义 9.3 满足引理 9.2 条件的 D_t: $\mathscr{X}(\gamma) \to \mathscr{X}(\gamma)$ 称为沿曲线 γ 的协变微商.

定义 9.4 如果 $v \in \mathscr{X}(\gamma)$ 满足

$$D_t v(t) = 0, \ \forall t \in [\tau_0, \tau],$$

则称向量场 $v(t)$ 沿曲线 γ 平行移动.

以下设M是 Riemann 流形,∇是其上的 Riemann 联络,D_t 是由∇决定的沿光滑曲线 γ 的协变微商.

命题 9.5 对于 $v, w \in \mathscr{X}(\gamma)$, 我们有

$$\frac{d}{dt} \langle v(t), w(t) \rangle = \langle D_t v(t), w(t) \rangle + \langle v(t), D_t w(t) \rangle.$$

证明. 在局部坐标表示下,我们有:

$$D_t v(t) = \sum_j \left(\frac{dv^j}{dt} \partial_j + v^j \nabla_{\dot{\gamma}(t)} \partial_j \right),$$

$$D_t w(t) = \sum_i \left(\frac{dw^i}{dt} \partial_i + w^i \nabla_{\dot{\gamma}(t)} \partial_i \right),$$

$$\langle v(t), w(t) \rangle = \sum_i \sum_j v_i w_j \langle \partial_i, \partial_j \rangle.$$

由此通过直接计算即可证明

$$\frac{d}{dt} \langle v(t), w(t) \rangle = \langle D_t v(t), w(t) \rangle + \langle v(t), D_t w(t) \rangle. \quad \square$$

推论 9.6 平行移动不改变内积，因而也不改变向量的长度.

证明. 如果 $v(t)$ 和 $w(t)$ 沿曲线 γ 平行移动，则

$$\frac{d}{dt} \langle v(t), w(t) \rangle = \langle D_t v(t), w(t) \rangle + \langle v(t), D_t w(t) \rangle = 0,$$

因而

$$\langle v(t), w(t) \rangle = \text{const}.$$

特别地，对于 $w(t) = v(t)$ 的情形，我们得到

$$\frac{d}{dt} |v(t)|^2 = 0, \quad |v(t)| = \text{const}. \quad \square$$

§10 测地线与指数映射

设 M 是 Riemann 流形，∇ 是 M 上的 Riemann 联络，D_t 是由 ∇ 决定的沿光滑曲线 γ 的协变微商. 在引理9.2中，我们已经得到了 $D_t v(t)$ 的局部坐标表示. 由此立即可以得到向量场 $v(t)$ 沿曲线 γ 平行移动的局部坐标方程:

$$\frac{dv^k}{dt} + \sum_{i,j} \Gamma_{ij}^k \frac{dx^i}{dt} v^j = 0$$

$$(k = 1, 2, \cdots, m).$$

特别地，如果 $v(t) = \dot{\gamma}(t)$ 沿曲线 γ 平行移动（这时我们说 γ 是自平行曲线），则有

$$\frac{d^2x^k}{dt^2}+\sum_{i,j}\Gamma_{ij}^k\frac{dx^i}{dt}\frac{dx^j}{dt}=0$$

$$(k=1,2,\cdots,m).$$

定义 10.1 自平行曲线称为测地线．这就是说：如果曲线 γ 的切向量 $\dot{\gamma}(t)$ 沿 γ 平行移动，则称 γ 为测地线．

注记 10.2 因为平行移动不改变向量的长度，所以沿测地线切向量的长度保持不变，即

$$|\dot{\gamma}(t)|=\text{const}.$$

测地线的方程

$$\frac{d^2x^k}{dt^2}+\sum_{i,j}\Gamma_{ij}^k\frac{dx^i}{dt}\frac{dx^j}{dt}=0$$

$$(k=1,\cdots,m), \tag{10.1}$$

为一个二阶线性微分方程组．由常微分方程理论，对于给定的初值

$$x|_{t=0}=x_0,\ \dot{x}|_{t=0}=\dot{x}_0, \tag{10.2}$$

可以确定 (10.1) 的定义于 $(-\varepsilon,\varepsilon)$ 的唯一解．

定理 10.3 对任意 $p\in M$，存在 p 的开邻域 $U=U_p$ 和正数 $\delta=\delta_p$，使得对任意的 $q\in U$ 和 $\xi\in T_qM$，$|\xi|<\delta$，存在唯一测地线 $\gamma=\gamma(t,q,\xi)$ $(t\in(-2,2))$，满足

$$\gamma(0,q,\xi)=q,\ \dot{\gamma}(0,q,\xi)=\xi.$$

并且 $\gamma(t,q,\xi)$ 关于各变元 t,q,ξ 是光滑的．

证明．取 p 点邻近的局部坐标

$$x(q)=(x^1(q),\ x^2(q),\cdots,x^m(q)),$$

满足

$$x(p)=0.$$

在局部坐标下，我们求解常微分方程组的初值问题(10.1)和(10.2)(对于 $x_0=x(q)$ 和 $\dot{x}_0=dx(\xi)$)．因为 $x_0=\dot{x}_0=0$ 时(相当于 $q=p$，$\xi=0$ 时)上述问题的解 $x\equiv 0$ 存在于 $t\in(-\infty,+\infty)$，所以当 x_0 和 $\dot{x}_0$ 充分小时上述问题的解存在于 $t\in(-2,2)$．这证明了：当 q 充分接近于 p，$|\xi|$ 充分小时，存在唯一的测地线 $\gamma(t,$

q, ξ)满足

$$\gamma(0, q, \xi) = q, \ \dot{\gamma}(0, q, \xi) = \xi.$$

$\gamma(t, q, \xi)$ 的光滑性则由常微分方程理论中的定理所保证. □

定义 10.4 我们沿用上面的记号. 对于 $q \in U$ 和 $|\xi| < \delta$, 引入记号

$$\exp_q \xi = \gamma(1, q, \xi).$$

我们把

$$\exp_q : \{\xi \in T_q M \mid |\xi| < \delta\} \to M \tag{10.3}$$

称为指数映射.

注记 10.5 指数映射(10.3)是光滑的, 并且映射

$$\exp : \{\xi \in T_U M \mid |\xi| < \delta\} \to M$$
$$\xi \longmapsto \exp_{\pi \xi} \xi$$

也是光滑的.

测地线的一个重要特点,是它具有某种"齐次"性质.

定理 10.6 对于 $q \in U$, $\xi \in T_q M$, $\lambda \in \mathbb{R}$, $|\lambda \xi| < \delta$,我们有

$$\gamma(\lambda t, q, \xi) = \gamma(t, q, \lambda \xi), \ \forall t \in (-2, 2).$$

证明. 我们注意到方程(10.1)具有某种"齐次"性质. 如果 $x(t)$ 是(10.1)满足初值条件

$$x(0) = x_0, \ \dot{x}(0) = \dot{x}_0,$$

的解,那么

$$y(t) = x(\lambda t)$$

就是方程(10.1)满足初值条件

$$y(0) = x_0, \ \dot{y}(0) = \lambda x_0$$

的唯一解. 因而

$$\gamma(\lambda t, q, \xi) = \gamma(t, q, \lambda \xi). \quad \square$$

推论 10.7 过 q 点沿 ξ 方向的测地线可以表示为

$$\gamma(t, q, \xi) = \exp_q(t\xi).$$

证明. 我们有

$$\exp_q(t\xi) = \gamma(1, q, t\xi) = \gamma(t, q, \xi). \quad \square$$

定理 10.8 我们有

$$(D\exp_q)_0 = id: T_qM \to T_qM.$$

因而对充分小的正数 $\eta = \eta_q < \delta$，映射

$$\exp_q: \{\xi \in T_qM \mid |\xi| < \eta\} \to M$$

是到 M 中包含 q 点的某一开集的微分同胚.

证明. 我们有

$$\exp_q(t\xi) = \gamma(t, q, \xi).$$

将上一等式两边对 t 微分并在 $t = 0$ 处计值，可得

$$(D\exp_q)_0\xi = \dot{\gamma}(0, q, \xi) = \xi.$$

因而

$$(D\exp_q)_0 = id: T_qM \to T_qM. \quad \square$$

下面，我们来解释测地线的几何意义. 先引入曲线弧长的概念.

定义 10.9 (曲线的弧长) 设 $\alpha: [\tau_0, \tau] \to M$ 是分段光滑的连续曲线，我们定义其弧长为

$$l(\alpha) = \int_{\tau_0}^{\tau} |\dot{\alpha}(t)| dt.$$

这里 $|\cdot|$ 表示由 Riemann 度量 $\langle \cdot, \cdot \rangle$ 引出的范数:

$$|\xi| = \sqrt{\langle \xi, \xi \rangle}, \forall \xi \in TM.$$

定义 10.10 设 M 是一个连通的光滑的 Riemann 流形. 对于 $p, q \in M$，我们定义 $d(p, q)$ 为联结 p, q 两点的一切分段光滑的曲线的弧长的下确界

$$d(p, q) = \inf\{l(\alpha) \mid \alpha \text{ 联结 } p, q\}.$$

这样定义的 d 满足距离三公理:

($\mathbf{d}_1$) $d(p, q) \geqslant 0$，并且

$$d(p, q) = 0 \Longleftrightarrow p = q;$$

($\mathbf{d}_2$) $d(p, q) = d(q, p)$;

($\mathbf{d}_3$) $d(p, q) \leqslant d(p, r) + d(r, q)$.

注记 10.11 可以证明: 由上面定义的距离引出的拓扑，与流形 M 原来的拓扑一致. (参看 [9]，第 V 章，定理 3.1.)

以下定理说明了测地线的几何意义.

定理 10.12 测地线在局部范围内是最短线，即：当两点 p 和 q 充分接近时，联结它们的最短曲线是测地线.

定理 10.12 的证明请参看 [9]（第 VII 章，第 7 节）.

推论 10.13 对任意 $p \in M$，存在 p 点的开邻域 U 和正数 ρ，使得对于 $q \in U$, $\xi \in T_qM$, $|\xi| < \rho$，有

$$d(\exp_q \xi, q) = |\xi|.$$

证明. 我们知道

$$\gamma(t, q, \xi) = \exp_q t\xi$$

是联结 q 和 $\exp_q \xi$ 的测地线，并且当 $|\xi|$ 充分小时 $\exp_q t\xi$ 充分接近 q。于是

$$d(\exp_q \xi, q) = l(\gamma).$$

又因为沿测地线切向量的长度保持不变：

$$|\dot{\gamma}(t, q, \xi)| = |\dot{\gamma}(0, q, \xi)| = |\xi|,$$

所以

$$l(\gamma) = \int_0^1 |\dot{\gamma}|\, dt = \int_0^1 |\xi|\, dt = |\xi|.$$

我们证明了

$$d(\exp_q \xi, q) = |\xi|. \qquad \square$$

对于 $q \in M$ 和 $r > 0$，我们引入记号

$$B(q, r) = \{x \in M \mid d(x, q) < r\}.$$

从定理 10.8 和推论 10.13 可以得到

定理 10.14 对任意 $p \in M$，存在 p 点的开邻域 $V = V_p$ 和正数 $\zeta = \zeta_p$，使得对任意的 $q \in V$，映射

$$\exp_q : \{\xi \in T_qM \mid |\xi| < \zeta\} \to B(q, \zeta)$$

是光滑微分同胚.

证明. 以 $q \in U$ 为参变元，考虑映射

$$\exp_q : \{\xi \in T_qM \mid |\xi| < \delta\} \to M.$$

在局部坐标下引用含参变元的逆映射定理（第六章定理 9.7）就得到本定理的证明. $\square$

推论 10.15 设 $A \subset M$ 是紧致集，则存在正数 $\rho = \rho_A$，使得

对任何 $q \in \Lambda$,

$$\exp_q:\{\xi \in T_qM \mid |\xi| < \rho\} \to B(q, \rho)$$

是光滑微分同胚。 □

第十三章　截面空间与映射流形

我们知道，映射的局部线性化是分析研究中强有力的手段．在微分动力系统大范围性态的研究中，往往也采取某种形式的线性化作法．这种线性化，涉及一些向量丛的截面空间．我们这里就来介绍有关的概念．

§1　截面空间

定义 1.1　向量丛 $(E, \pi, X, \mathbf{R}^k)$ 的一个截面是一个映射

$$\sigma: X \to E,$$

它满足条件

$$\pi \circ \sigma = id.$$

这就是说，截面是一个映射 $\sigma: X \to E$，它把每一点 $x \in X$ 映到这点上的纤维之中

$$\sigma(x) \in \pi^{-1}(x) = E_x, \ \forall x \in X.$$

例 1.2　平凡丛 $X \times \mathbf{R}^k$ 的一个截面，就是任何一个函数 $f: X \to \mathbf{R}^k$ 的图象：

$$(id, f): X \to X \times \mathbf{R}^k.$$

例 1.3　微分流形 M 的切丛 TM 的任何一个截面，就是 M 上的一个向量场．

注记 1.4　截面作为从底空间到全空间的映射，可以讨论其连续性或可微性．因而“连续截面”或“C^r 截面”这类说法有确定的含义．

设 $(E, \pi, X, \mathbf{R}^k)$ 是一个具有 Finsler 构造的向量丛．我们以 $\Gamma^0(E)$ 或者 $\Gamma^0(x, E)$ 表示 E 的所有连续截面的集合，即

$$\Gamma^0(E) = \Gamma^0(X, E)$$

$$= \{\sigma \in C^0(X, E) | \pi \circ \sigma = id\}.$$

在 $\Gamma^0(E)$ 上可以自然地引入线性结构：对于 $\sigma, \tau \in \Gamma^0(E)$，$c \in \mathbf{R}$，我们定义 $\sigma + \tau$ 和 $c\sigma$ 如下：

$$(\sigma + \tau)(x) = \sigma(x) + \tau(x),$$

$$(c\sigma)(x) = c\sigma(x).$$

如果X是紧空间，则还可以在 $\Gamma^0(E)$ 上引入范数：

$$\|\sigma\| = \sup_{x \in X} \|\sigma(x)\|$$

容易验证 $(\Gamma^0(E), \|\cdot\|)$ 是一个 Banach 空间.

定义 1.5 我们把 $\Gamma^0(E)$ 或 $(\Gamma^0(E), \|\cdot\|)$ 称为是E的连续截面空间

有时候，我们需要涉及不一定连续的有界截面，即满足以下条件的截面：

$$\sup_{x \in X} \|\sigma(x)\| < +\infty. \tag{1.1}$$

满足条件(1.1)的E的截面的集合记为 $\Gamma^b(E)$ 或者 $\Gamma^b(X, E)$. 在 $\Gamma^b(E)$ 中，也可以按照逐点运算的方式引入截面之间的线性运算. 还可以在 $\Gamma^b(E)$ 上引入范数

$$\|\sigma\| = \sup_{x \in X} \|\sigma(x)\|.$$

这样，$(\Gamma^b(E), \|\cdot\|)$ 也成为一个 Banach 空间.

定义 1.6 我们把 $\Gamma^b(E)$ 或 $(\Gamma^b(E), \|\cdot\|)$ 称为E的有界截面空间.

§2 Palais 引 理

定义 2.1 (沿纤维方向的微分) 设 $(E, \pi, X, \mathbf{R}^k)$ 是具有 Finsler 构造的向量丛，$Q \subset E$ 是E的开子集，$F: Q \to E$ 是覆盖 $f: \pi(Q) \to X$ 的保持纤维的映射，$x \in \pi(Q)$，则

$$F | E_x \cap Q: E_x \cap Q \to E_{f(x)}$$

是从一个赋范线性空间的开子集到另一个赋范线性空间的映射，因而可以讨论其可微性. 这样的微分称为沿纤维方向的微分，记

为 $\widetilde{D}F$. 对于取定的 $\xi\in E_x\cap Q$,

$$\widetilde{D}F(\xi):E_x\to E_{f(x)}$$
$$\eta\longmapsto\widetilde{D}F(\xi)\eta$$

是一个线性映射:

$$\widetilde{D}F(\xi)\in \mathrm{L}(E_x,E_{f(x)}).$$

我们可以把 $\mathrm{L}(E_x, E_{f(x)})$ 视为向量丛 $\mathrm{L}(E, f^*E)$ 在 x 点的纤维

$$\mathrm{L}(E, f^*E)_x=\mathrm{L}(E_x, E_{f(x)}).$$

于是,当 ξ 在 Q 中变动时, $\widetilde{D}F$ 定义了一个映射

$$\widetilde{D}F:Q\to \mathrm{L}(E, f^*E)$$
$$\xi\longmapsto\widetilde{D}F(\xi).$$

如果这映射是连续的,我们就说 F 沿纤维的微分是连续的.

在局部平凡表示之下,一个保持纤维的映射 F 可表示为

$$(x,\xi)\longmapsto(\varphi(x),\Phi(x,\xi)),$$

而 F 沿纤维的微分 $\widetilde{D}F$ 表示为偏微分

$$(x,\xi)\longmapsto D_\xi\Phi(x,\xi).$$

如果这偏微分是连续的,那么 $\widetilde{D}F$ 就是连续的.

以下定理对于 $\Gamma(E)=\Gamma^0(E)$ 或 $\Gamma^b(E)$ 两种情形都成立. 我们仅对 $\Gamma(E)=\Gamma^0(E)$ 的情形陈述并证明. 对于 $\Gamma(E)=\Gamma^b(E)$ 情形应作的改变,则在注记 2.3 中予以说明.

定理 2.2 (Palais 引理) 设(E,π,X,R^k)是一个具有 Finsler 构造的向量丛,其中X是紧致的. 又设$Q\subset E$是E的一个开子集, $\pi(Q)=X$, $f:X\to X$ 是一个同胚, $F:Q\to E$ 是覆盖 f 的一个保持纤维的映射. 我们还假设

$$\Gamma(Q)=\{\sigma\in\Gamma(E)\,|\,\mathrm{im}\,\sigma\subset Q\}\neq\varnothing.$$

如果F沿纤维的微分 $\widetilde{D}F$ 在Q中连续,那么截面空间的映射

$$\tilde{F}:\Gamma(Q)\to\Gamma(E)$$
$$\sigma\longmapsto F\circ\sigma\circ f^{-1}$$

是可微分的,其微分表示如下

$$D\tilde{F}(\sigma):\Gamma(E)\to\Gamma(E)$$

$$\tau \longmapsto D\widetilde{F}(\sigma)\tau,$$
$$(D\widetilde{F}(\sigma)\tau)(x) = \widetilde{D}F(\sigma(f^{-1}(x)))\tau(f^{-1}(x)).$$
我们把这写作:
$$D\widetilde{F}(\sigma)\tau = (\widetilde{D}F)_{(\sigma\circ f^{-1})}\circ\tau\circ f^{-1}.$$
证明. 对任意 $\xi_1, \xi \in Q\cap E_x$，我们有
$$F(\xi_1) - F(\xi) - \widetilde{D}F(\xi)(\xi_1 - \xi)$$
$$= r(\xi_1, \xi)(\xi_1 - \xi),$$
这里
$$r(\xi_1, \xi) = \int_0^1 \widetilde{D}F(\xi + t(\xi_1 - \xi))dt - \widetilde{D}F(\xi)$$
$$= \int_0^1 (\widetilde{D}F(\xi + t(\xi_1 - \xi)) - \widetilde{D}F(\xi))dt.$$
因而,对任意 $\sigma_1, \sigma \in \Gamma(Q)$，我们有
$$F(\sigma_1(f^{-1}(x))) - F(\sigma(f^{-1}(x)))$$
$$- \widetilde{D}F(\sigma(f^{-1}(x)))(\sigma_1(f^{-1}(x)) - \sigma(f^{-1}(x)))$$
$$= r(\sigma_1(f^{-1}(x)), \sigma(f^{-1}(x)))(\sigma_1(f^{-1}(x))$$
$$- \sigma(f^{-1}(x))).$$
由于 $\widetilde{D}F$ 的连续性和 $\operatorname{im}\sigma = \sigma(X)$ 的紧致性，对于 $\xi\in \operatorname{im}\sigma$ 和充分接近于 ξ 的 $\xi_1 \in E_{\pi(\xi)}$ 一致地有
$$\|r(\xi_1, \xi)\| < \varepsilon.$$
于是,当 σ_1 充分接近 σ 时就有
$$\|F(\sigma_1(f^{-1}(x))) - F(\sigma(f^{-1}(x)))$$
$$- \widetilde{D}F(\sigma(f^{-1}(x)))(\sigma_1(f^{-1}(x)) - \sigma(f^{-1}(x)))\|$$
$$= \|r(\sigma_1(f^{-1}(x)), \sigma(f^{-1}(x)))(\sigma_1(f^{-1}(x)) - \sigma(f^{-1}(x)))\|$$
$$\leqslant \varepsilon\|\sigma_1 - \sigma\|. \quad \square$$

注记 2.3 对于 $\Gamma(E) = \Gamma^b(E)$ 的情形,我们要求 $\bar{Q}$ 是 E 中的紧致集,要求 F 在包含 $\bar{Q}$ 的一个开集上有定义并且是覆盖 f 的保持纤维映射,还要求 $\widetilde{D}F$ 在 $\bar{Q}$ 上连续. 在这样的条件下，对于 $\Gamma(E) = \Gamma^b(E)$ 的情形,定理的结论仍然成立. 在定理的证明中，我们可以利用 $\widetilde{D}F$ 在 $\bar{Q}$ 上的一致连续性 (以代替对连续截面空间

的情形证明时所用到的 $\widetilde{D}F$ 在 $\operatorname{im}\sigma$ 上的一致连续性).

§3 映射流形介绍

虽然就本书以后各章的需要而言，引入截面空间作为工具已经够用了. 但对于一般文献中经常出现的"映射流形"的概念，也有了解的必要. 引入映射流形作为工具，往往使得大范围问题的表述显得简洁而富于几何直观.

以下扼要地介绍映射流形的概念. 读者初次阅读时可以跳过本节而不致于影响对以后各章的理解.

首先需要对上节中的"沿纤维的微分"的概念和 Palais 引理作一点推广，即允许映射 F 的定义域和值域在不同的向量丛上.

定义 3.1（沿纤维方向的微分） 设 $(E, \pi, X, \mathbb{R}^k)$ 和 $(E', \pi', X', \mathbb{R}^{k'})$ 是两个有 Finsler 构造的向量丛，$Q\subset E$ 是 E 的开子集，$F: Q\to E'$ 是覆盖 $f:\pi(Q)\to X'$ 的保持纤维的映射，$x\in\pi(Q)$，则

$$F\,|\,E_x\cap Q: E_x\cap Q\to E'_{f(x)}$$

是从一个赋范线性空间的开子集到另一个赋范线性空间的映射，因而可以讨论其可微性. 这样的微分称为沿纤维方向的微分，记为 $\widetilde{D}F$. 对于取定的 $\xi\in E_x\cap Q$,

$$\begin{aligned}\widetilde{D}F(\xi): E_x &\to E'_{f(x)}\\ \eta &\longmapsto \widetilde{D}F(\xi)\eta\end{aligned}$$

是一个线性映射:

$$\widetilde{D}F(\xi)\in \mathrm{L}(E_x, E'_{f(x)}).$$

我们可以把 $\mathrm{L}(E_x, E'_{f(x)})$ 视为向量丛 $\mathrm{L}(E, f^*E')$ 在 x 点上的纤维

$$\mathrm{L}(E, f^*E')_x = \mathrm{L}(E_x, E'_{f(x)}).$$

当 ξ 在 Q 中变动时，$\widetilde{D}F(\xi)$ 定义了一个映射

$$\begin{aligned}\widetilde{D}F: Q &\to \mathrm{L}(E, f^*E')\\ \xi &\longmapsto \widetilde{D}F(\xi).\end{aligned}$$

如果这映射是连续的，我们就说 F 沿纤维的微分是连续的.

以下定理对连续截面空间 $\Gamma^0(E)$, $\Gamma^0(E')$ 和有界截面空间 $\Gamma^b(E)$, $\Gamma^b(E')$ 都成立. 我们仅仅对 $\Gamma=\Gamma^0$ 的情形陈述定理. 至于对 $\Gamma=\Gamma^b$ 情形应作的改变，则可参考注记 2.3 作出.

定理 3.2 (Palais 引理) 设 $(E,\pi,X,\mathbb{R}^k)$ 和 $(E',\pi',X,\mathbb{R}^{k'})$ 是具有 Finsler 构造的向量丛，其中 X 是紧致的. 又设 $Q\subset E$ 是 E 的一个开子集，$\pi(Q)=X$, $f:X\to X$ 是一个同胚，$F:Q\to E$ 是覆盖 f 的一个保持纤维的映射. 我们还假设

$$\Gamma(Q)=\{\sigma\in\Gamma(E)\,|\,\mathrm{im}\sigma\subset Q\}\neq\phi.$$

如果 F 沿纤维的微分 $\widetilde{D}F$ 在 Q 中连续，那么截面空间之间的映射

$$\begin{aligned}\tilde{F}:\Gamma(Q)&\to\Gamma(E')\\ \sigma&\longmapsto F\circ\sigma\circ f^{-1}\end{aligned}$$

是可微分的，其微分表示如下：

$$\begin{aligned}D\tilde{F}(\sigma):\Gamma(E)&\to\Gamma(E')\\ \tau&\longmapsto D\tilde{F}(\sigma)\tau,\end{aligned}$$

$$(D\tilde{F}(\sigma)\tau)(x)=\widetilde{D}F(\sigma(f^{-1}(x)))\tau(f^{-1}(x)),$$

我们把这写作

$$D\tilde{F}(\sigma)\tau=(\widetilde{D}F)_{(\sigma\circ f^{-1})}\circ\tau\circ f^{-1}.$$

这定理的证明与定理 2.2 完全一样，这里就不再重复了. 对于 $\Gamma=\Gamma^b$ 情形应作的改变，也如同注记 2.3 中所述.

设 M 是一个紧致的连通的光滑的 Riemann 流形，S 是一个紧致拓扑空间，考虑从 S 到 M 的连续映射的集合 $C^0(S,M)$. 我们将设法赋予 $C^0(S,M)$ 以适当的微分流形结构. 这里有两点需要加以说明：第一，这种流形，不同于我们以前遇到的以 Euclid 空间为模式空间的流形，它是以 Banach 空间为模式空间的流形，即 Banach 流形；第二，虽然是 C^0 映射的集合 $C^0(S,M)$，也仍然可以赋以 C^∞ 流形的结构，这里的光滑性来源于 M 的光滑性.

下面陈述 Banach 流形的定义.

定义 3.3 (Banach 流形) 设 $\mathscr{M}$ 是 Hausdorff 拓扑空间，$\{U_\alpha\}_{\alpha\in A}$ 是 $\mathscr{M}$ 的开覆盖，$\varphi_\alpha:U_\alpha\to E_\alpha$ 是到 Banach 空间 E_α 中

的开集 $\varphi_\alpha(U_\alpha)\subset E_\alpha$ 的同胚．如果对任意使得 $U_\alpha\cap U_\beta\neq\emptyset$ 的 α 和 β，映射

$$\varphi_\beta\circ\varphi_\alpha^{-1}:\varphi_\alpha(U_\alpha\cap U_\beta)\to\varphi_\beta(U_\alpha\cap U_\beta)$$

是 C^r 同胚，那么我们就说 $\{(U_\alpha,\varphi_\alpha)\}_{\alpha\in A}$ 给出了 $\mathscr{M}$ 的一个 C^r 流形结构．这样定义的流形称为 C^r-Banach 流形．

注记 3.4 在上面的定义中，Banach 空间 E_α 称为模式空间．对于包含同一点 $x\in\mathscr{M}$ 的所有的坐标邻域 U_α，相应的模式空间 E_α 彼此同构．事实上，假设 U_α 和 U_β 都包含 x，那么

$$D(\varphi_\beta\circ\varphi_\alpha^{-1})(\varphi_\alpha(x)):E_\alpha\to E_\beta$$

是同构映射．根据这一观察，我们可以定义每一点 $x\in\mathscr{M}$ 的模式空间(确定到同构类)．具有同构的模式空间的点组成 $\mathscr{M}$ 中的既开且闭的集合，因而在同一连通分支上，各点的模式空间都是同构的．特别地，连通流形各点的模式空间彼此同构．

为了在 $C^0(S,M)$ 上引入流形结构，先要对其拓扑作一描述．引入与M的拓扑一致的距离 d，可以把 $C^0(S,M)$ 作成一个距离空间，其距离为

$$\tilde{d}(f,g)=\sup_{s\in S}d(f(s),g(s)).$$

对于任何与M的拓扑一致的距离都可以这样做．以下，我们选择一种特殊的方便于讨论的距离 d，即第十二章定义 10.10 中所给出的M上的距离 d．

设 $h\in C^0(S,M)$，我们设法把 h 邻近的映射 f 表示为适当的截面空间中的元素．依据第十二章的推论 10.15，我们可以确定 $\varepsilon>0$，使得对于任何 $q\in M$，

$$\exp_q:\{\xi\in T_qM\mid|\xi|<\varepsilon\}\to B(q,\varepsilon)$$

是光滑微分同胚．于是，对于满足条件

$$\tilde{d}(f,h)<\varepsilon$$

的 $f\in C^0(S,M)$，我们可以确定

$$\exp_{h(s)}^{-1}f(s)\in T_{h(s)}M,\quad\forall s\in S.$$

如果 h 是到象集的同胚，用这种方式我们得到一个截面 $\sigma\in\Gamma^0$

$(TM|h(S))$:

$$\sigma(h(s)) = \exp_{h(s)}^{-1} f(s),\ \forall s \in S$$

或者

$$\sigma(x) = \exp_x^{-1} f(h^{-1}(x)),$$

$$\forall x = h(s) \in h(S).$$

于是，我们把 h 的开邻域

$$\widetilde{B}(h, \varepsilon) = \{f \in C^0(S, M) \mid \tilde{d}(f, h) < \varepsilon\}$$

同胚地映到截面空间 $\Gamma^0(TM|h(S))$ 的开集上.

但是，如果 $h \in C^0(S, M)$ 不是单一的，那么用上述方式提升而得的

$$\exp_{h(s)}^{-1} f(s) \in T_{h(s)}M,\ \forall s \in S,$$

就有可能不再给出 $TM|h(S)$ 上的截面. 因为这时有可能

$$h(s) = h(s') = x,\ 而\ f(s) \neq f(s').$$

于是底空间 $h(S)$ 上的同一点 $h(s)=h(s')=x$ 对应着纤维 T_xM 上的两点

$$\exp_{h(s)}^{-1} f(s)\ 和\ \exp_{h(s')}^{-1} f(s').$$

然而，只要我们从 $TM|h(S)$ 回退到 $h^*(TM)$ 上，就不再会出现上述麻烦了——上述两点分别回退到不同的纤维

$$(h^*(TM))_s\ 和\ (h^*(TM))_{s'}$$

之上.

根据以上分析，我们得到建立映射流形的正式做法如下.

选择 $\varepsilon > 0$ 如前所述. 对于 $h \in C^0(S, M)$，我们引入记号

$$U_h = \{\xi \in h^*(TM) \mid |\xi| < \varepsilon\},$$

$$\mathscr{U}_h = \widetilde{B}(h, \varepsilon) = \{f \in C^0(S, M) \mid \tilde{d}(f, h) < \varepsilon\}.$$

为简便起见，将 $(h^*(TM))_s$ 与 $(TM)_{h(s)}$ 等同视之，对

$$\xi^* \in h^*(TM)_s$$

及与之相应的 $\xi \in (TM)_{h(s)}$ 在记号上不再加以区别. 我们引入映射

$$\exp_h: U_h \to M,$$

它把

$$\xi \in (h^*(TM))_s \cap U_h = \{\eta \in T_{h(s)}M \mid |\eta| < \varepsilon\}$$
映到

$$\exp_{h(s)}\xi \in M.$$
这样的映射 $\exp_h$ 诱导出从开集 $\Gamma^0(U_h) \subset \Gamma^0(h^*(TM))$ 到开球 $\mathscr{U}_h = \widetilde{B}(h, \varepsilon) \subset C^0(S, M)$ 的一个同胚:

$$\widetilde{\exp}_h : \Gamma^0(U_h) \to \mathscr{U}_h$$
$$\sigma \longmapsto \exp_h \circ \sigma,$$
这里

$$(\exp_h \circ \sigma)(s) = \exp_{h(s)}\sigma(s), \ \forall s \in S.$$
我们将以

$$\{(\mathscr{U}_h, \widetilde{\exp}_h^{-1})\}_{h \in C^0(S,M)}$$
为局部坐标系,赋予 $C(S, M)$ 以 C^∞ 流形结构. 为此,只须验证坐标变换的光滑性.

设 $h_1, h_2 \in C^0(S, M)$, 使得

$$\mathscr{U}_{h_1} \cap \mathscr{U}_{h_2} \neq \varnothing.$$
对于

$$\sigma \in \widetilde{\exp}_{h_1}^{-1}(\mathscr{U}_{h_1} \cap \mathscr{U}_{h_2}) = \Gamma^0(U_{h_1}) \cap \widetilde{\exp}_{h_1}^{-1}(\mathscr{U}_{h_2}),$$
我们有

$$\widetilde{\exp}_{h_2}^{-1} \circ \widetilde{\exp}_{h_1}(\sigma) = \Phi_{21} \circ \sigma.$$
这里

$$\Phi_{21} = \exp_{h_2}^{-1} \circ \exp_{h_1} : Q \to h_2^*(TM),$$
$$Q = \bigcup_{s \in S} \{\xi \in T_{h_1(s)}M \mid |\xi| < \varepsilon, \ d(\exp_{h_1(s)}\xi, h_2(s)) < \varepsilon\}.$$
显然 Q 是 $h_1^*(TM)$ 中的开集,

$$\Phi_{21} : Q \to h_2^*(TM)$$
是覆盖

$$id : S \to S$$
的保持纤维的映射. 由指数映射的光滑性,我们看到 Φ_{21} 沿纤维是光滑的,并且 $\widetilde{D}^r\Phi_{21}$ 是连续的 $(0 \leqslant r < +\infty)$. 再由 Palais 引理,我们断定

$$\widetilde{\exp}_{h_2}^{-1} \circ \widetilde{\exp}_{h_1} : \widetilde{\exp}_{h_1}^{-1}(\mathscr{U}_{h_1} \cap \mathscr{U}_{h_2})$$
$$\to \widetilde{\exp}_{h_2}^{-1}(\mathscr{U}_{h_1} \cap \mathscr{U}_{h_2})$$

是光滑的.

这样，我们建立了 $C^0(S, M)$ 的光滑流形结构. 这样的流形称为是连续映射的映射流形.

上述讨论的关键是，通过指数映射把与 h 邻近的 f 提升为适当的截面空间中的元素. 这里映射流形结构的光滑性来源于指数映射的光滑性，与 h 或 f 的分析性质没有什么关系. 因此，我们可以用有界截面空间 $\Gamma^b(h^*(TM))$ 为模式空间，给不一定连续的映射的集合 $\mathscr{M}(S, M)$ 建立光滑流形结构. 这样的映射流形称为是有界映射的映射流形.

在前面的讨论中，我们一开始就假定M是紧致的. 其实这一限制完全可以取消. 分析前面的讨论过程，我们用到M的紧致性仅仅在于确定一个共同的 $\varepsilon > 0$，使得对任意 $q \in M$，

$$\exp_q : \{\xi \in T_qM \mid |\xi| < \varepsilon\} \to B(q, \varepsilon)$$

是光滑微分同胚. 然而，我们在建立映射流形的过程中，不一定要求所有的坐标邻域都是大小相同的 ε 球. 所以，只须在包含 $h(S)$ 的一个紧致集上确定一个与 h 有关的 ε 就可以了. 于是，要给连续映射的集合 $C^0(S, M)$ 建立光滑流形结构，可以取消M紧致的限制，仅仅保留 S 紧致的要求. 这时 $h(S)$ 本身就是一个紧致集，可以对它确定与 h 有关的 ε.

对于不一定连续的映射 h，即使 S 是紧致的，$h(S)$ 也不一定是紧致集. 但我们可以要求 $h(S)$ 包含在紧致集之中，并对这紧致集确定 ε. 对于M不一定紧致的情形，我们把象集包含在紧致集之中的映射称为是有界映射，把全体有界映射的集合记为 $\mathscr{M}(S, M)$. 我们仍可给 $\mathscr{M}(S, M)$ 建立光滑流形结构.

第十四章　双曲不变集

§1　双曲不变集的概念

定义 1.1（双曲不变集） 设M是一个光滑的 Riemann 流形，$P\subset M$ 是M的一个开集，$f\in C^1(P, M)$ 是从P到 $f(P)$ 的微分同胚．紧致集$\Lambda\subset P$称为是f的一个双曲不变集，如果

(1) Λ关于f是不变的，即

$$f(\Lambda)=\Lambda;$$

(2) $T_\Lambda M=(TM)|\Lambda$ 分解为关于Tf不变的连续的 Whitney 和(即 C^0 直和)

$$T_\Lambda M=E^u\oplus E^s,$$

$$Tf(E^u_x)=E^u_{f(x)},\ Tf(E^s_x)=E^s_{f(x)},\ \forall x\in\Lambda;$$

(3) 对于M的 Riemann 度量〈·，·〉，存在常数 $C_1>0$，$C_2>0$ 和 $0<\lambda<1$，使得

$$|Tf^n(\xi)|\geqslant C_1\lambda^{-n}|\xi|,\forall\xi\in E^u, n=1,2,\cdots;$$

$$|Tf^n(\eta)|\leqslant C_2\lambda^n|\eta|,\ \forall\eta\in E^s, n=1,2,\cdots,$$

这里$|\cdot|$是由 Riemann 度量〈·，·〉给出的范数．

注记 1.2 在上面的定义中，如果Λ是单独的一点，这就是双曲不动点．如果Λ是一条周期轨道，这就是双曲周期点．如果M是紧致流形，$f\in \mathrm{Diff}^1(M)$ 以 $\Lambda=M$ 为其双曲不变集，则称f为 Anosov 微分同胚．

注记 1.3 如果对于M的 Riemann 度量《·，·》，定义 1.1 中的常数 C_1和 C_2 都可取为 1，我们就说这 Riemann 度量《·，·》适合于 Λ (adapted to Λ)．下面的引理说明，适合于Λ的 Riemann 度量总是存在的．

引理 1.4 在定理 1.1 的条件下，存在与〈·，·〉等价的

Riemann 度量《·,·》和常数 $0<\tau<1$，使得

$$\|Tf(\xi)\| \geqslant \tau^{-1}\|\xi\|, \ \forall \xi \in E^u,$$

$$\|Tf(\eta)\| \leqslant \tau\|\eta\|, \forall \eta \in E^s.$$

（这时我们说 f 在 Λ 的斜度 $\leqslant \tau$.）

证明．取 $\theta \in C^\infty(M, \mathbb{R})$ 满足

(1) $0 \leqslant \theta(x) \leqslant 1$, $\forall x \in M$,

(2) $\theta(x) = 1, \forall x \in \Lambda$,

(3) $\mathrm{supp}\theta$ 是紧致集并且 $\subset P$.

由定义，存在 $C_1 > 0$, $C_2 > 0$ 和 $0<\lambda<1$，使得

$$|Tf^n(\xi)| \geqslant C_1\lambda^{-n}|\xi|, \ \forall \xi \in E^u, \ n = 1, 2, \cdots;$$

$$|Tf^n(\eta)| \leqslant C_2\lambda^n|\eta|, \ \forall \eta \in E^s, \ n = 1, 2, \cdots$$

取 q 充分大，使得

$$C_1\lambda^{-q} > 1, \ C_2\lambda^q < 1.$$

置

$$|\xi|^2 = \begin{cases} |\xi|^2 + \sum\limits_{l=1}^{q-1} |\theta(\pi(\xi))Tf^l(\xi)|^2, & \text{如果 } \pi(\xi) \in P, \\ |\xi|^2, & \text{如果 } \pi(\xi) \notin \mathrm{supp}\theta. \end{cases}$$

这里 $\pi: TM \to M$ 是切丛到底流形的投影．由于 $\mathrm{supp}\theta$ 是紧致的，存在 $B > 0$，使得

$$|\xi| \leqslant |\xi| \leqslant B|\xi|, \ \forall \xi \in TM.$$

于是，对于 $\xi \in E^u$，我们有

$$\begin{aligned} |Tf(\xi)|^2 &= \sum_{l=1}^{q} |Tf^l(\xi)|^2 \\ &= |\xi|^2 + |Tf^q(\xi)|^2 - |\xi|^2 \\ &\geqslant |\xi|^2 + (C_1^2\lambda^{-2q} - 1)|\xi|^2 \\ &\geqslant \mu^2|\xi|^2. \end{aligned}$$

这里

$$\mu = \sqrt{1 + \frac{C_1^2\lambda^{-2q} - 1}{B^2}} > 1.$$

同样，对于 $\eta \in E^s$，我们有

$$\begin{aligned}|Tf(\eta)|^2 &= \sum_{l=1}^{q} |Tf^l(\xi)|^2 \\ &= |\eta|^2 - |\eta|^2 + |Tf^q(\eta)|^2 \\ &\leqslant |\eta|^2 - (1 - C_2^2\lambda^{2q})|\eta|^2 \\ &\leqslant \nu^2|\eta|^2,\end{aligned}$$

这里

$$\nu = \sqrt{1 - \frac{1 - C_2^2\lambda^{2q}}{B^2}} < 1.$$

取 $0<\tau=\max\{\mu^{-1},\nu\}<1$，并用光滑的 Riemann 度量$\|\cdot\|^2$逼近$|\cdot|^2$，可使

$$\|Tf(\xi)\| \geqslant \tau^{-1}\|\xi\|,\ \forall \xi \in E^u,$$
$$\|Tf(\eta)\| \leqslant \tau\|\eta\|,\ \forall \eta \in E^s. \quad \square$$

研究双曲不变集的一个重要手段，是把它表示为适当的截面空间中一定的映射的双曲不动点．下面的命题是关键的一步．

命题 1.5 设 $P\subset M$是开集，$f\in C^1(P, M)$ 是从 P 到 $f(P)$ 的微分同胚，$\Lambda\subset P$ 是 f 的紧致不变集．考虑线性映射

$$f^{\#}: \Gamma^0(T_\Lambda M) \longrightarrow \Gamma^0(T_\Lambda M)$$
$$\gamma \longmapsto Tf\circ\gamma\circ f^{-1}.$$

如果 Λ 是 f 的双曲不变集，那么 $f^{\#}$ 是双曲线性映射

证明．设 $T_\Lambda M$ 分解为 Whitney 和

$$T_\Lambda M = E^u \oplus E^s,$$

并设对于M的 Riemann 度量$\langle\cdot,\cdot\rangle$和常数 $0<\tau<1$ 有

$$|Tf(\xi)| \geqslant \tau^{-1}|\xi|,\ \forall \xi \in E^u,$$
$$|Tf(\eta)| \leqslant \tau|\eta|,\ \forall \eta \in E^s.$$

于是 $\Gamma^0(T_\Lambda M)$ 分解为直和

$$\Gamma^0(T_\Lambda M) = \Gamma^0(E^u) \oplus \Gamma^0(E^s),$$

并且对于 $\alpha\in\Gamma^0(E^u)$ 和 $\beta\in\Gamma^0(E^s)$ 分别有

$$\begin{aligned}|f^{\#}(\alpha)| &= \sup_{x\in\Lambda} |Tf\circ\alpha\circ f^{-1}(x)| \\ &= \sup_{y\in\Lambda} |Tf\circ\alpha(y)|\end{aligned}$$

$$\geqslant \tau^{-1} \sup_{y \in \Lambda} |\alpha(y)| = \tau^{-1}|\alpha|;$$

$$|f^{\#}(\beta)| = \sup_{x \in \Lambda} |Tf \circ \beta \circ f^{-1}(x)|$$

$$= \sup_{y \in \Lambda} |Tf \circ \beta(y)|$$

$$\leqslant \tau \sup_{y \in \Lambda} |\beta(y)| = \tau|\beta|. \quad \square$$

命题 1.6 设 $P \subset M$ 是开集，$f \in C^1(P, M)$ 是从 P 到 $f(P)$ 的微分同胚，$\Lambda \subset P$ 是 f 的紧致不变集. 考虑线性映射

$$f^{\#}: \Gamma^b(T_\Lambda M) \longrightarrow \Gamma^b(T_\Lambda M)$$

$$\gamma \longmapsto Tf \circ \gamma \circ f^{-1}.$$

如果 Λ 是 f 的不变集，那么 $f^{\#}$ 是双曲线性映射.

证明. 与命题 1.5 类似. 留给读者作为练习. $\square$

§2 结构稳定性

设 M 是光滑 Riemann 流形，$P \subset M$ 是开集，$f \in C^1(P, M)$ 是从 P 到 $f(P)$ 的微分同胚，$\Lambda \subset P$ 是 f 的双曲不变集. 我们将证明 f 在 Λ 上是结构稳定的.

定理 2.1 f 在 Λ 是结构稳定的. 即对任意的 $\delta > 0$，存在 f 在 $C^1(P, M)$ 中的邻域 $\mathscr{U}$，使得对任意的 $g \in \mathscr{U}$，存在关于 g 不变的紧致集 $\Lambda_g \subset P$ 和同胚 $h: \Lambda \to \Lambda_g$，满足

(1) $h \circ f|\Lambda = g \circ h$;

(2) $\sup_{x \in \Lambda} d(h(x), x) < \delta$.

证明. 设 $T_\Lambda M = E^u \oplus E^s$ 是关于 Tf 不变的 Whitney 和分解，并且对于 M 的 Riemann 度量 $\langle \cdot, \cdot \rangle$ 有

$$|Tf(\xi)| \geqslant \tau^{-1}|\xi|, \quad \forall \xi \in E^u,$$

$$|Tf(\eta)| \leqslant \tau|\eta|, \quad \forall \eta \in E^s.$$

对于在 C^1 意义下充分接近 f 的 g，我们来求解关于 $h \in C^0(\Lambda, M)$ 的方程

$$h \circ f | \Lambda = g \circ h. \tag{2.1}$$

这方程可以写成

$$h(x) = g \circ h \circ f^{-1}(x), \ \forall x \in \Lambda. \tag{2.2}$$

以 exp 表示 Riemann 流形的指数映射. 只要 $h(x)$ 与 x 充分接近，就存在

$$\gamma(x) = \exp_x^{-1} h(x).$$

于是 (2.2) 可以改写为

$$\exp_x \gamma(x) = g \circ \exp_{f^{-1}(x)} \gamma(f^{-1}(x)), \ \forall x \in \Lambda.$$

$$\gamma(x) = \exp_x^{-1} \circ g \circ \exp_{f^{-1}(x)} \gamma(f^{-1}(x)), \ \forall x \in \Lambda. \tag{2.3}$$

我们将在截面空间 $\Gamma^0(T_\Lambda M)$ 中求解关于 γ 的方程 (2.3).

由于 Λ 是紧致集，根据第十二章推论 10.15，存在 $\rho > 0$，使得对任意 $x \in \Lambda$，

$$\exp_x: \{\xi \in T_x M \mid |\xi| < \rho\} \to B(x, \rho)$$

是光滑微分同胚. 选取

$$0 < \varepsilon < \min\{\delta, \rho\},$$

并记

$$\mathscr{B}_\varepsilon^0 = \{\sigma \in \Gamma^0(T_\Lambda M) \mid |\sigma| < \varepsilon\}.$$

为求解关于 γ 的方程 (2.3)，我们定义一个映射

$$\mathscr{H}_g: \mathscr{B}_\varepsilon^0 \to \Gamma^0(T_\Lambda M),$$

其表达式为

$$\mathscr{H}_g(\gamma)(x) = \exp_x^{-1} \circ g \circ \exp_{f^{-1}(x)} \gamma(f^{-1}(x)), \quad \forall x \in \Lambda.$$

当 $g = f$ 时，我们有

$$\mathscr{H}_f(\gamma)(x) = \exp_x^{-1} \circ f \circ \exp_{f^{-1}(x)} \gamma(f^{-1}(x)), \quad \forall x \in \Lambda.$$

显然这时零截面 $\tilde{0}$ 是 $\mathscr{H}_f$ 的不动点:

$$\mathscr{H}_f(\tilde{0}) = \tilde{0}.$$

记

$$G(\xi) = \exp_{f(x)}^{-1} \circ g \circ \exp_x(\xi), \quad x = \pi(\xi);$$

$$F(\xi) = \exp_{f(x)}^{-1} \circ f \circ \exp_x(\xi), \quad x = \pi(\xi).$$

我们有

$$\mathscr{H}_g(\sigma) = G\circ\sigma\circ f^{-1} = \tilde{G}(\sigma);$$

$$\mathscr{H}_f(\sigma) = F\circ\sigma\circ f^{-1} = \tilde{F}(\sigma).$$

根据 Palais 引理(第十三章,定理 2.2),我们看到

$$(D\mathscr{H}_g)_\sigma(\tau) = D\tilde{G}(\sigma)\tau = (\tilde{D}G)_{\sigma\circ f^{-1}}\circ\tau\circ f^{-1}$$

$$(D\mathscr{H}_f)_\sigma(\tau) = D\tilde{F}(\sigma)\tau = (\tilde{D}F)_{\sigma\circ f^{-1}}\circ\tau\circ f^{-1}.$$

通过直接计算可得

$$(\tilde{D}F)_{\tilde{0}}(\zeta) = Tf(\zeta).$$

这里 $(\tilde{D}F)_{\tilde{0}}$ 表示 F 在零截面 $\tilde{0}$ 的任意一点处沿纤维方向的微分.由上面的表达式我们得到

$$(D\mathscr{H}_f)_{\tilde{0}}(\tau) = Tf\circ\tau\circ f^{-1},$$

即

$$(D\mathscr{H}_f)_{\tilde{0}} = f^{\#}.$$

因此,零截面 $\tilde{0}$ 是 $\mathscr{H}_f$ 的一个双曲不动点.

只要 g 在 C^1 意义下充分接近 f, 相应地 $\mathscr{H}_g$ 也在 C^1 意义下充分接近 $\mathscr{H}_f$. 根据第八章的定理 3.2, $\mathscr{H}_g$ 在零截面 $\tilde{0}$ 邻近也应该有一个不动点 γ:

$$\gamma \in \mathscr{B}_\varepsilon^0,\ \gamma = \mathscr{H}_g(\gamma).$$

即

$$\gamma(x) = \exp_x^{-1}\circ g\circ\exp_{f^{-1}(x)}\gamma(f^{-1}(x)),\ \forall x\in\Lambda.$$

记

$$h(x) = \exp_x\gamma(x).$$

自然有

$$h\in C^0(\Lambda, M),$$

$$h(x) = g\circ h\circ f^{-1}(x),\ \forall x\in\Lambda.$$

即

$$h = g\circ h\circ f^{-1}|\Lambda,$$

$$h\circ f|\Lambda = g\circ h.$$

又,显然 h 满足

$$d(h(x), x) = d(\exp_x\gamma(x), x)$$

$$= |\gamma(x)|$$
$$< \varepsilon < \delta, \quad \forall x \in \Lambda.$$
(参看第十二章，推论 10.13.)

尚须证明 h 是单映射，因而是从 Λ 到象集 $\Lambda_g = h(\Lambda)$ 的一个同胚. 为此，需要讨论 f 在 Λ 上的可扩性.

定义 2.2（**可扩性**） 设 (X, d) 是一个度量空间，$f: X \to X$ 是一个同胚. 我们说 f 是可扩的，如果存在常数 $\zeta > 0$，使得对任意 $x, y \in X$，$x \neq y$，存在 $n \in \mathbf{Z}$，满足
$$d(f^n(x), f^n(y)) \geqslant \zeta.$$
这时，我们称 ζ 为 f 的一个可扩常数.

注记 2.3 定义 2.2 的一个等价的说法是： f 称为是可扩的，如果存在常数 $\zeta > 0$ 满足
$$d(f^n(x), f^n(y)) < \zeta, \ \forall n \in \mathbf{Z} \Longrightarrow x = y.$$

引理 2.4 设 $(E, \|\cdot\|)$ 是一个 Banach 空间，$U \subset E$ 是一个开集，$0 \in U$，$\Phi \in C^1(U, E)$ 是从 U 到 $\Phi(U)$ 的微分同胚. 如果 Φ 以 0 为其双曲不动点，则存在常数 $\zeta > 0$，使得
$$\|\Phi^n(x)\| < \zeta, \ \forall n \in \mathbf{Z} \Longrightarrow x = 0.$$

证明. 记 $A = D\Phi(0)$，$\Psi = \Phi^{-1}$. 设 E 分解为关于 A 不变的子空间的直和
$$E = E^u \oplus E^s,$$
满足
$$\|(A|E^u)^{-1}\| \leqslant \tau < 1,$$
$$\|(A|E^s)\| \leqslant \tau < 1.$$
必要时改换一个等价的范数，不失一般性，可设对于 $y = y_u + y_s \in E$，$y_u \in E^u$，$y_s \in E^s$，有
$$\|y\| = \max\{\|y_u\|, \|y_s\|\}.$$

取
$$0 < \varepsilon < \frac{\tau^{-1} - 1}{2}.$$
由第八章引理 2.2 可知，存在 $\zeta > 0$，使得在

$$\{y \in E \mid \|y\| \leqslant \zeta\}$$

有

$$\Phi = A + \varphi, \quad \Psi = A^{-1} + \psi,$$

这里

$$\mathrm{Lip}(\varphi) < \varepsilon, \quad \mathrm{Lip}(\psi) < \varepsilon.$$

设 x 满足

$$\|\Phi^n(x)\| < \zeta, \quad \forall n \in \mathbf{Z}.$$

如果

$$\|x\| = \max\{\|x_u\|, \|x_s\|\} = \|x_u\| \geqslant \|x_s\|,$$

则

$$\begin{aligned}
\|\Phi_u(x)\| &= \|(A + \varphi)_u(x)\| \\
&\geqslant (\tau^{-1} - \varepsilon)\|x\| \\
&\geqslant (\tau + \varepsilon)\|x\| \\
&\geqslant \|(A + \varphi)_s(x)\| = \|\Phi_s(x)\|,
\end{aligned}$$

$$\|\Phi(x)\| \geqslant (\tau^{-1} - \varepsilon)\|x\|.$$

(参看第十章,引理 2.3) 重复上述步骤,我们得到

$$\|\Phi^n(x)\| \geqslant (\tau^{-1} - \varepsilon)^n\|x\|, \quad n = 1, 2\cdots$$

但 $\{\|\Phi^n(x)\| \mid n = 1, 2, \cdots\}$ 有界,$\tau^{-1} - \varepsilon > 1$,所以只能有 $x = 0$.

如果

$$\|x\| = \max\{\|x_u\|, \|x_s\|\} = \|x_s\| \geqslant \|x_u\|,$$

则同上面一样可以证明

$$\|\Phi^{-n}(x)\| = \|\Psi^n(x)\| \geqslant (\tau^{-1} - \varepsilon)^n\|x\|,$$

$$n = 1, 2, \cdots$$

因而也只能有 $x = 0$. □

定理 2.5 设 $f \in C^1(P, M)$ 是从 P 到 $f(P)$ 的微分同胚,它以紧致集 $\Lambda \subset P$ 为其双曲不变集,则 $f|\Lambda$ 是可扩的.

证明. 在前面的讨论中,如果把 $\Gamma^0(T_\Lambda M)$ 改换成 $\Gamma^b(T_\Lambda M)$,仍然可定义:

$$\mathscr{B}_\rho^b = \{\sigma \in \Gamma^b(T_\Lambda M) \mid |\sigma| < \rho\},$$

$$\mathscr{H}_f: \mathscr{B}_\rho^b \to \Gamma^b(T_\Lambda M),$$

$$\mathscr{H}_f(\sigma)(z) = \exp_z^{-1} \circ f \circ \exp_{f^{-1}(z)} \sigma(f^{-1}(z)),$$

$$\forall \sigma \in \mathscr{B}_\rho^b, \ z \in \Lambda.$$

由类似的讨论可知，$\mathscr{H}_f$ 仍以 $\tilde{0}$ 为其双曲不动点. 因而存在$0 < \zeta < \rho$，使得

$$|\mathscr{H}_f^n(\sigma)| < \zeta, \ \forall n \in \mathbf{Z} \Longrightarrow \sigma = \tilde{0}.$$

对任意的 $a, b \in \Lambda$, $d(a, b) < \rho$，我们定义一个有界截面 δ_a^b 如下:

$$\delta_a^b(z) = \begin{cases} \exp_a^{-1} b, & \text{如果 } z = a, \\ 0, & \text{如果 } z \neq a. \end{cases}$$

设 $x, y \in \Lambda$ 满足

$$d(f^n(x), f^n(y)) < \zeta, \ \forall n \in \mathbf{Z}.$$

我们有

$$\begin{aligned} \mathscr{H}_f(\delta_x^y)(z) &= \exp_z^{-1} \circ f \circ \exp_{f^{-1}(z)}(\delta_x^y(f^{-1}(z))) \\ &= \begin{cases} \exp_{f(x)}^{-1} f(y), & z = f(x), \\ 0, & z \neq f(x) \end{cases} \\ &= \delta_{f(x)}^{f(y)}(z). \end{aligned}$$

重复上面的讨论可得

$$\mathscr{H}_f^n(\delta_x^y) = \delta_{f^n(x)}^{f^n(y)}.$$

因为

$$\begin{aligned} |\mathscr{H}_f^n(\delta_x^y)| &= \sup_{z \in \Lambda} |\delta_{f^n(x)}^{f^n(y)}(z)| \\ &= |\exp_{f^n(x)}^{-1} f^n(y)| \\ &= d(f^n(x), f^n(y)) \\ &< \zeta, \ \forall n \in \mathbf{Z}, \end{aligned}$$

所以

$$\delta_x^y = \tilde{0}.$$

因而

$$x = y. \quad \square$$

定理 2.1 证明的完成

我们继续前面的讨论，但要求那里的 ε 进一步满足

$$0<\varepsilon<\min\{\delta, \rho, \zeta/3\}.$$

只要 g 在 C^1 意义下充分接近 f，方程(2.2)就有唯一解 $h\in C^0(\Lambda, M)$ 满足

$$\sup_{x\in\Lambda} d(h(x), x)<\varepsilon<\delta.$$

我们指出这时 h 是单一的.

设不然，如果 $x, y\in\Lambda$, $x\neq y$, 使得 $h(x)=h(y)$, 那么

$$\begin{aligned}
0&=d(g^n(h(x)), g^n(h(y)))\\
&=d(h(f^n(x)), h(f^n(y)))\\
&\geqslant d(f^n(x), f^n(y))-d(f^n(x), h(f^n(x)))\\
&\quad -d(h(f^n(y)), f^n(y))\\
&\geqslant \zeta-2\varepsilon>\zeta/3>0
\end{aligned}$$

(对于适当的 $n\in\mathbf{Z}$).

但这是不可能的. 这一矛盾证明了 h 的单一性.

记 $\Lambda_g=h(\Lambda)$. h 是定义于紧致集 Λ 上的单一连续映射，因而是从 Λ 到象集 Λ_g 的同胚. 由上面的证明已经知道 h 满足

(1) $h\circ f|\Lambda=g\circ h$,

(2) $\sup_{x\in\Lambda} d(h(x), x)<\delta$. □

定义 2.6 (Anosov 微分同胚) 设 M 是紧致微分流形. 如果 $f\in \mathrm{Diff}^1(M)$ 以整个 M 为其双曲不变集，则称 f 为 Anosov 微分同胚.

定理 2.7 Anosov 微分同胚是结构稳定的.

证明. 这是定理 2.1 中 $\Lambda=M$ 的情形. 这里仅仅还需要证明 h 是满映射，即 $h(M)=M$. 我们将这一事实的证明留给读者作为练习. □

第十五章　双曲集的扰动

设M是光滑 Riemann 流形，$U\subset M$ 是开集，$\Lambda\subset U$ 是紧致集，$f\in C^1(U,M)$ 是从U到 $f(U)$ 的微分同胚，它以Λ为其双曲不变集．如果 $g\in C^1(U,M)$ 在 C^1 意义下充分接近f，那么如上一章所证明的，g 在Λ邻近也有一个紧致的不变集 $\Delta=\Lambda_g\subset U$，并且 $f|\Lambda$ 与 $g|\Delta$ 拓扑共轭．本章的目的是进一步证明：如果g在 C^1 意义下充分接近f，那么g在不变集Δ上也具有双曲构造．

§1　双曲集的判定

引理 1.1　设M是光滑的 Riemann 流形，$U\subset M$ 是开集，$\Delta\subset U$是紧致集，$g:U\to M$ 是从U到$g(U)$的同胚，它以Δ为不变集，$G:T_\Delta M\to T_\Delta M$ 是覆盖$g|\Delta$的向量丛同构．如果对于 $E=T_\Delta M$ 的 Whitney 和分解

$$E=E^1\oplus E^2,$$

映射G分块表示为

$$G=\begin{bmatrix}G_{11} & G_{12}\\ G_{21} & G_{22}\end{bmatrix}:\ E^1\oplus E^2\to E^1\oplus E^2,$$

并且 $G_{ij}(i,j=1,2)$ 满足

$$\max\{|G_{11}^{-1}|,\ |G_{22}|\}<\lambda,$$
$$\max\{|G_{12}|,\ |G_{21}|\}<\varepsilon,$$

这里 $|\cdot|$ 是由 Riemann 度量 $\langle\cdot,\cdot\rangle$ 引出的范数，而λ和ε满足

$$0<\lambda<1,\ 0<\varepsilon<\min\{1-\lambda,\lambda^{-1}-1\}.$$

则存在 $L(E^1,E^2)$ 的连续截面P，满足

(i) $|P| \leqslant \mu = \dfrac{\lambda + \varepsilon}{\lambda^{-1} - \varepsilon} < 1$;

(ii) E 的子丛 $F^1 = (id, P)E^1$ 对 G 不变(即 $GF^1 = F^1$);

(iii) 对于范数 $\|\cdot\|$:

$$\|\eta\| = \max\{|\eta_1|, |\eta_2|\},$$
$$\forall \eta = \eta_1 + \eta_2,\ \eta_1 \in E^1,\ \eta_2 \in E^2,$$

我们有

$$\|G\xi\| \geqslant (\lambda^{-1} - \varepsilon)\|\xi\|,\ \forall \xi \in F^1.$$

因而对于由 Riemann 度量 $\langle \cdot, \cdot \rangle$ 引出的范数 $|\cdot|$ 也应有

$$|G\xi| \geqslant K\nu^{-n}|\xi|,\ \forall \xi \in F^1,\ n \in \mathbf{N}.$$

这里的常数 $K > 0$, $0 < \nu = (\lambda^{-1} - 1)^{-1} < 1$.

证明. (类似于第七章命题 3.4 证明中的做法,请读者参看对照.)考察 G 的分量表示

$$\begin{cases} \xi_1^{(1)} = G_{11}\xi_1^{(0)} + G_{12}\xi_2^{(0)}, \\ \xi_2^{(1)} = G_{21}\xi_1^{(0)} + G_{22}\xi_2^{(0)}, \end{cases}$$

这里

$$\xi_i^{(0)} \in E_x^i,\ \xi_i^{(1)} \in E_{g(x)}^i,\ i = 1, 2.$$

要使 $F^1 = (id, P)E^1$ 对 G 不变,对于 $\xi_2^{(0)} = P^{(0)}\xi_1^{(0)}$ 应有 $\xi_2^{(1)} = P^{(1)}\xi_1^{(1)}$, 这里

$$P^{(0)} = P|E_x^1,\ P^{(1)} = P|E_{g(x)}^1.$$

于是

$$\begin{cases} \xi_1^{(1)} = (G_{11} + G_{12}P^{(0)})\xi_1^{(0)}, \\ P^{(1)}\xi_1^{(1)} = (G_{21} + G_{22}P^{(0)})\xi_1^{(0)}. \end{cases}$$

由此得到

$$P^{(1)}\xi_1^{(1)} = (G_{21} + G_{22}P^{(0)})(G_{11} + G_{12}P^{(0)})^{-1}\xi_1^{(1)},$$
$$\forall \xi_1^{(1)} \in E_{g(x)}^1.$$

即

$$P^{(1)} = (G_{21} + G_{22}P^{(0)})(G_{11} + G_{12}P^{(0)})^{-1}. \tag{1.1}$$

对于 $|P^{(0)}| \leqslant 1$, 我们有

$$|G_{12}P^{(0)}| \leqslant |G_{12}| < \varepsilon < \lambda^{-1} < |G_{11}^{-1}|^{-1}.$$

这时 $G_{11}+G_{12}P^{(0)}$ 是可逆的，并且

$$|(G_{11}+G_{12}P^{(0)})^{-1}|\leqslant\frac{1}{|G_{11}^{-1}|^{-1}-|G_{12}P^{(0)}|}$$

$$\leqslant\frac{1}{\lambda^{-1}-\varepsilon}$$

（参看第七章，引理 3.1）. 因而 (1.1) 有意义，并且

$$|P^{(1)}|\leqslant|G_{21}+G_{22}P^{(0)}||(G_{11}+G_{12}P^{(0)})^{-1}|$$

$$\leqslant\frac{\lambda+\varepsilon}{\lambda^{-1}-\varepsilon}=\mu<1. \tag{1.2}$$

记

$$\mathrm{L}_1(E^1,E^2)=\{S\in\mathrm{L}(E^1,E^2)\,|\,|S|\leqslant 1\},$$

$$\mathscr{T}(S)=(G_{21}+G_{22}S)(G_{11}+G_{12}S)^{-1},$$

$$\forall S\in\mathrm{L}_1(E^1,E^2).$$

类似于 (1.2)，我们有

$$|\mathscr{T}(S)|\leqslant\mu<1. \tag{1.3}$$

易见

$$\mathscr{T}:\mathrm{L}_1(E^1,E^2)\to\mathrm{L}_1(E^1,E^2)$$

是一个覆盖 g 的保持纤维的映射，我们来证明 $\mathscr{T}$ 是压缩的. 事实上，利用第七章引理 3.3 的结果，我们计算 $\mathscr{T}$ 沿纤维的微分得

$$(\tilde{D}\mathscr{T})_S T=G_{22}T(G_{11}+G_{12}S)^{-1}$$

$$-(G_{21}+G_{22}S)(G_{11}+G_{12}S)^{-1}G_{12}T(G_{11}$$

$$+G_{12}S)^{-1}$$

$$=(G_{22}-\mathscr{T}(S)G_{12})T(G_{11}+G_{12}S)^{-1}.$$

因而

$$|(\tilde{D}\mathscr{T})_S|\leqslant(|G_{22}|+|\mathscr{T}(S)||G_{12}|)|(G_{11}+G_{12}S)^{-1}|$$

$$\leqslant\frac{\lambda+\varepsilon}{\lambda^{-1}-\varepsilon}=\mu<1.$$

考虑映射

$$\tilde{\mathscr{T}}:\Gamma^0(\mathrm{L}_1(E^1,E^2))\to\Gamma^0(\mathrm{L}_1(E^1,E^2))$$

$$S\longmapsto\mathscr{T}\circ S\circ g^{-1}.$$

由 Palais 引理(第十三章，定理 2.2)我们看到

$$|(D\tilde{\mathscr{T}})_S| \leqslant \mu < 1, \quad \forall S \in \Gamma^0(\mathrm{L}_1(E^1, E^2)).$$

因而 $\tilde{\mathscr{T}}$ 是完备距离空间 $\Gamma^0(\mathrm{L}_1(E^1, E^2))$ 的一个压缩映射，有唯一的不动点,即存在唯一的 $P \in \Gamma^0(\mathrm{L}_1(E^1, E^2))$，使得

$$\tilde{\mathscr{T}}(P) = \mathscr{T} \circ P \circ g^{-1} = P,$$

或者

$$\mathscr{T} \circ P = P \circ g.$$

这样的P应满足

(i) $|P| = \sup_{x \in \Delta} |\mathscr{T} \circ P \circ g^{-1}(x)| \leqslant \mu$;

(ii)′ $GF^1 = G(id, P)E^1 \subset (id, P)E^1 = F^1$.

对任意 $\eta = (\eta_1, P\eta_1) \in F^1$，只须取

$$\xi_1 = (G_{11} + G_{12}P)^{-1}\eta_1 \in E^1,$$

$$\xi = (\xi_1, P\xi_1) \in F^1,$$

就有

$$\begin{cases}(G_{11} + G_{12}P)\xi_1 = \eta_1, \\ (G_{21} + G_{22}P)\xi_1 = (G_{21} + G_{22}P)(G_{11} + G_{12}P)^{-1}\eta = P\eta_1,\end{cases}$$

即

$$G\xi = \eta.$$

这证明了

(ii)″ $GF^1 \supset F^1$.

又,对于 $\xi = (\xi_1, \xi_2) = (\xi_1, P\xi_1) \in F^1$，我们有

$$|\xi_2| = |P\xi_1| \leqslant \mu|\xi_1| \leqslant |\xi_1|.$$

于是

$$\|\xi\| = \max\{|\xi_1|, |\xi_2|\} = |\xi_1|.$$

因而,对于 $\xi = (\xi_1, \xi_2) = (\xi_1, P\xi_1) \in F^1$，有

(iii) $\|\xi\| = |\xi_1|$

$$= |(G_{11} + G_{12}P)^{-1}(G_{11} + G_{12}P)\xi_1|$$

$$\leqslant \frac{1}{\lambda^{-1} - \varepsilon} |(G_{11} + G_{12}P)\xi_1|$$

$$= \frac{1}{\lambda^{-1} - \varepsilon} \|G\xi\|.$$

因为$\|\cdot\|$与$|\cdot|$等价，所以有

$$b\|\zeta\| \leqslant |\zeta| \leqslant B\|\zeta\|, \ \forall \zeta \in E = T_\Delta M.$$

于是对任意 $\xi \in F^1$，我们有

$$|G^n\xi| \geqslant b\|G^n\xi\| \geqslant b(\lambda^{-1} - \varepsilon)^n \|\xi\|$$
$$\geqslant \frac{b}{B}(\lambda^{-1} - \varepsilon)^n |\xi|$$
$$= K\nu^{-n}|\xi|, \ n = 1, 2, \cdots$$

这里

$$K = \frac{b}{B} > 0, \quad 0 < \nu = \frac{1}{\lambda^{-1} - \varepsilon} < 1. \quad \square$$

定理 1.2 设M是光滑的 Riemann 流形，$U \subset M$ 是开集，$\Delta \subset U$ 是紧致集，$g \in C^1(U, M)$ 是从U到 $g(U)$ 的微分同胚，它以Δ为其不变集. 如果对于 $E = T_\Delta M$ 的 Whitney 和分解

$$E = E^1 \oplus E^2,$$

Tg 和 Tg^{-1} 分别表示为

$$Tg = \begin{bmatrix} G_{11} & G_{12} \\ G_{21} & G_{22} \end{bmatrix}: \ E^1 \oplus E^2 \to E^1 \oplus E^2,$$
$$Tg^{-1} = \begin{bmatrix} \hat{G}_{11} & \hat{G}_{12} \\ \hat{G}_{21} & \hat{G}_{22} \end{bmatrix}: \ E^1 \oplus E^2 \to E^1 \oplus E^2,$$

满足

$$\max\{|G_{11}^{-1}|, |G_{22}|, |\hat{G}_{11}|, |\hat{G}_{22}^{-1}|\} < \lambda,$$
$$\max\{|G_{12}|, |G_{21}|, |\hat{G}_{12}|, |\hat{G}_{21}|\} < \varepsilon,$$

这里λ和ε满足

$$0 < \lambda < 1, \ 0 < \varepsilon < \min\{1 - \lambda, \lambda^{-1} - 1\},$$

则g在Δ上有双曲构造.

证明. 由引理 1.1，存在 $L(E^1, E^2)$ 的连续截面P和 $L(E^2, E^1)$的连续截面Q，满足

(i) $|P| \leqslant \mu < 1$, $|Q| \leqslant \mu < 1$;

(ii) $F^1 = (id, P)E^1$ 和 $F^2 = (Q, id)E^2$

对于 Tg 和 Tg^{-1} 不变;

(iii) $|Tg^n(\xi)| \geqslant K\nu^{-n}|\xi|$, $\forall \xi \in F^1$, $n \in \mathbf{N}$,

$|Tg^{-n}(\eta)| \geqslant K\nu^{-n}|\eta|$, $\forall \eta \in F^2$, $n \in \mathbf{N}$,

这里 $K > 0$, $0 < \nu = \dfrac{1}{\lambda^{-1} - \varepsilon} < 1$.

由 (i) 可得(请读者自证):

$$F_x^1 \cap F_x^2 = \{0_x\}, \ \forall x \in \Delta,$$

这里 0_x 表示纤维 $E_x = T_x M$ 的零向量. 又,显然有

$$\begin{aligned} \dim F_x^1 + \dim F_x^2 &= \dim E_x^1 + \dim E_x^2 \\ &= \dim E_x, \ \forall x \in \Delta. \end{aligned}$$

因而

$$F^1 \oplus F^2 = E = T_\Delta M.$$

并且,对于 $C_1 = K$, $C_2 = \dfrac{1}{K}$, 我们有

$$|Tg^n(\xi)| \geqslant C_1 \nu^{-n}|\xi|, \ \forall \xi \in F^1, \ n \in \mathbf{N},$$

$$|Tg^n(\eta)| \leqslant C_2 \nu^n |\eta|, \ \forall \eta \in F^2, \ n \in \mathbf{N}. \quad \square$$

§2 双曲集的扰动

设M是光滑的 Riemann 流形, $P \subset M$ 是开集, $\Lambda \subset P$ 是紧致集, $f \in C^1(P, M)$ 是从 P 到 $f(P)$ 的微分同胚,它以 Λ 为其双曲不变集. 于是 $T_\Lambda M$ 分解为关于 Tf 不变的 Whitney 和:

$$T_\Lambda M = E^u \oplus E^s.$$

为了讨论双曲集的扰动,我们希望把这分解扩充到Λ的一个邻域 $U \subset P$ 上. 即希望能有这样的分解

$$T_U M = E^1 \oplus E^2,$$

使得

$$E^1|\Lambda = E^u, \ E^2|\Lambda = E^s.$$

为了说明这种扩充的可能性，我们要用到有关纤维丛的一些概念和结果．纤维丛是我们已经了解的向量丛概念的推广．在纤维丛的定义中，我们仍然考虑从全空间E到底空间X的满连续映射(或C^r淹没)$\pi: E \to X$，也要求满足局部平凡化条件．不过这时我们以更一般的拓扑空间(或C^r微分流形)F代替$\mathbb{R}^k$作为纤维型，以更一般的有效地作用于F之上的变换群G代替$GL(\mathbb{R}^k)$，要求由局部平凡化给出的纤维变换都是G中的元素．有关的概念和结果请读者参看[19]或[20]，这里就不细说了．

引理 2.1 (截面的扩充) 设E, M是微分流形，$\pi: E \to M$是一个纤维丛，$\Lambda \subset M$是一个闭子集．而$S: \Lambda \to E$是一个连续截面，则S可以扩充为定义于Λ的一个邻域U上的连续截面$\bar{S}: U \to E$．这就是说，存在Λ的一个邻域U和连续截面$\bar{S}: U \to E$，满足

$$\bar{S}|\Lambda = S.$$

证明．因为E是 ANR (Absolute Neighbourhood Retract，即绝对邻域收缩核)，M是一个正规空间，因而S可以扩充定义到Λ的一个邻域U_0之上，这样得到一个连续映射

$$S_0: U_0 \to E,$$

满足

$$S_0|\Lambda = S.$$

对于给定的$\varepsilon > 0$，可以选择Λ的充分小的邻域$U \subset U_0$，使得

$$d(\pi S_0(x), x) < \varepsilon, \forall x \in U.$$

由于M也是 ANR，当ε充分小时，

$$\pi S_0|U: U \to M$$

可以相对于Λ而同伦于包含映射

$$i_U: U \to M.$$

由覆盖同伦定理(参看[21]，第 XX 章，或者[22])

$$S_0|U: U \to E$$

可以相对于Λ而同伦于一个映射

$$\bar{S}: U \to E,$$

满足

$$\pi\bar{S}=i_U.$$

这证明了引理. □

引理 2.2（Whitney 和分解的扩充） 设M是微分流形，$\Lambda\subset M$ 是紧集. 如果 $T_\Lambda M$ 分解为 Whitney 和

$$T_\Lambda M=E^u\oplus E^s,$$

那么这一分解可以扩充到Λ的一个邻域U之上：即 T_UM 可以分解为 Whitney 和

$$T_UM=E^1\oplus E^2,$$

满足

$$E^1|\Lambda=E^u,\ E^2|\Lambda=E^s.$$

证明. Λ可以用有限个两两不相交的开集所覆盖，使得在每一块上

$$\dim E^u=\text{const},$$

$$\dim E^s=\text{const}.$$

必要时分别考虑其中每一块，不失一般性可以假定在Λ上

$$\dim E^u=k,\ \dim E^s=l.$$

考虑M上的 Grassmann 丛

$$G^u=\bigcup_{x\in M}\{T_xM\text{ 的 }k\text{ 维子空间}\}$$

和

$$G^s=\bigcup_{x\in M}\{T_xM\text{的 }l\text{ 维子空间}\},$$

则

$$E^u:\Lambda\to G^u$$

和

$$E^s:\Lambda\to G^s$$

分别是 $G^u|\Lambda$ 和 $G^s|\Lambda$ 的连续截面，由引理 2.1，存在Λ的邻域U和连续截面

$$E^1:U\to G^u,$$

$$E^2:U\to G^s,$$

满足

$$E^1|\Lambda = E^u$$

和

$$E^2|\Lambda = E^s.$$

又因为

$$E^u \oplus E^s = T_\Lambda M,$$

必要时再适当地缩小 U，可使

$$E^1 \oplus E^2 = T_U M. \quad \square$$

定理 2.3 设M是光滑的 Riemann 流形，$P\subset M$ 是开集，$\Lambda\subset P$ 是紧致集，$f\in C^1(P, M)$ 是从P到 $f(P)$ 的微分同胚，它以Λ为其双曲不变集. 则存在Λ的邻域U和 f 的 C^1 邻域 $\mathscr{U}$，使得任意 $g\in\mathscr{U}$ 在其任意紧致不变集 $\Delta\subset U$ 上也具有双曲构造.

证明. 设 $T_\Lambda M$ 分解为关于 f 不变的 Whitney 和

$$T_\Lambda M = E^u \oplus E^s,$$

满足

$$|(Tf^{-1}|E^u)| \leqslant \tau < 1,$$
$$|(Tf|E^s)| \leqslant \tau < 1.$$

把 $T_\Lambda M$ 的上述分解扩充到Λ的一个邻域U之上:

$$T_U M = E^1 \oplus E^2,$$
$$E^1|\Lambda = E^u,\ E^2|\Lambda = E^s.$$

设U是Λ的充分小的邻域，$\mathscr{U}$ 是 f 的充分小的 C^1 邻域. 考察任意的 $g\in\mathscr{U}$. 在 g 的紧致不变集 $\Delta\subset U$ 上，Tg 和 Tg^{-1} 可分块表示为

$$Tg = \begin{bmatrix} G_{11} & G_{12} \\ G_{21} & G_{22} \end{bmatrix} : E^1\oplus E^2|\Delta \to E^1\oplus E^2|\Delta,$$

$$Tg^{-1} = \begin{bmatrix} \hat{G}_{11} & \hat{G}_{12} \\ \hat{G}_{21} & \hat{G}_{22} \end{bmatrix} : E^1\oplus E^2|\Delta \to E^1\oplus E^2|\Delta.$$

因为Λ的邻域U充分小，f 的 C^1 邻域 $\mathscr{U}$ 也充分小，所以应有

$$\max\{|G_{11}^{-1}|, |G_{22}|, |\hat{G}_{11}|, |\hat{G}_{22}^{-1}|\} < \tau + \varepsilon = \lambda,$$
$$\max\{|G_{12}|, |G_{21}|, |\hat{G}_{12}|, |\hat{G}_{21}|\} < \varepsilon.$$

这里

$$0 < \varepsilon < \frac{1}{2}(1-\tau),$$

因而

$$\lambda + \varepsilon = \tau + 2\varepsilon < 1,$$

$$\lambda^{-1} - \varepsilon = \frac{1}{\tau+\varepsilon} - \varepsilon > \frac{1-\varepsilon}{\tau+\varepsilon} > 1.$$

于是，根据定理 1.2，我们看到 g 在其紧致不变集 Δ 上具有双曲构造。 □

推论 2.4 设 M 是紧致的光滑的 Riemann 流形，则 M 上全体 Anosov 微分同胚的集合

$$\mathrm{A}(M) \subset \mathrm{Diff}^1(M)$$

是 $\mathrm{Diff}^1(M)$ 中的一个开子集.

§3 极大双曲集

定义 3.1 在定理 2.3 的条件下，设 $V \subset U$ 是 Λ 的一个紧致邻域，$g \in \mathscr{U}$，则

$$\Delta = \bigcap_{n \in Z} g^n(V) \subset V$$

是 g 在 V 中的极大不变集，并且 g 在 Δ 上具有双曲构造，这样的 Δ 称为是 g 在 V 中的极大双曲集.

本节的主要目的是证明极大双曲集具有某种形式的结构稳定性. 这里的结果，将在以后证明 Ω 稳定性定理时用到.

先作一些必要的准备.

引理 3.2 设 Banach 空间 $(E, |\cdot|)$ 分解为直和

$$E = E^u \oplus E^s,$$

可逆线性映射 $A: E \to E$ 满足

$$AE^u = E^u, \quad AE^s = E^s,$$

$$|A_u^{-1}| = |(A|E^u)^{-1}| \leqslant \nu < 1,$$

$$|A_s| = |(A|E^s)| \leqslant \nu < 1.$$

我们引人记号：

$$\|x\| = \max\{|x_u|, |x_s|\},$$
$$\forall x = x_u + x_s,\ x_u \in E^u,\ x_s \in E^s,$$
$$E(r) = \{x \in E \mid \|x\| \leqslant r\}.$$

如果 $\varphi: E(r) \to E$ 满足：

$$\operatorname*{Lip}_{\|\cdot\|}(\varphi) \leqslant \varepsilon < 1 - \nu,$$
$$\|\varphi(0)\| \leqslant (1 - \mu) r,$$

这里 $\operatorname*{Lip}_{\|\cdot\|}$ 表示对于范数$\|\cdot\|$的 Lipschitz 常数，$\mu = \nu + \varepsilon < 1$，那么 $\Phi = A + \varphi: E(r) \to E$ 在 $E(r)$ 中有唯一不动点，这不动点 p 满足

$$\|p\| \leqslant \frac{1}{1-\mu}\|\varphi(0)\| = \frac{1}{1-\mu}\|\Phi(0)\|.$$

证明. 我们来求解

$$\begin{cases} x_u = A_u x_u + \varphi_u(x), \\ x_s = A_s x_s + \varphi_s(x). \end{cases}$$

这方程组可以改写为

$$\begin{cases} x_u = A_u^{-1}(x_u - \varphi_u(x)), \\ x_s = A_s x_s + \varphi_s(x). \end{cases}$$

如同我们前面多次作过的那样，置

$$\mathscr{T}_u(x) = A_u^{-1}(x_u - \varphi_u(x)),$$
$$\mathscr{T}_s(x) = A_s x_s + \varphi_s(x),$$
$$\mathscr{T}(x) = (\mathscr{T}_u(x) + \mathscr{T}_s(x)).$$

容易验证

$$\|\mathscr{T}(x) - \mathscr{T}(y)\| \leqslant \mu\|x - y\|$$
$$(\mu = \nu + \varepsilon < 1).$$

因为

$$\|\mathscr{T}(0)\| \leqslant \|\varphi(0)\| = \|\Phi(0)\| \leqslant (1 - \mu) r,$$

所以对任意 $x \in E(r)$ 都有

$$\|\mathscr{T}(x)\| \leqslant \|\mathscr{T}(x) - \mathscr{T}(0)\| + \|\mathscr{T}(0)\|$$

$$\leqslant \mu r + (1-\mu) r = r.$$

我们看到 $\mathscr{T}$ 是从 $E(r)$ 映入到 $E(r)$ 之中的压缩映射，它应有唯一不动点 $p \in E(r)$. 这不动点应满足

$$\begin{aligned}\|p\| &= \|\mathscr{T}(p)\| \\ &\leqslant \|\mathscr{T}(p) - \mathscr{T}(0)\| + \|\mathscr{T}(0)\| \\ &\leqslant \mu\|p\| + \|\Phi(0)\|.\end{aligned}$$

因而

$$\|p\| \leqslant \frac{1}{1-\mu}\|\Phi(0)\|. \quad \square$$

推论 3.3 设 $(E, |\cdot|)$ 是 Banach 空间，$A: E \to E$ 是双曲线性映射,其斜度$\leqslant \nu$. 则存在 $0<b<B$，使得只要映射

$$\varphi: E\{\eta\} = \{x \in E \mid |x| \leqslant \eta\} \to E$$

满足

$$\operatorname*{Lip}_{|\cdot|}(\varphi) \leqslant \varepsilon' = \frac{b}{B}\varepsilon < \frac{b}{B}(1-\nu),$$

$$|\varphi(0)| \leqslant \frac{b^2}{B^2}(1-\mu)\eta$$

$$(\mu = \nu + \varepsilon < 1),$$

映射

$$\Phi = A + \varphi: E\{\eta\} \to E$$

就在

$$E\{\beta\} = \{x \in E \mid |x| \leqslant \beta\} \quad \left(\beta = \frac{b}{B}\eta\right)$$

之中有唯一不动点 p. 这不动点满足

$$|p| \leqslant \frac{1}{1-\mu}\frac{B}{b}|\Phi(0)|.$$

证明. 设 E 分解为关于 A 不变的直和

$$E = E^u \oplus E^s,$$

并且对于满足条件

$$\|x\| = \max\{\|x_u\|, \|x_s\|\},$$

$$\forall x = x_u + x_s,\ x_u \in E^u,\ x_s \in E^s,$$

的范数 $\|\cdot\|$ 有

$$\|A_u^{-1}\| = \|(A|E^u)^{-1}\| \leqslant \nu < 1,$$

$$\|A_s\| = \|(A|E^s)\| \leqslant \nu < 1.$$

因为范数 $\|\cdot\|$ 与范数 $|\cdot|$ 等价，所以存在

$$0 < b < B,$$

使得对任意 $x \in E$ 有

$$b\|x\| \leqslant |x| \leqslant B\|x\|,$$

$$\frac{1}{B}|x| < \|x\| \leqslant \frac{1}{b}|x|.$$

取 $r = \frac{1}{B}\eta$，则

$$E(r) = \{x \in E \mid \|x\| \leqslant r\} \subset E\{\eta\},$$

$$\operatorname*{Lip}_{\|\cdot\|}(\varphi) \leqslant \frac{B}{b}\operatorname*{Lip}_{|\cdot|}(\varphi) \leqslant \varepsilon < 1 - \nu,$$

$$\begin{aligned}\|\varphi(0)\| &\leqslant \frac{1}{b}|\varphi(0)| \\ &\leqslant \frac{b}{B^2}(1-\mu)\eta \\ &= \frac{b}{B}(1-\mu)r \leqslant (1-\mu)r.\end{aligned}$$

根据上面的引理，$\Phi = A + \varphi$ 在 $E(r)$ 中有唯一不动点 p，这不动点满足

$$\|p\| \leqslant \frac{1}{1-\mu}\|\Phi(0)\|,$$

$$\begin{aligned}|p| \leqslant B\|p\| &\leqslant \frac{B}{1-\mu}\|\Phi(0)\| \\ &\leqslant \frac{1}{1-\mu}\frac{B}{b}|\Phi(0)| \\ &\leqslant \frac{b}{B}\eta = \beta.\end{aligned}$$

因为

$$E\{\beta\} \subset E\left(\frac{1}{b}\beta\right) = E\left(\frac{1}{B}\eta\right) = E(r),$$

所以 $\Phi = A + \varphi$ 在 $E\{\beta\}$ 中只有唯一不动点，这不动点即 Φ 在 $E(r)$ 中的唯一不动点 p，它应满足

$$|p| \leqslant \frac{1}{1-\mu}\frac{B}{b}|\Phi(0)|. \quad \square$$

引理 3.4 设 M 是光滑的 Riemann 流形，$U \subset M$ 是开集，

$$T_U M = E^1 \oplus E^2,$$

映射 $g: U \to M$ 是从 U 到 $g(U)$ 的同胚，$V \subset U \cap g^{-1}(U) \cap g(U)$ 是一个紧致集. 又设 $G: T_V M \to TM$ 是覆盖 $g: V \to M$ 的向量丛同构，G 和 G^{-1} 分块表示为

$$G = \begin{bmatrix} G_{11} & G_{12} \\ G_{21} & G_{22} \end{bmatrix} : E^1 \oplus E^2 | V \to E^1 \oplus E^2,$$

$$G^{-1} = \begin{bmatrix} \hat{G}_{11} & \hat{G}_{12} \\ \hat{G}_{21} & \hat{G}_{22} \end{bmatrix} : E^1 \oplus E^2 | V \to E^1 \oplus E^2,$$

满足

$$\max\{|G_{11}^{-1}|, |G_{22}|, |\hat{G}_{11}|, |\hat{G}_{22}^{-1}|\} \leqslant \lambda,$$

$$\max\{|G_{12}|, |G_{21}|, |\hat{G}_{12}|, |\hat{G}_{21}|\} \leqslant \varepsilon,$$

这里

$$0 < \lambda < 1, \quad 0 < \varepsilon < \min\{1 - \lambda, \lambda^{-1} - 1\}.$$

则对于 g 的任意紧致不变集 $\triangle$，映射

$$\tilde{G}: \Gamma^0(T_\triangle M) \to \Gamma^0(T_\triangle M)$$

$$\tau \longmapsto G \circ \tau \circ g^{-1}$$

是双曲线性映射，其斜度 $\leqslant \nu = \dfrac{1}{\lambda^{-1} - \varepsilon}$.

证明. 由引理 1.1，存在连续截面

$$P \in \Gamma^0(\mathrm{L}(E^1, E^2) | \triangle), \quad Q \in \Gamma^0(\mathrm{L}(E^2, E^1) | \triangle)$$

满足

(i) $|P| \leqslant \mu < 1, \quad |Q| \leqslant \mu < 1$;

(ii) $F^1 = (id, P)E^1 | \triangle$ 和 $F^2 = (Q, id)E^2 | \triangle$

都对G不变；

(iii) $\|G\xi\| \geqslant \nu^{-1}\|\xi\|$，$\forall \xi \in F^1$，

$$\|G^{-1}\eta\| \geqslant \nu^{-1}\|\eta\|, \ \forall \eta \in F^2,$$

这里

$$\|\zeta\| = \max\{|\zeta_1|, |\zeta_2|\},$$
$$\forall \zeta = \zeta_1 + \zeta_2, \ \zeta_1 \in E^1, \ \zeta_2 \in E^2,$$
$$0 < \nu = \frac{1}{\lambda^{-1} - \varepsilon} < 1.$$

于是，$\Gamma^0(T_\Delta M)$ 分解为

$$\Gamma^0(T_\Delta M) = \Gamma^0(F^1) + \Gamma^0(F^2).$$

容易看出，映射

$$\widetilde{G}: \Gamma^0(T_\Delta M) \to \Gamma^0(T_\Delta M)$$
$$\tau \longmapsto G \circ \tau \circ g^{-1}$$

是一个分别以 $\Gamma^0(F^1)$ 和 $\Gamma^0(F^2)$ 为扩张子空间和收缩子空间的双曲线性映射，其斜度$\leqslant \nu = \dfrac{1}{\lambda^{-1} - \varepsilon}$. □

引理 3.5 设M是一个光滑的 Riemann 流形，$U \subset M$ 是开集，$V \subset U$ 是紧致集，Θ是一个拓扑空间，$g: \Theta \times U \to M$ 是连续映射，

$$g_\theta = g(\theta, \cdot): U \to M$$

是从U到 $g_\theta(U)$ 的同胚，$Q = \{\xi \in T_U M \mid |\xi| < \rho\}$，$G: \Theta \times Q \to TM$ 是覆盖 g 的保持纤维映射(这就是说：$G_\theta = G(\theta, \cdot)$ 是覆盖 g_θ 的保持纤维映射)．如果 $(\widetilde{D}G_\theta)_\xi$ 连续依赖于 θ 和 ξ，则对任意的 $\varepsilon' > 0$ 和 $\theta_0 \in \Theta$，存在 θ_0 的邻域 Θ_0 和正数 $\eta < \rho$，使得对于任意 $\theta \in \Theta_0$ 和 $\xi \in T_V M$，$|\xi| \leqslant \eta$，有

$$|\widetilde{D}(G_\theta - (\widetilde{D}G_\theta)_{\bar{0}})_\xi| < \varepsilon'.$$

证明．我们有

$$\begin{aligned} &|\widetilde{D}(G_\theta - (\widetilde{D}G_\theta)_{\bar{0}})_\xi| \\ &\leqslant |(\widetilde{D}G_\theta)_\xi - (\widetilde{D}G_{\theta_0})_\xi| + |(\widetilde{D}G_{\theta_0})_\xi - (\widetilde{D}G_{\theta_0})_{\bar{0}}| \\ &\quad + |(\widetilde{D}G_{\theta_0})_{\bar{0}} - (\widetilde{D}G_\theta)_{\bar{0}}|. \end{aligned}$$

由于 $(\widetilde{D}G_\theta)_\xi$ 对 θ 和 ξ 的连续性，可以选取 θ_0 的邻域 Θ_0 和正数 $\eta<\rho$，使得对于 $\theta\in\Theta_0$ 和 $\xi\in T_VM$，$|\xi|\leqslant\eta$，有

$$|\widetilde{D}(G_\theta-(\widetilde{D}G_\theta)_{\bar{0}})_\xi|<\varepsilon'. \quad \square$$

引理 3.6 在上面引理的条件下，如果 $\Delta\subset V$ 是 $g_\theta(\theta\in\Theta_0)$ 的紧致不变集，则映射

$$\widetilde{G}_\theta:\{\sigma\in\Gamma^0(T_\Delta M)\,|\,|\sigma|\leqslant\eta\}\to\Gamma^0(T_\Delta M)$$
$$\sigma\longmapsto G_\theta\circ\sigma\circ g^{-1}$$

满足

$$\mathrm{Lip}(\widetilde{G}_\theta-(D\widetilde{G}_\theta)_{\bar{0}})<\varepsilon'.$$

证明. 由 Palais 引理(第十三章，定理 2.2)，我们断定

$$|D(\widetilde{G}_\theta-(D\widetilde{G}_\theta)_{\bar{0}})_\sigma|<\varepsilon',$$
$$\forall\sigma\in\Gamma^0(T_\Delta M),\ |\sigma|\leqslant\eta.$$

由此可得

$$\mathrm{Lip}(\widetilde{G}_\theta-(D\widetilde{G}_\theta)_{\bar{0}})<\varepsilon'. \quad \square$$

定理 3.7 (极大双曲集的结构稳定性) 设M是一个光滑的 Riemann 流形，$P\subset M$ 是开集，$\Lambda\subset P$ 是紧致集，$f\in C^1(P,M)$ 是从P到 $f(P)$ 的微分同胚，以Λ为其双曲不变集. 于是 $T_\Lambda M$ 关于 Tf 不变的 Whitney 和分解可以扩充到Λ的一个开邻域U上

$$T_UM=E^1\oplus E^2,$$
$$E^1|\Lambda=E^u,\ E^2|\Lambda=E^s.$$

我们断定，存在Λ的紧邻域 $V\subset U$，使得对于任意给定的正数 δ，存在 f 的 C^1 邻域 $\mathscr{V}$，满足条件：对于任意的 $g_1, g_2\in\mathscr{V}$ 在V中的极大双曲集 Δ_1，Δ_2，存在同胚

$$h_1:\Delta_1\to\Delta_2,$$

适合

(1) $h_1\circ g_1|\Delta_1=g_2\circ h_1$,

(2) $d(h_1,i_1)=\sup\limits_{x\in\Delta_1}d(h_1(x),x)<\delta$,

这里 i_1：$\Delta_1\hookrightarrow M$ 是放入映射.

证明. 考虑由以下表达式给出的映射

$$\Phi_{12}(\xi)=\Phi(g_1,g_2;\xi)=\exp^{-1}_{g_1(\pi\xi)}\circ g_2\circ\exp_{\pi\xi}\xi,$$
$$\Phi_{00}(\xi)=\Phi(f,f;\xi)=\exp^{-1}_{f(\pi\xi)}\circ f\circ\exp_{\pi\xi}\xi.$$

已经知道 f 以 Λ 为双曲不变集，设其斜度$\leqslant\tau$. 我们取

$$0<\varepsilon<\frac{1}{3}(1-\tau).$$

于是存在 Λ 的紧邻域 $V\subset U$ 和 f 的 C^1 邻域 $\mathscr{V}_1$，使得对任意 g_1, $g_2\in\mathscr{V}_1$,

$$V\subset g_1^{-1}(U)\cap U\cap g_1(U),$$

并且对于 $\lambda=\tau+\varepsilon$

$$(\widetilde{D}\Phi_{12})_{\tilde{0}}$$

满足引理 3.4 中对 G 的要求.

我们将 $g_1, g_2\in\mathscr{V}_1$ 视为参数，即取

$$\theta=(g_1,g_2),\ \theta_0=(f,f),$$
$$g_\theta=g_{(g_1,g_2)}=g_1,\ g_{\theta_0}=g_{(f,f)}=f,$$
$$G(\theta,\xi)=\Phi(g_1,g_2;\xi),\ G(\theta_0,\xi)=\Phi(f,f;\xi).$$

这里参数空间赋以由 C^1 拓扑诱导出的拓扑，又置

$$\|\xi\|=\max\{|\xi_1|,|\xi_2|\},$$
$$\forall\xi=\xi_1+\xi_2,\ \xi_1\in E^1|V,\ \xi_2\in E^2|V.$$

我们有

$$b\|\xi\|\leqslant|\xi|\leqslant B\|\xi\|,\ \forall\xi\in T_VM.$$

对于 $\varepsilon'=\dfrac{b}{B}\varepsilon$，存在 f 的 C^1 邻域 $\mathscr{V}_0\subset\mathscr{V}_1$ 和常数 $\eta>0$，使得 $\Theta_0=\mathscr{V}_0\times\mathscr{V}_0$ 和 η 满足引理 3.5 及引理 3.6 的要求. 这时，对于

$$g_1, g_2\in\mathscr{V}_0,$$
$$\Delta_1=\bigcap_{k\in Z}g_1^k(\dot{V})$$

和

$$\tilde{\Phi}_{12}(\sigma)=\Phi_{12}\circ\sigma\circ g_1^{-1},$$

我们有：

$$A = (D\tilde{\Phi}_{12})_{\tilde{0}}:\ \Gamma^0(T_{\Delta_1}M) \to \Gamma^0(T_{\Delta_1}M)$$

是双曲线性映射，其斜度

$$0 \leqslant \nu = \frac{1}{\lambda^{-1} - \varepsilon} < \tau + 2\varepsilon < 1 - \varepsilon;$$

同时 $\varphi = \tilde{\Phi}_{12} - A$:

$$\{\sigma \in \Gamma^0(T_{\Delta_1}M) \mid |\sigma| \leqslant \eta\} \to \Gamma^0(T_{\Delta_1}M)$$

是 Lipschitz 映射，满足

$$\mathrm{Lip}(\varphi) < \varepsilon' = \frac{b}{B}\varepsilon.$$

记

$$\mu = \nu + \varepsilon < 1,\ \beta = \frac{b}{B}\eta.$$

只要

$$\sup_{x \in \Delta_1} d(g_1(x), g_2(x)) < \frac{b^2}{B^2}(1 - \mu)\eta,$$

就有

$$\begin{aligned}
|\varphi(\tilde{0})| &= |\tilde{\Phi}_{12}(\tilde{0})| \\
&= \sup_{x \in \Delta_1} |\exp_x^{-1} g_2(g_1^{-1}(x))| \\
&= \sup_{x \in \Delta_1} d(x, g_2(g_1^{-1}(x))) \\
&= \sup_{x \in \Delta_1} d(g_1(x), g_2(x)) \\
&< \frac{b^2}{B^2}(1 - \mu)\eta.
\end{aligned}$$

由推论 3.3 可知，$\tilde{\Phi}_{12} = A + \varphi$ 在

$$\{\sigma \in \Gamma^0(T_{\Delta_1}M) \mid |\sigma| \leqslant \beta\}$$

中有唯一不动点 γ，满足

$$|\gamma| \leqslant \frac{1}{1 - \mu}\frac{B}{b}|\tilde{\Phi}_{12}(\tilde{0})| \leqslant \beta.$$

考虑

$$h(x) = \exp_x \gamma(x),\ x \in \Delta_1.$$

我们看到，存在唯一的 $h\in C^0(\Delta_1, M)$ 满足

$$\begin{cases}h\circ g_1|\Delta_1 = g_2\circ h,\\ d(h, i_1) = \sup\limits_{x\in\Delta_1} d(h(x), x)\leqslant\beta.\end{cases}$$

取 $\mathscr{V}\subset\mathscr{V}_0$ 充分小，使得 $g_1, g_2\in\mathscr{V}$ 满足

$$\sup_{x\in\Delta_1} d(g_1(x), g_2(x)) < \frac{b}{B}(1-\mu)\min\left\{\delta, \frac{\beta}{2}\right\},$$

则存在连续映射 $h_1:\Delta_1\to M$ 满足

$$h_1\circ g_1|\Delta_1 = g_2\circ h_1$$

和

$$\begin{aligned}d(h_1, i_1) &= \sup_{x\in\Delta_1} d(h_1(x), x)\\ &= \sup_{x\in\Delta_1} |\exp_x^{-1}h_1(x)|\\ &= |\gamma_1|\\ &\leqslant \frac{1}{1-\mu}\frac{B}{b}|\tilde{\Phi}_{12}(\tilde{0})|\\ &= \frac{1}{1-\mu}\frac{B}{b}\sup_{x\in\Delta_1} d(g_1(x), g_2(x))\\ &< \min\left\{\delta, \frac{\beta}{2}\right\}.\end{aligned}$$

又因为 $h_1(\Delta_1)\subset V$ 显然是 g_2 的不变集，所以 $h_1(\Delta_1)\subset\Delta_2$，我们有

$$h_1:\Delta_1\to\Delta_2\subset M.$$

类似地，交换 g_1 和 g_2 的地位，我们看到：存在连续映射

$$h_2:\Delta_2\to\Delta_1\subset M,$$

满足

$$h_2\circ g_2|\Delta_2 = g_1\circ h_2,$$

$$d(h_2, i_2) = \sup_{x\in\Delta_2} d(h_2(x), x) < \min\left\{\delta, \frac{\beta}{2}\right\}.$$

考虑连续映射

$$h_2\circ h_1:\Delta_1\to\Delta_1\subset M.$$

它应满足

$$(h_2 \circ h_1) \circ g_1 | \Delta_1 = g_1 \circ (h_2 \circ h_1),$$

$$\begin{aligned} d(h_2 \circ h_1, i_1) &= \sup_{x \in \Delta_1} d(h_2(h_1(x)), x) \\ &\leqslant \sup_{x \in \Delta_1} \{d(h_2(h_1(x)), h_1(x)) + d(h_1(x), x)\} \\ &\leqslant \sup_{y \in \Delta_2} d(h_2(y), y) + \sup_{x \in \Delta_1} d(h_1(x), x) \\ &\leqslant \frac{\beta}{2} + \frac{\beta}{2} = \beta. \end{aligned}$$

但是 $i_1:\Delta_1 \to M$ 显然也满足

$$i_1 \circ g_1 | \Delta_1 = g_1 \circ i_1,$$

$$d(i_1, i_1) = 0 \leqslant \beta.$$

由唯一性可得

$$h_2 \circ h_1 = i_1 = id | \Delta_1,$$

同样可证

$$h_1 \circ h_2 = i_2 = id | \Delta_2.$$

这证明了 $h_1:\Delta_1 \to \Delta_2$ 是同胚，满足

(1) $h_1 \circ g_1 | \Delta_1 = g_2 \circ h_1$,

(2) $d(h_1, i_1) < \delta$. □

第十六章　双曲集的稳定流形与不稳定流形

§1　稳定集与不稳定集

首先，我们来一般地定义稳定集和不稳定集等概念。

以下设 (X, d) 是一个距离空间，$\mathrm{Homeo}(X)$ 表示从 X 到 X 的同胚映射的集合。

定义 1.1（稳定集与不稳定集）　对于 $f \in \mathrm{Homeo}(X)$ 和 $x \in X$，我们把集合

$$W^s(x, f) = \{y \in X \mid \lim_{k \to +\infty} d(f^k(y), f^k(x)) = 0\}$$

和

$$W^u(x, f) = \{y \in X \mid \lim_{k \to +\infty} d(f^{-k}(y), f^{-k}(x)) = 0\}$$

分别称为 f 在 x 点的稳定集和不稳定集。

定义 1.2（局部稳定集与局部不稳定集）　对于 $f \in \mathrm{Homeo}(X)$，$x \in X$ 和 $\varepsilon > 0$，我们把集合

$$\begin{aligned} W^s_\varepsilon(x, f) &= \bigcap_{j \geq 0} f^{-j}(B(f^j(x), \varepsilon)) \cap W^s(x, f) \\ &= \left\{ y \in X \,\middle|\, \begin{array}{l} d(f^j(y), f^j(x)) < \varepsilon,\ j = 0, 1, 2, \cdots; \\ \lim\limits_{k \to +\infty} d(f^k(y), f^k(x)) = 0 \end{array} \right\} \end{aligned}$$

和

$$\begin{aligned} W^u_\varepsilon(x, f) &= \bigcap_{j \geq 0} f^j(B(f^{-j}(x), \varepsilon)) \cap W^u(x, f) \\ &= \left\{ y \in X \,\middle|\, \begin{array}{l} d(f^{-j}(y), f^{-j}(x)) < \varepsilon,\ j = 0, 1, 2, \cdots; \\ \lim\limits_{k \to +\infty} d(f^{-k}(y), f^{-k}(x)) = 0 \end{array} \right\} \end{aligned}$$

分别称为 f 在 x 点的（尺度为 ε 的）局部稳定集和局部不稳定集。

注记 1.3 由上述定义显然可得

$$W^u(x,f)=W^s(x,f^{-1}),$$
$$W^u_\varepsilon(x,f)=W^s_\varepsilon(x,f^{-1});$$

并且对任意的 $\varepsilon>0$ 有

$$W^s(x,f)=\bigcup_{j\geq 0} f^{-j}W^s_\varepsilon(f^j(x),f),$$

$$W^u(x,f)=\bigcup_{j\geq 0} f^jW^u_\varepsilon(f^{-j}(x),f).$$

以下我们考虑 $X=M$ 是光滑的 Riemann 流形的情形．设 $f\in \mathrm{Diff}^1(M)$ 以 $\Lambda\subset M$ 为其双曲不变集，而

$$T_\Lambda M=E^s\oplus E^u$$

是由 Λ 的双曲性决定的 Whitney 和分解．我们将证明，对适当小的 $\varepsilon>0$ 和任意的 $x\in\Lambda$，$W^s_\varepsilon(x,f)$ 如同与 E^s_x 相切的 k 维圆盘，这里 $k=\dim E^s_x$；同时，$W^u_\varepsilon(x,f)$ 如同与 E^u_x 相切的 l 维圆盘，这里 $l=\dim E^u_x$．并且，当 x 在 Λ 中变化时，这两族圆盘分别依 x 变化而连续变化．上面陈述的事实即双曲不变集的稳定流形与不稳定流形定理．本章的主要任务就是证明这一重要的定理．

§2 稳定流形定理

定义 2.1（C^r 嵌入圆盘的连续族） 对于 $k\in\mathbf{N}$，我们把

$$D^k=\left\{u=(u_1,\cdots,u_k)\in\mathbf{R}^k \,\middle|\, \sum_{j=1}^k u_j^2<1\right\}$$

称为 k 维圆盘．

对于 $\Lambda\subset M$，我们把 $\{D_x\}_{x\in\Lambda}$ 称为 C^r 嵌入圆盘的一个连续族，如果对任意 $x\in\Lambda$ 存在 x 的邻域 $U(x)$ 和连续映射

$$\theta:U(x)\to \mathrm{Emb}^r(D^k,M),$$

满足

$$\theta(y)(D^k)=D_y,\ \theta(y)(0)=y,\ \forall y\in U(x).$$

这里 $\mathrm{Emb}^r(D^k,M)$ 表示从 D^k 到 M 的所有 C^r 嵌入组成的空间，它

是 $C^r(D^k, M)$ 的开子集.

定理 2.2（稳定流形定理） 设M是一个光滑的 Riemann 流形，$\Lambda\subset M$是紧致集，$f\in \mathrm{Diff}^r(M)(r\geqslant 1)$ 以 Λ 为其双曲不变集，$T_\Lambda M = E^s\oplus E^u$ 是由 f 在 Λ 的双曲性条件给出的 Whitney 和分解，则存在 C^r 嵌入圆盘的连续族 $\{D_x^s\}_{x\in\Lambda}$ 和常数 $K>0, 0<\lambda<\mu<1, \varepsilon>0$, 满足:

(i) $T_x D_x^s = E_x^s$, $\forall x\in\Lambda$;

(ii) 对任意 $y\in D_x^s$

$$d(f^n(y), f^n(x))\leqslant K\lambda^n d(y, x)$$

$$n=1, 2, \cdots$$

（因而 $D_x^s\subset W^s(x, f)$）;

(iii) 对任意 $y\in D_x^s\cap B(x, \varepsilon)$,

$$d(f(y), f(x))\leqslant \mu d(y, x);$$

(iv) $D_x^s\cap B(x, \varepsilon) = W_\varepsilon^s(x, f)$

（因而 $W_\varepsilon^s(x, f)$ 是 C^r 嵌入子流形）.

这里, $B(x, \varepsilon) = \{y\in M \mid d(y, x)<\varepsilon\}$.

这个定理的证明较长，几乎占了本节余下的全部篇幅. 为了叙述方便,在证明过程中穿插了一些引理.

证明. 设对于M的 Riemann 度量$\langle\cdot,\cdot\rangle$有

$$|Tf(\xi)|\leqslant\tau|\xi|, \ \forall\xi\in E^s,$$

$$|Tf(\eta)|\geqslant\tau^{-1}|\eta|, \ \forall\eta\in E^u,$$

这里 $0<\tau<1$. Riemann 度量$\langle\cdot,\cdot\rangle$导出一个 Finsler 构造$|\cdot|$. 为方便起见,我们在

$$E = T_\Lambda M = E^s\oplus E^u$$

之上,引入另一与$|\cdot|$等价的 Finsler 构造

$$\|\xi\| = \max\{|\xi_s|, |\xi_u|\},$$

这里 $\xi=\xi_s+\xi_u\in E=T_\Lambda M$, $\xi_s\in E^s$, $\xi_u\in E^u$. 相应于 $E=T_\Lambda M$ 的分解,我们有截面空间的分解:

$$\Gamma^b(E) = \Gamma^b(T_\Lambda M) = \Gamma^b(E^s)\oplus\Gamma^b(E^u).$$

置

$$E^s(a)=\{\xi\in E^s\mid \|\xi\|\leqslant a\},$$
$$E^u(a)=\{\xi\in E^u\mid \|\xi\|\leqslant a\},$$
$$E(a)=\{\xi\in E\mid \|\xi\|\leqslant a\}.$$
$$\Gamma^b(E^s(a))=\{\sigma\in\Gamma^b(E^s)\mid \|\sigma\|\leqslant a\},$$
$$\Gamma^b(E^u(a))=\{\sigma\in\Gamma^b(E^u)\mid \|\sigma\|\leqslant a\},$$
$$\Gamma^b(E(a))=\{a\in\Gamma^b(E)\mid \|\sigma\|\leqslant a\}.$$

由 Λ 的紧致性，存在 $a>0$，使得对任意 $x\in\Lambda$，

$$\exp_x: E(a)\to M$$

是到象集的微分同胚．对于适当小的 $0<\rho<a$，可以定义

$$F: E(\rho)\to E$$
$$\xi\longmapsto \exp^{-1}_{f(\pi(\xi))}\circ f\circ\exp_{\pi(\xi)}\xi$$

和

$$\widetilde{F}:\Gamma^b(E(\rho))\to\Gamma^b(E)$$
$$\sigma\longmapsto F\circ\sigma\circ f^{-1}.$$

由 Palais 引理(第十三章定理 2.2)可得

$$\begin{aligned} D\widetilde{F}(\tilde{0})\tau &= \widetilde{D}F_{\tilde{0}\circ f^{-1}}\circ\tau\circ f^{-1}\\ &= Tf\circ\tau\circ f^{-1}\\ &= f^{\#}\tau, \end{aligned}$$

即

$$(D\widetilde{F})_{\tilde{0}}=f^{\#}.$$

我们看到 $\widetilde{F}$ 以 $\tilde{0}$ 为双曲不动点．由双曲不动点的稳定流形定理(参看第十章定理 2.8，推论 2.9，命题 2.11 和命题 2.12) 可知，对于充分小的 $\rho>0$，存在 C^r 映射

$$G:\Gamma^b(E^s(\rho))\to\Gamma^b(E^u(\rho)),$$

满足

(a)　$\|G(\sigma_1)\|\leqslant\|\sigma_1\|$，$\forall\sigma_1\in\Gamma^b(E^s(\rho))$；

　　$(DG)_{\tilde{0}}=0$；

(b)　$\sigma\in\mathscr{G}_*G$

　　$\Longleftrightarrow\|\widetilde{F}^n(\sigma)\|\leqslant\rho,\ n=0,1,2,\cdots$；

(c)　$\sigma\in\mathscr{G}_*G$

　　$\Longrightarrow\|\widetilde{F}(\sigma)\|\leqslant\lambda\|\sigma\|$

（这里 $0<\lambda<1$）.

于是，$\mathscr{G}_{*}G$ 是 $\tilde{F}$ 在零截面 $\tilde{0}$ 处的局部稳定流形.

注记 2.3 由双曲不动点的稳定流形定理我们看到：对于

$$x, y \in W^s_{E(b)} = \mathscr{G}_{*}g,$$

必有

$$\|g(x_s) - g(y_s)\| = \|x_u - y_u\| \leqslant \|x_s - y_s\|.$$

特别地，取 $y=0$，则得

$$\|g(x_s)\| \leqslant \|x_s\|.$$

这就是上面 (a) 项中第一个论断的依据.

由上面的 (b) 项，对任意 $\sigma_1 \in \Gamma^b(E^s(\rho))$，仅有唯一的 $\sigma_2 \in \Gamma^b(E^u(\rho))$ 满足

$$\|\tilde{F}^n(\sigma_1, \sigma_2)\| \leqslant \rho, n = 0, 1, 2, \cdots,$$

这 σ_2 就是 $\sigma_2 = G(\sigma_1)$. 从这事实可推断出一系列重要结果.

引理 2.4 对于任意的 $\sigma_1 \in \Gamma^b(E^s(\rho))$，仅有唯一的 $\sigma_2 \in \Gamma^b(E^u(\rho))$

使得

$$\sup_{x\in\Lambda} \|F^n(\sigma_1(x), \sigma_2(x))\| \leqslant \rho, n = 0, 1, 2, \cdots,$$

这 σ_2 就是 $\sigma_2 = G(\sigma_1)$.

证明.

$$\begin{aligned} &F^n(\sigma_1(x), \sigma_2(x)) \\ &\quad = F^n(\sigma_1(f^{-n}(f^n(x))), \sigma_2(f^{-n}(f^n(x)))) \\ &\quad = \tilde{F}^n(\sigma_1, \sigma_2)(f^n(x)), \end{aligned}$$

因而

$$\sup_{x\in\Lambda} \|F^n(\sigma_1(x), \sigma_2(x))\| = \|\tilde{F}^n(\sigma_1, \sigma_2)\|. \ \square$$

以下结果指出：$G(\sigma_1)(x_0)$ 由 $\sigma_1(x_0)$ 唯一确定.

引理 2.5 对于 $\sigma_1 \in \Gamma^b(E^s(\rho))$ 和 $x_0 \in \Lambda$，仅有唯一的 $\xi_2 \in E^u_{x_0}(\rho)$，使得

$$\|F^n(\sigma_1(x_0), \xi_2)\| \leqslant \rho, n = 0, 1, 2, \cdots$$

这 ξ_2 就是 $\xi_2 = G(\sigma_1)(x_0)$.

证明. 设 $\xi_2 \in E^u_{x_0}(\rho)$，使得

$$\|F^n(\sigma_1(x_0), \xi_2)\| \leqslant \rho, \quad n = 0, 1, 2, \cdots$$

置

$$\sigma_2(x) = \begin{cases} G(\sigma_1)(x), & x \neq x_0, \\ \xi_2, & x = x_0. \end{cases}$$

则 $\sigma_2 \in \Gamma^b(E^u(\rho))$ 满足

$$\begin{aligned} &\|F^n(\sigma_1(x), \sigma_2(x))\| \\ &\quad = \begin{cases} \|F^n(\sigma_1(x), G(\sigma_1)(x)\|, & x \neq x_0, \\ \|F^n(\sigma_2(x), \xi_2)\|, & x = x_0 \end{cases} \\ &\quad \leqslant \rho, \quad n = 0, 1, 2, \cdots, \forall x \in \Lambda. \end{aligned}$$

由引理 2.4，只能有 $\sigma_2 = G(\sigma_1)$，因而

$$\xi_2 = \sigma_2(x_0) = G(\sigma_1)(x_0). \qquad \square$$

对于 $\xi_1 \in E^s(\rho)$，置

$$\sigma^{\xi_1}(x) = \begin{cases} \xi_1, & x = \pi(\xi_1), \\ 0_x, & x \neq \pi(\xi), \end{cases}$$

这里 0_x 表示 E^s_x 中的零向量. 显然有

$$\sigma^{\xi_1} \in \Gamma^b(E^s(\rho)).$$

引理 2.6 存在唯一的(覆盖 id 的)保持纤维的映射

$$H: E^s(\rho) \to E^u(\rho),$$

满足

$$G(\sigma_1) = H \circ \sigma_1, \quad \forall \sigma_1 \in \Gamma^b(E^s(\rho)).$$

证明. 设保持纤维映射 H 满足

$$G(\sigma_1) = H \circ \sigma_1, \quad \forall \sigma_1 \in \Gamma^b(E^s(\rho)),$$

则有

$$\begin{aligned} H(\xi_1) &= (H \circ \sigma^{\xi_1})(\pi(\xi_1)) \\ &= G(\sigma^{\xi_1})(\pi(\xi_1)), \quad \forall \xi_1 \in E^s(\rho), \end{aligned}$$

因而这样的 H 是唯一的.

我们定义

$$H(\xi_1) = G(\sigma^{\xi_1})(\pi(\xi_1)), \quad \forall \xi_1 \in E^s(\rho).$$

将验证对任意 $\sigma_1 \in \Gamma^b(E^s(\rho))$ 都有

$$G(\sigma_1) = H\circ\sigma_1.$$

事实上，对任意 $\sigma_1 \in \Gamma^b(E^s(\rho))$ 和 $x \in \Lambda$，记 $\xi_1 = \sigma_1(x)$，我们有

$$\begin{aligned}
&\|F^n(\sigma_1(x),\ H\circ\sigma_1(x))\| \\
&\quad = \|F^n(\xi_1, H(\xi_1))\| \\
&\quad = \|F^n(\sigma^{\xi_1}(x) \cdot G(\sigma^{\xi_1})(x))\| \\
&\quad \leqslant \rho,\ n = 0, 1, 2, \cdots
\end{aligned}$$

因而

$$H\circ\sigma_1(x) = G(\sigma_1)(x).$$

因为 $x \in \Lambda$ 是任意的，这证明了

$$H\circ\sigma_1 = G(\sigma_1). \quad \square$$

引理 2.7 对任意 $\xi_1 \in E^s_x(\rho)$，仅有唯一的 $\xi_2 \in E^u_x(\rho)$，使得

$$\|F^n(\xi_1, \xi_2)\| \leqslant \rho,\ n = 0, 1, 2, \cdots$$

这 ξ_2 就是 $\xi_2 = H(\xi_1)$.

证明. 由

$$\begin{aligned}
&\|F^n(\sigma^{\xi_1}(\pi(\xi_1)),\ \xi_2)\| \\
&\quad = \|F^n(\xi_1, \xi_2)\| \leqslant \rho,\ n = 0, 1, 2, \cdots,
\end{aligned}$$

可得

$$\xi_2 = G(\sigma^{\xi_1})(\pi(\xi_1)) = H(\xi_1). \quad \square$$

引理 2.8 H 满足

(a) $\widetilde{D}H(0_x) = 0,\ \forall\ x \in \Lambda$

（这里 0_x 表示 E^s_x 中的零向量）；

(b) $\xi \in \mathscr{G}_*H$

$$\Longleftrightarrow \|F^n(\xi)\| \leqslant \rho,\ n = 0, 1, 2, \cdots;$$

(c) $\xi \in \mathscr{G}_*H \Longrightarrow$

$$\|F(\xi)\| \leqslant \lambda\|\xi\|$$

和

$$|F^n(\xi)| \leqslant K\lambda^n|\xi|,\ n = 0, 1, 2, \cdots$$

证明. (a) 对于 $\xi \in E^s_x(\rho)$，我们有

$$\frac{\|H(\xi) - H(0_x)\|}{\|\xi\|} = \frac{\|G(\sigma^{\xi})(x) - G(\tilde{0})(x)\|}{\|\sigma^{\xi}\|}$$

$$\leqslant \frac{\|G(\sigma^\xi) - G(\tilde{0})\|}{\|\sigma^\xi\|}.$$

因为 $DG(\tilde{0}) = 0$，当 ξ 充分小时，上式右端可以任意小. 这证明了

$$\widetilde{D}H(0_x) = 0, \ \forall x \in \Lambda.$$

(b) 这就是引理 2.7 的另一种表述.

(c) 对于 $\xi = (\xi_1, H(\xi_1)) \in \mathscr{G}rH$, 我们有

$$\begin{aligned}
\|F(\xi)\| &= \|F(\xi_1, H(\xi_1))\| \\
&= \|F(\sigma^{\xi_1}(x), \ G(\sigma^{\xi_1})(x))\| \ (x = \pi(\xi_1)) \\
&= \|\widetilde{F}(\sigma^{\xi_1}, G(\sigma^{\xi_1}))(f(x))\| \\
&\leqslant \|\widetilde{F}(\sigma^{\xi_1}, G(\sigma^{\xi_1}))\| \\
&\leqslant \lambda \ \max\{|\sigma^{\xi_1}|, \ |G(\sigma^{\xi_1})|\} \\
&\leqslant \lambda|\sigma^{\xi_1}| = \lambda|\xi_1| \leqslant \lambda\|\xi\|.
\end{aligned}$$

而 $|\cdot|$ 与 $\|\cdot\|$ 等价,存在常数 $0<b \leqslant B$, 使得

$$b\|\xi\| \leqslant |\xi| \leqslant B\|\xi\|, \ \forall \xi \in T_\Lambda M.$$

于是,对于 $\xi \in \mathscr{G}rH$, 我们有

$$\begin{aligned}
|F^n(\xi)| &\leqslant B\|F^n(\xi)\| \\
&\leqslant B\lambda^n\|\xi\| \\
&\leqslant \frac{B}{b}\lambda^n|\xi|, \ n = 1, 2, \cdots \quad \square
\end{aligned}$$

下面,进一步讨论 H 的分析性质.

引理 2.9 H 沿纤维是 C^r 的.

证明. 由 H 的定义

$$H(\xi) = G(\sigma^\xi)(\pi\xi), \ \forall \xi \in E^s(\rho),$$

我们可以把 H 表示成一些映射的复合:

$$E^s(\rho) \xrightarrow{(\psi, \ \pi)} \Gamma^b(E^s(\rho)) \times \Lambda \xrightarrow{G \times id} \Gamma^b(E^u(\rho)) \times \Lambda \xrightarrow{ev} E^u(\rho),$$

其中

$$\psi:\ E^s(\rho) \to \Gamma^b(E^s(\rho))$$
$$\xi \longmapsto \sigma^\xi,$$
$$ev:\ \Gamma^b(E^u(\rho)) \times \Lambda \to E^u(\rho)$$
$$(\sigma, x) \longmapsto \sigma(x).$$

因为沿任意一条纤维 ψ 是线性的，G 是 C^r 的，ev 对 σ 是线性的，所以 H 沿纤维是 C^r 的。 □

但是，如果不是局限在一条纤维上变化，则因为有界截面空间的计值映射

$$ev:\ \Gamma^b(E^u(\rho)) \times \Lambda \to E^u(\rho)$$
$$(\sigma, x) \longmapsto \sigma(x)$$

作为两个自变元的映射甚至不一定是连续的。所以由上面的表达式尚不能看出 H 的连续性。我们将 H 的表示方式稍作改变，以看出其连续性来。为此目的，先从 σ^ξ 的改造出发。

引理 2.10 任给 $x \in \Lambda$，存在 x 的邻域 U 及连续映射

$$\tilde{\psi}:\ E^s(\rho) \cap \pi^{-1}(U) \to \Gamma^0(E^s(\rho))$$
$$\xi \quad \longmapsto \quad \tilde{\sigma}^\xi,$$

满足

(d) $$\tilde{\sigma}^\xi(\pi\xi) = \xi,$$

(e) $$|\tilde{\sigma}^\xi| = |\xi|.$$

证明. 取环绕 x 点的 E^s 的局部平凡化邻域 V，设 φ 为相应的局部平凡化，于是

$$E^s|V = \varphi^{-1}(V \times \mathbf{R}^k).$$

又取 x 的邻域 U，满足

$$\overline{U} \subset V,$$

并取连续函数 $\beta: \Lambda \to \mathbf{R}$，满足

$$\begin{aligned} &0 \leqslant \beta(z) \leqslant 1,\ \forall z \in \Lambda, \\ &\overline{U} \subset \{z \in \Lambda \mid \beta(z) = 1\} \\ &\subset \operatorname{supp} \beta \\ &\subset V. \end{aligned}$$

记

$$\delta_j(y) = \varphi^{-1}(y, (\delta_{1j}, \cdots, \delta_{kj})),$$

这里

$$\delta_{ij} = \begin{cases} 1, & 如果\ i = j, \\ 0, & 如果\ i \neq j. \end{cases}$$

于是 $\delta_j(y), j = 1, \cdots, k$，是 E' 在 V 上的一个标架场．我们可以运用 Gram-Schmidt 正交化手续，从上述标架场出发，作出 E' 的关于 $\langle \cdot, \cdot \rangle$ 的正交规范标架场

$$e_1(y), \cdots, e_k(y), \qquad y \in V.$$

对于 $\xi \in \pi^{-1}(U) \subset \pi^{-1}(V)$，可设

$$\xi = \sum_{j=1}^{k} \xi_j e_j(\pi\xi).$$

我们定义

$$\tilde{\sigma}^{\xi}(y) = \begin{cases} \beta(y) \sum_{j=1}^{k} \xi_j e_j(y), & 如果\ y \in V, \\ 0, & 如果\ y \notin V. \end{cases}$$

显然有

(d) $\tilde{\sigma}^{\xi}(\pi\xi) = \xi$,

(e) $|\tilde{\sigma}^{\xi}| = |\xi|$.

容易看出

$$\begin{aligned} \tilde{\Phi}:\ E'(\rho) \cap \pi^{-1}(U) &\to \Gamma^0(E'(\rho)) \\ \xi &\longmapsto \tilde{\sigma}^{\xi} \end{aligned}$$

满足引理的全部要求． □

引理 2.11 H是连续的．

证明． 考虑表达式

$$\tilde{F}(\sigma) = F \circ \sigma \circ f^{-1},\ F(\xi) = \exp^{-1}_{f \circ \pi(\xi)} \circ f \circ \exp_{\pi(\xi)} \xi,$$

即

$$\tilde{F}(\sigma)(x) = \exp_x^{-1} \circ f \circ \exp_{f^{-1}(x)} \sigma(f^{-1}(x))$$

我们可以把 $\tilde{F}$ 视为定义于 $\Gamma^0(E(\rho))$ 上的映射：

$$\begin{aligned} \tilde{F}: \Gamma^0(E(\rho)) &\to \Gamma^0(E) \\ \sigma &\longmapsto F \circ \sigma \circ f^{-1}. \end{aligned}$$

用类似于前面的讨论，可以证明存在 C^r 映射

$$\tilde{G}:\ \Gamma^0(E^s(\rho)) \to \Gamma^0(E^u(\rho)),$$

使得对任意 $\sigma_1 \in \Gamma^0(E^s(\rho))$，能够满足

$$|\tilde{F}^n(\sigma_1, \sigma_2)| \leqslant \rho,\ n = 0, 1, 2, \cdots$$

或者

$$\sup_{x \in \Lambda} |F^n(\sigma_1(x),\ \sigma_2(x))| \leqslant \rho,\ n = 0, 1, 2, \cdots$$

的唯一的 $\sigma_2 \in \Gamma^0(E^u(\rho))$ 是 $\sigma_2 = \tilde{G}(\sigma_1)$.

因为

$$\begin{aligned}
&|F^n(\xi_1,\ \tilde{G}(\tilde{\sigma}^{\xi_1})(\pi\xi_1))| \\
&\quad = |F^n(\tilde{\sigma}^{\xi_1}(\pi\xi_1),\ \tilde{G}(\tilde{\sigma}^{\xi_1})(\pi\xi_1))| \\
&\quad \leqslant \rho,\ n = 0, 1, 2, \cdots,
\end{aligned}$$

由引理 2.7，我们得到

$$H(\xi_1) = \tilde{G}(\tilde{\sigma}^{\xi_1})(\pi\xi_1),\ \forall \xi_1 \in E^s(\rho).$$

我们把 H 表示为以下一些映射的复合

$$\begin{aligned}
E^s(\rho) \cap \pi^{-1}(U) &\xrightarrow{(\tilde{\psi},\ \pi)} \Gamma^0(E^s(\rho)) \times \Lambda \\
&\xrightarrow{\tilde{G} \times id} \Gamma^0(E^u(\rho)) \times \Lambda \\
&\xrightarrow{ev} E^u(\rho).
\end{aligned}$$

因为这时

$$\begin{aligned}
ev:\ \Gamma^0(E^u(\rho)) \times \Lambda &\to E^u(\rho) \\
(\sigma,\ x) &\mapsto \sigma(x)
\end{aligned}$$

已是连续的了，所以 H 在 $E^s(\rho) \cap \pi^{-1}(U)$ 上连续. 又因为这样的 $\pi^{-1}(U)$ 覆盖了 $E^s(\rho)$，所以 H 在整个 $E^s(\rho)$ 上连续. □

引理 2.12 设 X, Y 是拓扑空间 (C^r 流形)，H: X → Y 是连续映射 (C^r 映射)，则

$$(id, H): X \to \mathscr{G}rH \subset X \times Y$$

是一个嵌入 (C^r 嵌入).

证明. 设 π_1: X × Y → X 是到第一个因子的投影，则显然

$$\pi_1 | \mathscr{G}rH$$

是 (id, H) 的逆映射. □

我们引入以下记号：

$$IE^s(\rho)=\{\xi\in E^s\,|\,|\xi|<\rho\}\subset E^s(\rho),$$

$$IE^s_x(\rho)=\{\xi\in E^s_x\,|\,|\xi|<\rho\}\subset E^s_x(\rho),$$

$$\widetilde{D}^s_x=(id,H)_x(IE^s_x(\rho)),$$

$$D^s_x=\exp_x\widetilde{D}^s_x.$$

将证 $\{D^s_x\}_{x\in\Lambda}$ 满足定理 2.2 的全部要求.

对于 $x\in\Lambda$，存在 E^s 的环绕 x 的局部平凡化邻域 V. 设 φ 是相应的局部平凡化，则

$$E^s|V=\varphi^{-1}(V\times\mathbf{R}^k).$$

选取 E^s 在 V 上的正交规范标架场

$$e_1(y),\ \cdots,\ e_k(y),\ y\in V,$$

如引理 2.10 的证明中所述. 我们定义

$$\omega:\ V\times D^k\to IE^s(\rho)$$

$$(y,\ u)\longmapsto\ \rho\sum_{j=1}^{k}u_je_j(y),$$

$$\theta_y(u)=\exp_y\circ(id,\ H)\circ\omega(y,\ u).$$

于是

$$\theta:\ V\to\mathrm{Emb}^r(D^k,\ M)$$

$$y\longmapsto\theta_y$$

是连续映射，它满足

$$\theta(y)(D^k)=\exp_y\circ(id,\ H)\circ IE^s_y(\rho)=D^s_y$$

和

$$\theta(y)(0)=\exp_y0=y,\ \forall y\in V.$$

鉴于

$$(D\exp_x)_0=id$$

和

$$(D(id,\ H))_0=(id,\ 0)=j_s$$

（这里 j_s: $E^s\to E$ 表示自然放入），我们看到

$$T_xD^s_x=(D\exp_x)_0(D(id,H))_0(E^s_x)$$

$$=j_sE^s_x=E^s_x.$$

这证明了定理 2.2 的 (i).

设 $y \in D_x^s$，则 $\exp_x^{-1} y \in \widetilde{D}_x^s \subset \mathscr{G}rH$，因而

$$\begin{aligned} d(f^n(y),\ f^n(x)) &= |\exp_{f^n(x)}^{-1} f^n(y)| \\ &= |F^n(\exp_x^{-1} y)| \\ &\leqslant K\lambda^n |\exp_x^{-1} y| \\ &= K\lambda^n d(x, y),\ n = 1, 2, \cdots \end{aligned}$$

这证明了定理 2.2 的 (ii).

引理 2.13 设 $\xi = (\xi_1, H(\xi_1)) \in \mathscr{G}rH$，则

$$\|\xi\| = |\xi_1| \geqslant |H(\xi_1)|.$$

证明.

$$\begin{aligned} |H(\xi_1)| &= |G(\sigma^{\xi_1})(\pi\xi_1)| \\ &\leqslant |G(\sigma^{\xi_1})| \\ &\leqslant |\sigma^{\xi_1}| = |\xi_1|. \quad \square \end{aligned}$$

由于 $|\cdot|$ 和 $\|\cdot\|$ 的等价性，一般地有

$$b\|\xi\| \leqslant |\xi| \leqslant B\|\xi\|,\ \forall \xi \in T_\Lambda M.$$

对于充分小的 $\xi \in \mathscr{G}rH$，我们有更加精细的估计.

引理 2.14 任给 $0 < \eta < \dfrac{1}{2}$，存在 $0 < \delta < \rho$，使得对于

$$\xi = (\xi_1, H(\xi_1)) \in \mathscr{G}rH,\ \|\xi\| = |\xi_1| < \delta,$$

有

$$(1-\eta)\|\xi\| \leqslant |\xi| \leqslant (1+\eta)\|\xi\|.$$

证明. 由于 $G(\tilde{0}) = \tilde{0}$, $(DG)_{\tilde{0}} = 0$，所以存在 $0 < \delta < \rho$，使得当 $\sigma \in \Gamma^b(E^s(\rho))$，$|\sigma| < \delta$ 时有

$$|G(\sigma)| \leqslant \eta|\sigma|.$$

设 $\xi = (\xi_1, H(\xi_1)) \in \mathscr{G}rH$, $\|\xi\| = |\xi_1| < \delta$，则

$$\begin{aligned} |H(\xi_1)| &= |G(\sigma^{\xi_1})(\pi\xi_1)| \\ &\leqslant |G(\sigma^{\xi_1})| \\ &\leqslant \eta|\sigma^{\xi_1}| = \eta|\xi_1|. \end{aligned}$$

这时

$$(1-\eta)|\xi_1| \leqslant |\xi_1 + H(\xi_1)| \leqslant (1+\eta)|\xi_1|,$$

即

$$(1-\eta)\|\xi\| \leqslant |\xi| \leqslant (1+\eta)\|\xi\|. \quad \square$$

引理 2.15 设 $\varepsilon=\min\{b\delta, \delta\}$，则对于

$$\xi \in \mathscr{G}_{*}H, \ |\xi| < \varepsilon,$$

我们有

$$(1-\eta)\|\xi\| \leqslant |\xi| \leqslant (1+\eta)\|\xi\|.$$

证明．这时有

$$\|\xi\| \leqslant \frac{1}{b}|\xi| < \frac{1}{b}\varepsilon \leqslant \delta. \quad \square$$

取 $0<\eta<\dfrac{1}{2}$ 充分小，使得

$$0<\mu=\frac{1+\eta}{1-\eta}\lambda<1.$$

对这样的 η，取相应的 δ 和 ε 满足上面的引理 2.14 和引理 2.15．将证 μ，ε 满足定理 2.2 的 (iii) 和 (iv)．

对于 $x \in \Lambda$ 和

$$\xi \in \widetilde{D}_x^s \cap \{\xi \in T_xM \mid |\xi| < \varepsilon\},$$

我们有

$$\|F(\xi)\| \leqslant \lambda\|\xi\| \leqslant \frac{\lambda}{1-\eta}|\xi| < \varepsilon \leqslant \delta,$$

$$\begin{aligned} |F(\xi)| &\leqslant (1+\eta)\|F(\xi)\| \\ &\leqslant \frac{1+\eta}{1-\eta}\lambda|\xi| = \mu|\xi| < \varepsilon. \end{aligned}$$

如果 $y \in D_x^s \cap \mathrm{B}(x, \varepsilon)$，那么

$$\exp_x^{-1}y \in \widetilde{D}_x^s \cap \{\xi \in T_xM \mid |\xi| < \varepsilon\},$$

于是

$$\begin{aligned} d(f(y), f(x)) &= |\exp_{f(x)}^{-1}f(y)| \\ &= |F(\exp_x^{-1}y)| \\ &\leqslant \mu|\exp_x^{-1}y| \\ &= \mu\, d(y,x) < \varepsilon. \end{aligned}$$

这已证明了定理 2.2 的 (iii).

用归纳法可进一步证明,对任意的

$$y \in D_x^s \cap B(x, \varepsilon),$$

我们有

$$d(f^n(y), f^n(x)) \leqslant \mu^n d(y, x) < \varepsilon$$
$$(n = 1, 2, \cdots),$$

因而

$$y \in W_\varepsilon^s(x, f).$$

反过来,如果 y 满足

$$d(f^n(y), f^n(x)) < \varepsilon,$$
$$\lim_{n \to +\infty} d(f^n(y), f^n(x)) = 0,$$

那么

$$|F^n(\exp_x^{-1} y)| = d(f^n(y), f^n(x)) < \varepsilon < \rho$$
$$(n = 0, 1, 2, \cdots),$$

因而

$$\exp_x^{-1} y \in \widetilde{D}_x^s \cap \{\xi \in T_x M \mid |\xi| < \varepsilon\},$$
$$y \in D_x^s \cap B(x, \varepsilon).$$

这样,我们证明了定理 2.2 之 (iv):

$$D_x^s \cap B(x, \varepsilon) = W_\varepsilon^s(x, f), \ \forall x \in \Lambda.$$

至此,我们完全证明了定理 2.2. □

推论 2.16 对于 $x \in \Lambda$, 我们有

$$W_\varepsilon^s(x, f) = \{y \in M \mid d(f^n(y), f^n(x)) < \varepsilon, n = 0, 1, 2, \cdots\}.$$

证明. 显然有

$$W_\varepsilon^s(x, f) \subset \{y \in M \mid d(f^n(y), f^n(x)) < \varepsilon, n = 0, 1, 2, \cdots\}.$$

另一方面,设

$$d(f^n(y), f^n(x)) < \varepsilon \leqslant \rho, \ n = 0, 1, 2, \cdots$$

则

$$|F^n(\exp_x^{-1} y)| = |\exp_{f^n(x)}^{-1} f^n(y)|$$
$$= d(f^n(y), f^n(x)) < \varepsilon \leqslant \rho,$$
$$n = 0, 1, 2, \cdots$$

于是

$$\exp_x^{-1}y \in \widetilde{D}^s_x \cap \{\xi \in T_\Lambda M \mid |\xi| < \varepsilon\},$$
$$y \in D^s_x \cap B(x, \varepsilon) = W^s_\varepsilon(x, f). \qquad \square$$

我们注意到以下事实:

$$W^u_\varepsilon(x, f) = W^s_\varepsilon(x, f^{-1}),$$
$$W^u(x, f) = W^s(x, f^{-1}).$$

于是,上面得到的关于稳定流形的全部结果,只要在陈述上作少许改变,即可适用于不稳定流形的情形. 例如,相应于定理 2.2 和推论 2.16,我们有

定理 2.17 (不稳定流形定理) 设M是光滑 Riemann 流形, $\Lambda \subset M$是紧致集, $f \in \mathrm{Diff}^r(M)$ $(r \geqslant 1)$ 以Λ为其双曲不变集, $T_\Lambda M = E^s \oplus E^u$ 是由 f 在 Λ 上的双曲性条件给出的 Whitney 和分解,则存在 C^r 嵌入圆盘的连续族 $\{D^u_x\}_{x\in\Lambda}$ 和常数 $K > 0$, $0 < \lambda < \mu < 1$, $\varepsilon > 0$, 满足

(i) $T_x D^u_x = E^u_x$, $\forall x \in \Lambda$;

(ii) 对任意 $y \in D^u_x$,

$$d(f^{-n}(y), f^{-n}(x)) \leqslant K\lambda^n d(y, x),$$
$$n = 1, 2, \cdots$$

(因而 $D^u_x \subset W^u(x, f)$);

(iii) 对任意 $y \in D^u_x \cap B(x, \varepsilon)$,

$$d(f^{-1}(y), f^{-1}(x)) \leqslant \mu d(y, x);$$

(iv) $D^u_x \cap B(x, \varepsilon) = W^u_\varepsilon(x, f)$

(因而 $W^u_\varepsilon(x, f)$ 是 C^r 嵌入子流形).

推论 2.18 对于 $x \in \Lambda$,我们有

$$W^u_\varepsilon(x, f) = \{y \in M \mid d(f^{-n}(y), f^{-n}(x)) < \varepsilon, n = 0, 1, 2, \cdots\}.$$

§3 稳定流形与不稳定流形的横截相交

我们沿用上一节中的记号. 因为

$$T_x D^u_x = E^u_x, \ T_x D^s_x = E^s_x,$$

所以 $W^u_\varepsilon(x,f)$ 与 $W^s_\varepsilon(x,f)$ 在 x 点横截相交. 本节的主要目的是指出：对于适当小的 $\varepsilon>0$，当 $y, z\in\Lambda$ 彼此充分接近时，$W^u_\varepsilon(y,f)$ 与 $W^s_\varepsilon(z,f)$ 也有唯一横截交点.

引理 3.1 设 I, J, M 是 C^r 微分流形 $(r\geqslant 1)$,

$$\dim I+\dim J=\dim M.$$

又设 A, B 是距离空间，而

$$\{i_\alpha\}_{\alpha\in A}\subset C^r(I,M)$$

和

$$\{j_\beta\}_{\beta\in B}\subset C^r(J,M)$$

是 C^r 嵌入的连续族. 如果 $i_{\alpha_0}(I)$ 与 $j_{\beta_0}(J)$ 有一个横截相交点

$$x_{\alpha_0\beta_0}=i_{\alpha_0}(s_0)=j_{\beta_0}(t_0),$$

那么当 α 充分接近 α_0，β 充分接近 β_0 的时候，$i_\alpha(I)$ 与 $j_\beta(J)$ 有唯一充分接近 $x_{\alpha_0\beta_0}$ 的横截相交点

$$x_{\alpha\beta}=i_\alpha(s_{\alpha\beta})=j_\beta(t_{\alpha\beta}),$$

并且这交点连续依赖于 α 和 β.

证明. 这论断本质上是局部的. 通过取局部坐标可以假定

$$I=D^k\subset\mathbb{R}^k,\ J=D^l\subset\mathbb{R}^l,$$
$$M=D^m\subset\mathbb{R}^m,\ k+l=m.$$

考虑映射

$$P_{\alpha\beta}: I\times J\to\mathbb{R}^m$$
$$(s,t)\longmapsto i_\alpha(s)-j_\beta(t).$$

我们看到

$$P_{\alpha_0\beta_0}(s_0,t_0)=0,$$

并且

$$DP_{\alpha_0\beta_0}(s_0,t_0)=[Di_{\alpha_0}(s_0),\ -Dj_{\beta_0}(t_0)]$$

是可逆的. 根据含参变元的逆映射定理(第六章,定理 9.7)，存在 α_0 的开邻域 A_0，β_0 的开邻域 B_0，s_0 的开邻域 S，t_0 的开邻域 T 和 $0\in\mathbb{R}^m$ 的开邻域 V，使得对于 $\alpha\in A_0, \beta\in B_0$ 有

(a) $P_{\alpha\beta}$ 在 $W=S\times T$ 上是单一的；

(b) $P_{\alpha\beta}(W)\supset V$；

(c) $DP_{\alpha\beta}$ 在W上可逆.

于是,对于 $\alpha\in A_0$, $\beta\in B_0$, 存在唯一的

$$s_{\alpha\beta}\in S,\ t_{\alpha\beta}\in T,$$

使得

$$P_{\alpha\beta}(s_{\alpha\beta}, t_{\alpha\beta})=i_\alpha(s_{\alpha\beta})-j_\beta(t_{\alpha\beta})=0.$$

由于(c), $i_\alpha(I)$ 与 $j_\beta(J)$ 在它们的相交点

$$x_{\alpha\beta}=i_\alpha(s_{\alpha\beta})=j_\beta(t_{\alpha\beta})$$

是横截相交的. 至于这交点对参变元 α, β 的连续依赖性, 也由第六章定理 9.7 可以得到. □

定理 3.2 设M是一个光滑的 Riemann 流形, $\Lambda\subset M$是紧致集, $f\in \mathrm{Diff}^r(M)$ 以 Λ 为其双曲不变集. 则存在充分小的正数 ε 和 $0<\delta<\varepsilon$, 使得对于 y, $z\in\Lambda$, $d(y, z)<\delta$, 可以断定 $W^u_\varepsilon(y, f)$ 与 $W^s_\varepsilon(z, f)$ 有唯一横截相交点 $[y, z]$, 并且这交点 $[y, z]$ 连续地依赖于 y 和 z.

证明. 根据定理 2.2 和定理 2.17,对任意的 $x\in\Lambda$, 存在 x 的邻域 $U(x)$ 和 C^r 嵌入圆盘的连续族

$$\theta^u_y: D^l\to M,$$
$$\theta^u_y(D^l)=D^u_y,\ \theta^u_y(0)=y,\ \forall y\in U(x),$$

和

$$\theta^s_y: D^k\to M,$$
$$\theta^s_y(D^l)=D^s_y,\ \theta^s_y(0)=y,\ \forall y\in U(x).$$

我们知道,不稳定圆盘 D^u_x 与稳定圆盘 D^s_x 有唯一横截相交点 x,因而存在

$$0<\zeta_x \quad 和 \quad 0<\varepsilon_x<\zeta_x,$$

使得当

$$y, z\in\Lambda, d(y, x)<\varepsilon_x, 并且\ d(z, x)<\varepsilon_x$$

的时候, D^u_y 与 D^s_z 在 $B(x, \zeta_x)$ 中有唯一相交点 $[y, z]$. 这交点连续依赖于 y 和 z, 并且 D^u_y 与 D^s_z 在这交点上是彼此横截的.

考虑 Λ的开覆盖$\{B(x,\varepsilon_x)\}_{x\in\Lambda}$.设 $\varepsilon>0$ 是这覆盖的 Lebesque 数. 由 $[y, z]$ 对 y 和 z 的连续依赖性, 对任意 $x\in\Lambda$, 存在 $0<$

$\eta_x \leqslant \varepsilon/2$，使得当

$$y, z \in \Lambda, d(y, x) < \eta_x \text{ 并且 } d(z, x) < \eta_x \text{ 的时候}$$

$$d([y, z], x) < \varepsilon/2.$$

再考虑 Λ 的开覆盖 $\{B(x, \eta_x)\}_{x \in \Lambda}$. 设 $\eta > 0$ 是这覆盖的 Lebesque 数，记

$$\delta = \min\{\eta, \varepsilon\}.$$

于是，当

$$y, z \in \Lambda, \ d(y, z) < \delta$$

的时候，存在 $x \in \Lambda$，使得

$$d(y, x) < \eta_x, \ d(z, x) < \eta_x.$$

这时有

$$d([y, z], x) < \varepsilon/2,$$

$$d([y, z], y) < \varepsilon/2 + \eta_x < \varepsilon,$$

$$d([y, z], z) < \varepsilon/2 + \eta_x < \varepsilon.$$

因而 $p = [y, z]$ 是 $W^u_\varepsilon(y, f)$ 与 $W^s_\varepsilon(z, f)$ 的横截相交点.

另一方面，如果 $d(y, z) < \delta(< \varepsilon)$，$q$ 是 $W^u_\varepsilon(y, f)$ 与 $W^s_\varepsilon(z, f)$ 的相交点，那么显然有

$$d(y, z) < \varepsilon,$$

$$d(q, y) < \varepsilon,$$

$$d(q, z) < \varepsilon.$$

因而存在 $x \in \Lambda$，使得

$$y, z, q \in B(x, \varepsilon_x) \subset B(x, \zeta_x).$$

由 D^u_y 与 D^s_z 在 $B(x, \zeta_x)$ 中的交点的唯一性，我们有

$$q = [y, z].$$

这就证明了 $[y, z]$ 是 $W^u_\varepsilon(y, f)$ 与 $W^s_\varepsilon(z, f)$ 的唯一横截相交点. □

推论 3.3 上面定理中给出的 δ 是 $f|\Lambda$ 的一个可扩常数.

证明. 留给读者作为练习. □

第十七章　公理 A 系统

§1　公　理　A

在微分动力系统的结构稳定性与 Ω 稳定性的研究中，Smale 提出了一个重要的基本条件——公理 A. 与此相关联，他提出了被称为“稳定性猜测”的两个著名猜测:

公理 A + 强横截条件 $\Longleftrightarrow$ 结构稳定性;

公理 A + 无环条件 $\Longleftrightarrow$ Ω 稳定性.

两猜测的充分性部分随后为 Smale 本人及其他学者所证明. 必要性部分的证明却显得十分困难，长期未能解决. 近年来，我国廖山涛教授在关于稳定性猜测的研究中取得重大进展. (参看[23].)

下面几章的主要任务之一是证明如下的 Ω 稳定性定理:

公理 A + 无环条件 $\Longrightarrow$ Ω 稳定性.

在这一章里，我们先来介绍公理 A 系统的 Ω 集的基本集分解(即所谓“谱分解”).

定义 1.1 (公理 A)　设 M 是一个紧致的光滑的 Riemann 流形，$f\in \mathrm{Diff}^1(M)$. 涉及 f 的以下条件被称为“公理 A”:

(A_a)　$\Omega(f)$ 具有双曲结构;

(A_b)　$\overline{\mathrm{Per}(f)}=\Omega(f)$，即周期点在非游荡集中稠密.

§2　局部乘积结构

设 M 是光滑 Riemann 流形，$\Lambda\subset M$ 是紧致集，$f\in \mathrm{Diff}^1(M)$ 以 Λ 为其双曲不变集. 在第十六章 §3 中，我们证明了: 只要 y, $z\in\Lambda$, $d(y,z)<\delta$，就可以断定 $W^u_\varepsilon(y,f)$ 与 $W^s_\varepsilon(z,f)$ 具有唯一的横截相交点 $[y,z]$. 问题在于: 在怎样的条件下能有 $[y,z]$

$\in \Lambda$?

定义 2.1（局部乘积结构） 如果存在 $\delta > 0$，使得当 $y, z \in \Lambda$，$d(y, z) < \delta$ 的时候，必有

$$[y, z] \in \Lambda,$$

则称 f 在 Λ 上具有局部乘积结构.

例 2.2 紧致光滑 Riemann 流形 M 上的 Anosov 微分同胚 f 在 M 上具有局部乘积结构.

本节的主要目的是证明：紧致的光滑的 Riemann 流形 M 上的公理 A 微分同胚 f 在其非游荡集 $\Omega(f)$ 上具有局部乘积结构. 为此，先要作一些技术性的准备. 其中关键的步骤类似于 Palis 的"λ 引理"(参看 [24]).

以下常以 E，E_1 和 E_2 表示有限维的 Banach 空间，以 $|\cdot|$ 表示这些空间中的范数. 对于乘积空间

$$E = E_1 \times E_2,$$

常采用以下的范数:

$$\|x\| = \max\{|x_1|, |x_2|\},$$
$$\forall x = (x_1, x_2) \in E_1 \times E_2 = E.$$

我们记

$$E(\rho) = \{x \in E \mid \|x\| \leqslant \rho\},$$
$$E_1(\rho) = \{x_1 \in E_1 \mid |x_1| \leqslant \rho\},$$
$$E_2(\rho) = \{x_2 \in E_2 \mid |x_2| \leqslant \rho\}.$$

显然有

$$E(\rho) = E_1(\rho) \times E_2(\rho).$$

引理 2.3 设 $E = E_1 \times E_2$ 如上面所述，$I \subset E$ 是 C^r 子流形 $(r \geqslant 1)$，$\dim I = \dim E_2$，如果 I 与 $E_1 (= E_1 \times \{0\} \hookrightarrow E)$ 横截相交于 p，那么 I 在 p 点邻近可以表示为:

$$(g, id)E_2(\rho),$$

这里 $g: E_2(\rho) \to E_1$ 是 C^r 映射.

证明. 以 $\pi_2: E = E_1 \times E_2 \to E_2$ 表示投影，因为 I 在 p 点与 E_1 横截相交并且 $\dim I = \dim E_2$，所以 $\pi_2|I$ 在 p 点邻近是局部

微分同胚，设其局部逆映射为

$$G=(g,h):\quad E_2(\rho)\to I\subset E_1\times E_2,$$

则

$$\pi_2\circ G=h=id:\ E_2(\rho)\to E_2(\rho),$$

这证明了

$$G=(g,\ id).\qquad\square$$

引理 2.4 设 $P\subset E$ 是开集，$0\in P$，$f\in C^r(P,\ E)$ 是到象集的微分同胚，它以 0 为其双曲不动点，则存在 E 的子空间 E_1 和 E_2，E 的开子集 $U\subset P$ 和 C^r 局部坐标

$$\phi:\ U\to E_1(\rho)\times E_2(\rho),$$

使得

$$\bar{f}=\phi\circ f\circ\phi^{-1}$$

的局部稳定流形与局部不稳定流形分别为

$$E_1(\rho)\ \text{与}\ E_2(\rho)\ (\hookrightarrow E).$$

证明. 设 E_1 和 E_2 分别是 $Df(0)$ 的稳定子空间和不稳定子空间，由稳定与不稳定流形定理，存在 C^r 映射

$$\phi_2:\ E_1(\rho')\to E_2(\rho')$$

和

$$\phi_1:\ E_2(\rho')\to E_1(\rho'),$$

使得 $(id,\phi_2)E_1(\rho')$ 和 $(\phi_1,id)E_2(\rho')$ 分别是 f 在 0 点的局部稳定流形与局部不稳定流形，记

$$\phi(x_1,x_2)=(x_1-\phi_1(x_2),\ x_2-\phi_2(x_1)).$$

因为

$$D\phi_1(0)=0,\ D\phi_2(0)=0,$$

所以

$$D\phi(0,\ 0)=\begin{bmatrix} I_1 & -D\phi_1(0)\\ -D\phi_2(0) & I_2\end{bmatrix}=I,$$

因而 ϕ 是一个局部微分同胚

$$\phi:\ U\to E_1(\rho)\times E_2(\rho)\subset E_1(\rho')\times E_2(\rho').$$

ϕ 把 f 在 0 点的局部稳定流形 $W^s_{loc}(0,\ f)$ 和局部不稳定流形

$W^u_{loc}(0, f)$ 分别变为

$$\phi(W^s_{loc}(0, f)) = E_1(\rho) \times \{0\}$$

和

$$\phi(W^u_{loc}(0, f) = \{0\} \times E_1(\rho).$$

这正是 $\tilde{f} = \phi \circ f \circ \phi^{-1}$ 的局部稳定流形和局部不稳定流形． □

引理 2.5 设 M 是 C^r 流形 $(r \geqslant 1)$，$P \subset M$ 是一个开集，$a \in P$，而 $f \in C^r(P, M)$ 是到象集的 C^r 微分同胚，它以 a 为其双曲不动点．则存在 a 点的邻域 V 和 C^r 局部坐标

$$\phi:\ V \to E_1 \times E_2,$$

使得 f 局部地表示为

$$\tilde{f} = \phi \circ f \circ \phi^{-1}:\ E_1(\rho) \times E_2(\rho) \to E_1 \times E_2,$$

$$\tilde{f}(x_1, x_2) = (A_1x_1 + \varphi_1(x_1, x_2),\ A_2x_2 + \varphi_2(x_1, x_2)).$$

这里

$$A_1 \in L(E_1, E_1),\ A_2 \in L(E_2, E_2)$$

满足

$$|A_1| \leqslant \tau < 1,\ |A_2^{-1}| \leqslant \tau < 1.$$

而 φ_i: $E_1(\rho) \times E_2(\rho) \to E_i$，$i = 1, 2$，满足

$$\varphi_1(0, x_2) = 0,\ \forall x_2 \in E_2(\rho),$$

$$\varphi_2(x_1, 0) = 0,\ \forall x_1 \in E_1(\rho),$$

$$\mathrm{Lip}(\varphi_1) < \varepsilon,\ \mathrm{Lip}(\varphi_2) < \varepsilon.$$

证明．先取 a 点邻近的局部坐标，转化为 E 中 0 点邻近的局部情形，然后采用引理 2.4 中的坐标变换，把局部稳定流形与局部不稳定流形分别变为 $E_1(\rho')$ 和 $E_2(\rho')$．最后，适当地缩小范围，使得条件

$$\mathrm{Lip}(\varphi_1) < \varepsilon,\ \mathrm{Lip}(\varphi_2) < \varepsilon$$

得到满足． □

引理 2.6 设映射

$$f:\ E_1(\rho) \times E_2(\rho) \to E_1 \times E_2,$$

$$f(x_1, x_2) = (A_1x_1 + \varphi_1(x_1, x_2),\ A_2x_2 + \varphi_2(x_1, x_2)),$$

满足

$$A_1\in L(E_1, E_1),\ A_2\in L(E_2, E_2),$$
$$|A_1|\leqslant\tau<1,\ |A_2^{-1}|\leqslant\tau<1,$$
$$\varphi_1(0,x_2)=0,\ \forall x_2\in E_2(\rho),$$
$$\varphi_2(x_1,0)=0,\ \forall x_1\in E_1(\rho),$$
$$\mathrm{Lip}(\varphi_1)<\varepsilon,\ \mathrm{Lip}(\varphi_2)<\varepsilon,$$

这里

$$0<\varepsilon<\min\left\{1-\tau,\ \frac{\tau^{-1}-1}{2}\right\}.$$

又设 $I\subset E(\rho)=E_1(\rho)\times E_2(\rho)$ 是 $E(\rho)$ 中的 C^r 子流形，$\dim I=\dim E_2$，并且 I 与 $E_1(\rho)(=E_1(\rho)\times\{0\}\hookrightarrow E(\rho))$ 横截相交于 p. 则存在自然数 n 和正实数 η，使得

$$I_n=f^n(I\cap f^{-n}(E(\rho)))$$

在 $p_n=f^n(p)$ 邻近表示为

$$(g,id)E_2(\eta),$$

这里 g: $E_2(\eta)\to E_1$ 是 C^r 映射，满足

$$|(Dg)_{x_2}|<1,\ \forall x_2\in E_2(\eta).$$

证明. 由引理 2.3，$I_k=f^k(I\cap f^{-k}(E(\rho)))$ 在 $p_k=f^k(p)$ 邻近可表示为

$$(g_k, id)E_2(\eta_k)\ (k=0,1,2,\cdots).$$

只须证明当 n 充分大时

$$\lambda_n=|(Dg_n)_0|<1,$$

因为这时对充分小的 $0<\eta<\eta_n$ 就有

$$|(Dg_n)_{x_2}|<1,\ \forall x_2\in E_2(\eta).$$

对于

$$((\xi_1^0, \xi_2^0)=((Dg_0)_0\xi_2^0, \xi_2^0)\in T_pI,$$

记

$$(\xi_1^{(k)}, \xi_2^{(k)})=(Df^k)(\xi_1^0, \xi_2^0)\in T_pI_k$$
$$(k=1,2,\cdots).$$

因为

$$(Df)_{p_k}=\begin{bmatrix} A_1+\dfrac{\partial\varphi_1}{\partial x_1} & \dfrac{\partial\varphi_1}{\partial x_2} \\ 0 & A_2+\dfrac{\partial\varphi_2}{\partial x_2}\end{bmatrix}_{p_k}$$

$$(k=0,1,2,\cdots),$$

所以

$$\xi_1^{(1)}=A_1\xi_1^0+\left(\frac{\partial\varphi_1}{\partial x_1}\right)_p\xi_1^0+\left(\frac{\partial\varphi}{\partial x_2}\right)_p\xi_0^2,$$

$$\xi_2^{(1)}=A_2\xi_2^0+\left(\frac{\partial\varphi_2}{\partial x_2}\right)_p\xi_2^0.$$

因而

$$\begin{aligned}|\lambda_1|&=|(Dg_1)_0|\\ &=\sup_{\xi_2^{(1)}\neq 0}\left\{\frac{|\xi_1^{(1)}|}{|\xi_2^{(1)}|}\right\}\\ &\leqslant\sup_{\xi_2^{(1)}\neq 0}\left\{\frac{(\tau+\varepsilon)|\xi_1^0|+\varepsilon|\xi_2^0|}{(\tau^{-1}-\varepsilon)|\xi_2^0|}\right\}\\ &\leqslant\frac{\tau+\varepsilon}{\tau^{-1}-\varepsilon}\sup_{\xi_2^{(1)}\neq 0}\left\{\frac{|\xi_1^0|}{|\xi_2^0|}\right\}+\frac{\varepsilon}{\tau^{-1}-\varepsilon}\\ &\leqslant\frac{1}{b}\lambda_0+\frac{\varepsilon}{b},\end{aligned}$$

这里

$$b=\tau^{-1}-\varepsilon>1.$$

由归纳法可以得到

$$\begin{aligned}\lambda_k&\leqslant\frac{1}{b^k}\lambda_0+\varepsilon\sum_{j=1}^{k}\frac{1}{b^j}\\ &\leqslant\frac{1}{b^k}\lambda_0+\frac{\varepsilon}{b-1}.\end{aligned}$$

但 $\varepsilon<\tau^{-1}-\varepsilon-1=b-1$，所以当 k 充分大时就有

$$\lambda_k=|(Dg_k)_0|=\frac{1}{b^k}\lambda_0+\frac{\varepsilon}{b-1}<1. \qquad \square$$

引理 2.7 关于 f 的假设同上. 如果 I 在 $p\in E_1(\rho)$ 邻近可以表示为

$$(g, id)E_2(\eta),$$

这里 g: $E_2(\eta)\to E_1$ 是 C^r 映射,满足

$$|Dg|\leqslant 1,$$

那么 $I_1=f(I\cap f^{-1}(E(\rho)))$ 在 $p_1=f(p)$ 邻近可以表示为

$$(g_1, id)E_2(\eta),$$

这里 g_1: $E_2(\eta)\to E_1$ 是 C^r 映射,满足

$$|Dg_1|\leqslant\mu=\frac{\tau+\varepsilon}{\tau^{-1}-\varepsilon}<1.$$

证明. 设 $x=(x_1, x_2)=(g(x_2), x_2)$ 和 $y=(y_1, y_2)=(g(y_2), y_2)$ 是 $I\cap f^{-1}(E(\rho))$ 中的任意两点. 记

$$x'=(x_1', x_2')=f(x_1, x_2)=f(x),$$
$$y'=(y_1', y_2')=f(y_1, y_2)=f(y).$$

则有

$$\begin{aligned}|y_1'-x_1'|&\leqslant\tau|y_1-x_1|+\varepsilon\|y-x\|\\&\leqslant(\tau+\varepsilon)\|y-x\|,\\|y_2'-x_2'|&\geqslant\tau^{-1}|y_2-x_2|-\varepsilon\|y-x\|\\&=(\tau^{-1}-\varepsilon)\|y-x\|,\\|y_1'-x_1'|&\leqslant\frac{\tau+\varepsilon}{\tau^{-1}-\varepsilon}|y_2'-x_2'|\\&=\mu|y_2'-x_2'|.\end{aligned}$$

由此看出 $x_1'=g_1(x_2')$ 满足

$$|Dg_1|\leqslant\mu<1.$$

尚须证明 g_1 可以定义于 $E_2(\eta)$ 之上,为此,只须指出

$$\pi_2\circ f\circ(g, id)E_2(\eta)\supset E_2(\eta).$$

这是因为

$$g_1=\psi_1\circ\psi_2^{-1},$$

这里

$$\psi_1=\pi_1\circ f\circ(g, id),$$

$$\psi_2 = \pi_2 \circ f \circ (g, id).$$

由下面的引理，我们将看到：

$$\psi_2(E_2(\eta)) \supset E_2((\tau^{-1} - \varepsilon)\eta) \supset E_2(\eta).$$

引理 2.8 设 $(F, |\cdot|)$ 是 Banach 空间，$A \in L(F, F)$ 是可逆线性映射，$|A^{-1}| \leqslant \tau$，又设 $\psi \in C^0(F(\eta), F)$ 满足

$$\psi(0) = 0, \ \mathrm{Lip}(\psi - A) < \varepsilon < \tau^{-1},$$

则

$$\psi(F(\eta)) \supset F((\tau^{-1} - \varepsilon)\eta).$$

证明. 记 $\varphi = \psi - A$，则 $\mathrm{Lip}(\varphi) < \varepsilon < \tau^{-1}$. 对于

$$y \in F((\tau^{-1} - \varepsilon)\eta),$$

我们有

$$|A^{-1}y| \leqslant \tau(\tau^{-1} - \varepsilon)\eta = (1 - \tau\varepsilon)\eta.$$

置

$$\Phi(x) = -A^{-1}\varphi(x) + A^{-1}y,$$

显然

$$\mathrm{Lip}\Phi = \mathrm{Lip}(A^{-1}\varphi) < \tau\varepsilon < 1,$$

并且对于 $x \in F(\eta)$ 有

$$\begin{aligned} |\Phi(x)| &\leqslant |\Phi(x) - \Phi(0)| + |\Phi(0)| \\ &\leqslant \mathrm{Lip}(\Phi)|x| + |A^{-1}y| \\ &\leqslant \tau\varepsilon\eta + (1 - \tau\varepsilon)\eta = \eta. \end{aligned}$$

我们看到：Φ 是从 $F(\eta)$ 到 $F(\eta)$ 的压缩映射，因而存在 $x \in F(\eta)$，使得

$$x = \Phi(x) = -A^{-1}\varphi(x) + A^{-1}y,$$

即

$$\psi(x) = Ax + \varphi(x) = y.$$

这证明了

$$\psi(F(\eta)) \supset F((\tau^{-1} - \varepsilon)\eta). \quad \square$$

引理 2.9 设 M 是 C^r 流形 $(r \geqslant 1)$，$f \in \mathrm{Diff}^r(M)$ 以 $a \in M$ 为其双曲不动点，I, $J \subset M$ 是 M 的 C^r 子流形，$\dim I = \dim W^u(a, f)$，$\dim J = \dim W^s(a, f)$，I 与 $W^s(a, f)$ 横截相交于 p，J 与 $W^u(a, f)$

横截相交于 q. 在此条件下，存在充分大的自然数 n，使得 f^nI 与 J 横截相交于任意接近于 q 的点，并且 $f^{-n}J$ 与 I 横截相交于任意接近于 p 的点.

证明. 必要时分别以 $f^K(p)$ 和 $f^{-L}(q)$ 代替 p 和 q，并且以 f^KI 上环绕 $f^K(p)$ 的充分小的圆盘代替 I，以 $f^{-L}J$ 上环绕 $f^{-L}(q)$ 的充分小的圆盘代替 J，可设

$$p, q \in V, \quad I, J \subset V.$$

这里 V 是由引理 2.5 对于 f 和 f^{-1} 确定的 a 的邻域. 这样，我们把引理的证明转化为

$$E(\rho) = E_1(\rho) \times E_2(\rho)$$

中的局部问题. 又由引理 2.6，不失一般性可设 I 和 J 分别表示为

$$(g, id)E_2(\eta) \text{ 和} (id, h)E_1(\eta).$$

这里 g 和 h 满足

$$|Dg(x_2)| \leqslant 1, \quad \forall x_2 \in E_2(\eta),$$
$$|Dh(x_1)| \leqslant 1, \quad \forall x_1 \in E_1(\eta).$$

记

$$p_k = f^k(p), \quad q_l = f^{-l}(q),$$
$$k, l = 1, 2, \cdots$$

当 k, l 充分大时，我们有

$$\|p_k\| = \|f^k(p)\| < \delta = (1 - \mu)\eta,$$
$$\|q_l\| = \|f^{-l}(q)\| < \delta = (1 - \mu)\eta,$$

这里 μ 如引理 2.7 中所述. f^kI 在 p_k 邻近的部分可以表示为

$$(g_k, id)E_2(\eta),$$

而 $f^{-l}J$ 在 q_l 邻近的部分可以表示为

$$(id, h_l)E_1(\eta).$$

因为

$$|g_k(0)| = \|p_k\| < \delta = (1 - \mu)\eta,$$
$$|Dg_k| \leqslant \mu < 1,$$

所以

$$|g_k(x_2)| \leqslant |g_k(x_2) - g_k(0)| + |g_k(0)|$$

$$< \mu\eta + (1-\mu)\eta = \eta$$
$$\forall x_2 \in E_2(\eta).$$

这说明

$$g_k(E_2(\eta)) \subset E_1(\eta),$$
$$(g_k, id)E_2(\eta) \subset E(\eta).$$

同样可证

$$h_l(E_1(\eta)) \subset E_2(\eta),$$
$$(id, h_l)E_1(\eta) \subset E(\eta).$$

考虑方程组

$$\begin{cases} x_1 = g_k(x_2), \\ x_2 = h_l(x_1), \end{cases} \quad (x_1, x_2) \in E_1(\eta) \times E_2(\eta) = E(\eta).$$

把第二个方程代入第一个，得到

$$x_1 = g_k \circ h_l(x_1), \quad x_1 \in E_1(\eta).$$

因为

$$\mathrm{Lip}(g_k \cdot h_l) \leqslant \mathrm{Lip}\ g_k \cdot \mathrm{Lip}\ h_l$$
$$\leqslant \mu^2 < 1,$$

所以有唯一的 $(x_1, x_2) \in E_1(\eta) \times E_2(\eta) = E(\eta)$，使得

$$\begin{cases} x_1 = g_k(x_2), \\ x_2 = h_l(x_1). \end{cases}$$

这就是说 $f^k I$ 与 $f^{-l} J$ 相交，又因为

$$|Dg_k| \leqslant \mu < 1, \quad |Dh_l| \leqslant \mu < 1,$$

所以 $f^k I$ 与 $f^{-l} J$ 在交点处是横截的，如果记 $n = k + l$，那么

$$f^n I = f^{k+l} I \quad 与 \quad J$$

必定横截相交

因为可以用 J 上充分邻近 q 的小圆盘代替 J，我们看到，当 n 充分大时，$f^n I$ 与 J 的交点可以任意接近于 q. □

推论 2.10 设 $f \in \mathrm{Diff}^r(M)$ 以 $a \in M$ 为其双曲不动点，$J \subset M$ 是 C^r 子流形，$\dim J = \dim W^s(a, f)$，J 与 $W^u(a, f)$ 横截相交于 q，$U \subset M$ 是开集，

$$U \cap W^s(a, f) \neq \varnothing,$$

则 U 在 f 的充分多次同向迭代之后将与 J 有任意邻近于 q 的相交点.

对偶地,如果把"稳定流形"换成"不稳定流形". 把"不稳定流形"换成"稳定流形",把"正向迭代"换成"负向迭代"所得到的论断仍然成立.

证明. 取 $p \in U \cap W^s(a, f)$, 并取过 p 点与 $W^s(a, f)$横截相交的 k 维圆盘 $I \subset U$, 这里 $k = \dim W^u(a, f)$, 然后应用引理 2.9 即得. □

引理 2.11(雾状引理) 设 $x, y \in M$是 $f \in \mathrm{Diff}^r(M)$的双曲周期点, $W^u(x, f)$ 与 $W^s(y, f)$ 横截相交于 q 点,$W^u(y, f)$ 与 $W^s(x, f)$ 横截相交于 p 点,则 p 和 q 都是 f 的非游荡点.

证明. 因为 $\Omega(f^n) \subset \Omega(f)$, $W^u(x, f) \subset W^u(x, f^n)$, $W^s(y, f) \subset W^s(y, f^n)$, $\cdots$,必要时以 f^n 代替 f,可以认为 x 和 y 都是 f 的不动点.

设 U 是 p 点的任意小的开邻域, 由推论 2.10, 存在自然数 k, 使得

$$f^k U \cap W^s(y, f) \neq \varnothing.$$

同样由推论 2.10,对于开集 $f^k U$, 又存在自然数 l, 使得 $f^l(f^k U)$ 与 $W^s(x, f)$ 在 p 点的任意邻近相交:

$$f^l(f^k U) \cap U \cap W^s(x, f) \neq \varnothing.$$

于是

$$f^{k+l} U \cap U \neq \varnothing. \qquad \square$$

定理 2.12 设M是一个紧致光滑 Riemann 流形,$f \in \mathrm{Diff}^1(M)$满足公理 A,则 f 的非游荡集 $\Omega(f)$ 具有局部乘积结构.

证明. 由第十六章定理 3.2,只要 $x, y \in \Omega(f)$ 满足 $d(x, y) < \delta$, 就可以断定:

$W^u_\varepsilon(x, f)$ 与 $W^s_\varepsilon(y, f)$

横截相交于唯一的一点 $[x, y] \in M$, 并且 $[x, y]$ 连续依赖于 x 和 y.

如果 x, y 是周期点,刚才的引理 2.11 已经指出 $q = [x, y]$和

$p = [y, x]$都是 f 的非游荡点，对于一般情形，因为周期点在 $\Omega(f)$ 中稠密，可取周期点 x' 和 y' 分别充分逼近 x 和 y，于是 $[x', y'] \in \Omega(f)$可以任意逼近 $[x, y]$，又因为 $\Omega(f)$ 是闭集，所以应有 $[x, y] \in \Omega(f)$. □

习　　题

2.1 设 $x_i (i = 0, 1, \cdots, k;\ x_k = x_0)$ 是 $f \in \mathrm{Diff}^r(M)$ 的双曲周期点，$W^u(x_i, f)$ 与 $W^s(x_{i+1}, f)$ 横截相交于 $p_i (i = 0, 1, \cdots, k-1)$，试证明 $p_i \in \Omega(f) (i = 0, 1, \cdots, k-1)$.

§3　谱　分　解

定义 3.1（拓扑传递） 设 X 是拓扑空间，$F: X \to X$ 是同胚，它定义了 X 上的一个动力系统. F（或 F 所决定的动力系统）称为是拓扑传递的，如果它有一条轨道在 X 中稠密.

命题 3.2 设 X 是紧致度量空间，$F: X \to X$ 是同胚，要使 F 是拓扑传递的，必须而且只须：对 X 的任意两个非空开集 U 和 V，存在整数 m 使得

$$f^m U \cap V \neq \varnothing.$$

证明. 必要性. 设 $\{F^k(a) | k \in \mathbf{Z}\}$ 是一条稠密轨道，则存在整数 p 和 q 分别使得

$$F^p(a) \in U \text{ 和 } F^q(a) \in V.$$

于是

$$F^{q-p}(F^p(a)) = F^q(a) \in F^{q-p}U \cap V.$$

充分性. X 是第二可数的，设

$$U_1, U_2, \cdots, U_n, \cdots$$

是其拓扑的一个可数基，由条件，对任意 $n \in \mathbf{N}$

$$\bigcup_{m \in \mathbf{Z}} F^m U_n$$

是一个稠密开集. 由于 X 是一个 Baire 空间，集合

$$\bigcap_{n\in\mathbf{N}}\bigcup_{m\in\mathbf{Z}}F^mU_n$$

也在X中稠密．而对于任意

$$a\in\bigcap_{n\in\mathbf{N}}\bigcup_{m\in\mathbf{Z}}F^mU_n,$$

轨道

$$\{F^k(a)\mid k\in\mathbf{Z}\}$$

在X中稠密． □

注记 3.3 在上面命题的证明中，我们只用到X的第二可数性质和 Baire 性质．因此，把"紧致度量空间"的条件换成"第二可数的 Baire 空间"，同样的结论仍然成立．例如：X可以是第二可数的局部紧 Hausdorff 空间，也可以是第二可数的完备度量空间．

下面，我们讨论本节的中心问题：公理A微分同胚f的非游荡集$\Omega=\Omega(f)$的谱分解．我们将证明：Ω可以分解为有限个互不相交的闭不变集之并

$$\Omega=\Omega_1\cup\Omega_2\cup\cdots\cup\Omega_s,$$

而限制在每一不变集Ω_i上，$f|\Omega_i$是拓扑传递的．

先作一些必要的准备．

设M是紧致光滑 Riemann 流形，$f\in\mathrm{Diff}^1(M)$满足公理 A．对于$p\in\mathrm{Per}(f)$，置$W^u(p)=W^u(p,f)$，

$$W_p=W^u(p)\cap\Omega,$$

$$X_p=\overline{W}_p.$$

又，对于$S\subset\Omega$，我们定义

$$B_\eta(S)=\{y\in\Omega\mid d(y,S)<\eta\}.$$

显然有

$$X_p\subset B_\eta(W_p)\subset B_\eta(X_p).$$

引理 3.4 设$\Omega=\Omega(f)$是公理A微分同胚f的非游荡集．由第十六章定理 3.2，对于双曲不变集Ω可以确定一个正数δ．我们断定：对于$0<\eta<\delta$有

$$X_p=B_\eta(W_p)=B_\eta(X_p).$$

证明. 对于 $x\in B_\eta(X_p)\cap \mathrm{Per}(f)$, 存在 $w\in W_p$, 使得

$$d(x, w)<\eta\leqslant\delta.$$

记

$$y=[w, x].$$

则

$$y\in W^u(w)\cap\Omega\subset W^u(p)\cap\Omega=W_p,$$
$$y\in W^s(x).$$

设 x 的周期为 l, 则

$$x=\lim_{k\to+\infty}f^{kl}y\in\overline{W}_p=X_p.$$

我们证明了

$$B_\eta(X_p)\cap\mathrm{Per}(f)\subset X_p.$$

对于任意的 $z\in B_\eta(X_p)\subset\Omega$, 可以用一列周期点 $x_n\in B_\eta(X_p)\cap \mathrm{Per}(f)\subset X_p$ 去逼近它, 于是

$$z=\lim x_n\in X_p.$$

这证明了

$$B_\eta(X_p)\subset X_p.\quad\square$$

引理 3.5 设 $p, q\in \mathrm{Per}(f)$, $X_p\cap X_q\neq\varnothing$, 则 $X_p=X_q$.

证明. 取 $0<\eta<\delta$. 因为

$$B_\eta(W_p)\cap X_q=X_p\cap X_q\neq\varnothing,$$

存在 $x\in W_p$, $y\in X_q$, 使得 $d(x, y)<\eta$. 于是

$$x\in B_\eta(X_q)=X_q.$$

设 p 和 q 的周期分别为 l 和 m. 因为

$$x\in W^u(p)\cap X_q,$$

而 X_q 是 f^m 的闭不变集, 所以

$$p=\lim_{k\to+\infty}f^{-klm}x\in X_q.$$

对任意的 $z\in W_p$, 我们有

$$\lim_{k\to+\infty}f^{-klm}z=p\in X_q.$$

因而当 k 充分大时有

$$f^{-klm}z\in B_\eta(X_q)=X_q.$$

由此得到 $z \in X_q$. 这证明了 $W_p \subset X_q$. 因而

$$X_p = \overline{W}_p \subset X_q.$$

同样可证

$$X_q \subset X_p. \qquad \square$$

定理 3.6(谱分解) 设M是紧致微分流形，$f \in \mathrm{Diff}^1(M)$满足公理 A，$\Omega = \Omega(f)$ 是其非游荡集 则Ω分解为两两不相交的闭不变集之并

$$\Omega = \Omega_1 \cup \Omega_2 \cup \cdots \cup \Omega_s,$$

而 f 限制在每一个 Ω_i 之上是拓扑传递的.

证明. 如上所述，对于 $p \in \mathrm{Per}(f)$，$X_p = \mathrm{B}_\eta(X_p)$ 是 Ω 中的开集. 因为Ω是紧致的，并且

$$\Omega \subset \bigcup_{p \in \mathrm{Per}(f)} \mathrm{B}_\eta(p)$$

$$\subset \bigcup_{p \in \mathrm{Per}(f)} \mathrm{B}_\eta(X_p) = \bigcup_{p \in \mathrm{Per}(f)} X_p$$

所以存在有限个周期点 $p_1, \cdots, p_t$，使得

$$\Omega = X_{p_1} \cup X_{p_2} \cup \cdots \cup X_{p_t}.$$

可设这些 $X_{p_j}(j = 1, 2, \cdots, t)$ 两两不相交.

又因为

$$fW_{p_j} = W_{fp_j},$$

$$fX_{p_j} = X_{fp_j},$$

所以 f 在 $\{X_{p_1}, X_{p_2}, \cdots, X_{p_t}\}$ 上产生一个置换. 这置换分解成为一些彼此独立的轮换的乘积. 每一轮换中所涉及的 X_{p_j} 合并在一起作成一个 Ω_i，这样就把Ω分解成为两两不相交的闭子集 $\Omega_i(i = 1, 2, \cdots, s)$之并集

$$\Omega = \Omega_1 \cup \Omega_2 \cup \cdots \cup \Omega_s.$$

为了证明 $f|\Omega_i$ 是拓扑传递的，我们来证明以下论断:

如果 $f^l X_p = X_p$，U和V是 X_p 中任意两个非空开集，那么存在整数 n，使得

$$f^{nl}U \cap V \neq \varnothing.$$

事实上，$U\cap X_p$ 中含有周期点 q，于是

$$X_q = X_p,$$

$$V\cap X_q = V\cap X_p = V \neq \varnothing,$$

因而存在

$$x\in V\cap W_q.$$

设 q 的周期为 m，则

$$\lim_{k\to+\infty} f^{-klm}x = q\in U.$$

于是，对于充分大的 k 就有

$$f^{-klm}x\in U,$$

这时

$$x\in f^{klm}U\cap V. \quad \square$$

定义 3.7（基本集） 定理 3.6 中所给出的闭不变集

$$\Omega_1,\ \Omega_2,\ \cdots,\ \Omega_s,$$

称为是 $\Omega=\Omega(f)$ 的基本集. 因而谱分解又称为基本集分解.

基本集对于 f 是不变的. f^{-1} 的基本集分解与 f 的基本集分解完全一样

习　题

3.1 试证明基本集分解的唯一性.

第十八章　无环条件，滤子与Ω稳定性定理

§1　无环条件

设M是紧致光滑 Riemann 流形，$f\in \mathrm{Diff}^1(M)$满足公理 A.于是 $\Omega=\Omega(f)$ 分解为基本集：

$$\Omega=\Omega_1\cup\Omega_2\cup\cdots\cup\Omega_s.$$

我们定义

$$W^s(\Omega_i)=\{x\in M\mid\lim_{k\to+\infty}d(f^k(x),\Omega_i)=0\},$$

$$W^u(\Omega_i)=\{x\in M\mid\lim_{k\to+\infty}d(f^{-k}(x),\Omega_i)=0\};$$

并且在各 Ω_i 之间定义如下所述的一种关系“$\succ$”：

$$\Omega_i\succ\Omega_j\Longleftrightarrow(W^u(\Omega_i)\backslash\Omega_i)\cap(W^s(\Omega_j)\backslash\Omega_j)\neq\varnothing.$$

如果存在两两不相同的$i_1,\cdots,i_t(t\geqslant 1)$，使得

$$\Omega_{i_1}\succ\cdots\succ\Omega_{i_t}\succ\Omega_{i_1},$$

我们就说基本集 $\Omega_{i_1},\cdots,\Omega_{i_t}$ 形成一个环．如果在 $\Omega=\Omega(f)$ 的基本集中不存在任何环，我们就说 f 满足**无环条件**.

仅仅公理 A 尚不足以保证Ω稳定性．这可以通过“Ω爆炸”的例子来加以说明．所谓“Ω 爆炸”，是指一个系统的Ω集，经过 C^1 小扰动之后，新增加了很多很多的非游荡点．下面，我们就来给出这样的例子.

考虑非游荡集由两个源点，两个渊点和两个鞍点组成的一个二维系统 f，其动力性态如图 18-1-1 所示.

我们给这系统一个小扰动，使得扰动后的系统从 C_1 出发的不稳定流形与 C_1' 的稳定流形横截相交于 D_1 点，从 C_1' 出发的不稳定流形与 C_1 的稳定流形横截相交于 D_1' 点，如图 18-1-2 所示．不稳定流形与稳定流形的横截交点 D_1 和 D_1' 在 f_1 迭代作用下的轨道上

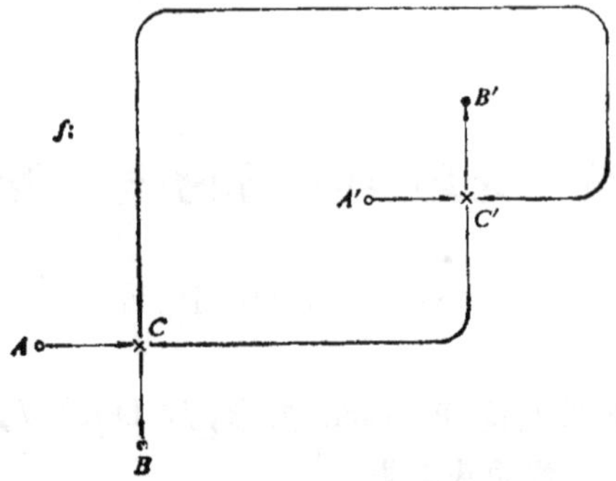

图 18-1-1

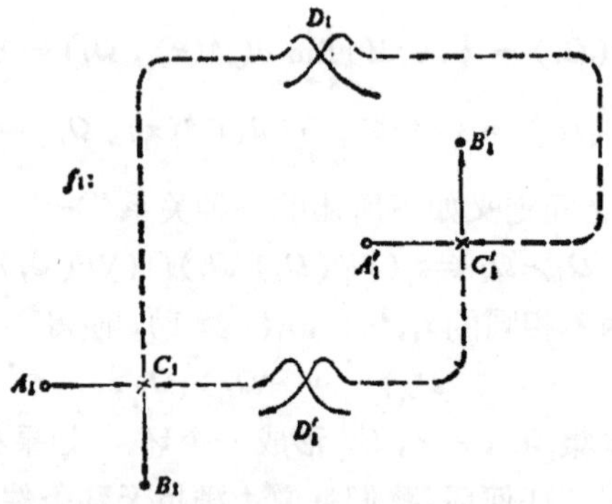

图 18-1-2

的各点

$$f_1^k D_1 (k \in \mathbf{Z}) \text{ 和 } f_1^l D_1' (l \in \mathbf{Z})$$

仍然是横截交点. 根据雾状引理，所有这些横截交点都是非游荡点. 因而扰动后的非游荡点集 $\Omega(f_1)$ 是无穷集. 通过小扰动，从有限非游荡集的系统 f 得到了无穷非游荡集的系统f_1. 这就是说：发生了"Ω 爆炸".

考虑上面例子中发生"Ω 爆炸"的原因，我们看到关键在于出现了某种形式的环

$$C \succ C' \succ C,$$

由此看来，谱分解中的基本集满足无环条件对于Ω稳定性是十分重要的．实际上，Palis 证明了：如果公理A微分同胚f是Ω稳定的，那么它的基本集必定满足无环条件(参看[25])．在本章中，我们将证明

$$\text{公理A}+\text{无环条件}\Rightarrow\Omega\text{稳定性}.$$

§2 滤　子

滤子是研究动力系统的一种技术性的工具．满足无环条件的基本集，可以与一定的滤子结构相关联(参看下节)．从而，我们可以利用滤子作为工具研究Ω稳定性问题（见§4）．本节先来介绍滤子的定义和简单性质．

定义 2.1（滤子） 设M是紧致流形，$f\in\text{Homeo}(M)$．所谓M关于f的一个滤子$\mathscr{M}$，是一列紧致集

$$\varnothing=M_0\subset M_1\subset\cdots\subset M_l=M,$$

满足

$$f(M_\alpha)\subset\text{int}M_\alpha(\alpha=1,2,\cdots,l-1).$$

对于滤子$\mathscr{M}$，我们记

$$K_\alpha^f(\mathscr{M})=\bigcap_{n\in Z}f^n(M_\alpha\backslash M_{\alpha-1}),$$

$$K^f(\mathscr{M})=\bigcup_{\alpha=1}^{l}K_\alpha^f(\mathscr{M}).$$

显然

$$K_\alpha^f(\mathscr{M})\subset M_\alpha\backslash M_{\alpha-1}(\alpha=1,\cdots,l),$$

因而两两不相交．

引理 2.2 对于滤子$\mathscr{M}$：

$$\phi=M_0\subset M_1\subset\cdots\subset M_l=M,$$

我们有

$$K_\alpha^f(\mathscr{M})=\bigcap_{n\in Z}f^n(M_\alpha\backslash\text{int}M_{\alpha-1})$$

$$= \bigcap_{n\in Z} f^n(\mathrm{int}M_\alpha \backslash M_{\alpha-1}),$$

因而 $K_\alpha^l(\mathscr{M})(\alpha = 1, \cdots, l)$ 是紧致集，并且存在 $K_\alpha^l(\mathscr{M})$ 的紧致邻域

$$U_\alpha = M_\alpha \backslash \mathrm{int}M_{\alpha-1} \supset \mathrm{int}M_\alpha \backslash M_{\alpha-1}$$
$$\supset K_\alpha^l(\mathscr{M})$$

满足

$$\bigcap_{n\in Z} f^n U_\alpha = K_\alpha^l(\mathscr{M}).$$

证明. 由

$$f^{-1}(M \backslash \mathrm{int}M_{\alpha-1}) \subset M \backslash M_{\alpha-1}$$
$$\subset M \backslash \mathrm{int}M_{\alpha-1},$$

可得

$$\bigcap_{n\in Z} f^{n-1}(M \backslash \mathrm{int}M_{\alpha-1}) \subset \bigcap_{n\in Z} f^n(M \backslash M_{\alpha-1})$$
$$\subset \bigcap_{n\in Z} f^n(M \backslash \mathrm{int}M_{\alpha-1}),$$
$$\bigcap_{n\in Z} f^n(M \backslash \mathrm{int}M_{\alpha-1}) = \bigcap_{n\in Z} f^n(M \backslash M_{\alpha-1}).$$

又由

$$f(M_\alpha) \subset \mathrm{int}M_\alpha \subset M_\alpha,$$

可得

$$\bigcap_{n\in Z} f^{n+1}(M_\alpha) \subset \bigcap_{n\in Z} f^n(\mathrm{int}M_\alpha)$$
$$\subset \bigcap_{n\in Z} f^n(M_\alpha),$$
$$\bigcap_{n\in Z} f^n(\mathrm{int}M_\alpha) = \bigcap_{n\in Z} f^n(M_\alpha).$$

于是

$$\bigcap_{n\in\mathbf{Z}} f^n(M_\alpha\backslash \mathrm{int}M_{\alpha-1})$$

$$=\Big(\bigcap_{n\in\mathbf{Z}} f^n(M_\alpha)\Big)\cap\Big(\bigcap_{n\in\mathbf{Z}} f^n(M\backslash \mathrm{int}M_{\alpha-1})\Big)$$

$$=\Big(\bigcap_{n\in\mathbf{Z}} f^n(M_\alpha)\Big)\cap\Big(\bigcap_{n\in\mathbf{Z}} f^n(M\backslash M_{\alpha-1})\Big)$$

$$=\bigcap_{n\in\mathbf{N}} f^n(M_\alpha\backslash M_{\alpha-1});$$

$$\bigcap_{n\in\mathbf{Z}} f^n(\mathrm{int}M_\alpha\backslash M_{\alpha-1})$$

$$=\Big(\bigcap_{n\in\mathbf{Z}} f^n(\mathrm{int}M_\alpha)\Big)\cap\Big(\bigcap_{n\in\mathbf{Z}} f^n(M\backslash M_{\alpha-1})\Big)$$

$$=\Big(\bigcap_{n\in\mathbf{Z}} f^n(M_\alpha)\Big)\cap\Big(\bigcap_{n\in\mathbf{Z}} f^n(M\backslash M_{\alpha-1})\Big)$$

$$=\bigcap_{n\in\mathbf{Z}} f^n(M_\alpha\backslash M_{\alpha-1}).\quad\square$$

引理 2.3 设 $p\in M$，$\mathcal{N}(p)$表示 p 点的邻域系. 关于 p 作为 f 的游荡点的特征，我们有以下互相等价的陈述：

(a) $\exists U\in\mathcal{N}(p)$，$\forall k\in\mathbf{Z}\backslash\{0\}$

$$f^kU\cap U=\varnothing;$$

(b) $\exists U\in\mathcal{N}(p)$，$\forall n\in\mathbf{N}$，

$$f^nU\cap U=\varnothing;$$

(c) $\exists U\in\mathcal{N}(p)$，$\exists N\in\mathbf{N}$，$\forall n>N$

$$f^nU\cap U=\varnothing;$$

(d) $\exists U\in\mathcal{N}(p)$，$\exists N\in\mathbf{N}$，$\forall n>N$，

$$f^{-n}U\cap U=\varnothing.$$

证明. “(a)$\Longleftrightarrow$(b)”，“(b)$\Longrightarrow>$(c)”以及“(c)$\Longleftrightarrow$(d)”都是显然的. 以下我们证明“(c)$\Longrightarrow>$(b)”.

设

$$f^nU\cap U=\varnothing,\ \forall n>N,$$

则 p 不是周期点,因而

$$p, f(p), \cdots, f^N(p)$$

两两不相同,存在它们的不相交的邻域

$$V_0, V_1, \cdots, V_N$$

记

$$W = U \cap \bigcap_{j=0}^{N} f^{-j}(V_j),$$

则显然

$$W \in \mathcal{N}(p);$$

$$f^j W \subset V_j,\ f^j W \cap W \subset V_j \cap V_0 = \varnothing$$
$$(j = 1, 2, \cdots, N);$$
$$f^k W \subset f^k U,\ f^k W \cap W \subset f^k U \cap U = \varnothing$$
$$(k = N+1, N+2, \cdots).$$

因而

$$f^n W \cap W = \varnothing,\ \forall n \in \mathbf{N}. \quad \square$$

命题 2.4 给定M关于 f 的一个滤子 $\mathscr{M}$:

$$\varnothing = M_0 \subset M_1 \subset \cdots \subset M_l = M,$$

我们有

(i) 如果 $x \in M \backslash M_{\alpha-1}$ 并且存在 $k \in \mathbf{N}$, 使得 $f^k x \in M_{\alpha-1}$, 那么 $x \notin \Omega(f)$;

(ii) 如果 $y \in M_\alpha$ 并且存在 $m \in \mathbf{N}$, 使得 $f^{-m} y \in M \backslash M_\alpha$, 那么 $y \notin \Omega(f)$;

(iii) f 的非游荡集 $\Omega = \Omega(f)$ 分解为两两不相交的集合之并:

$$\Omega = \bigcup_{\alpha=1}^{l} \Omega_\alpha,$$

这里

$$\Omega_\alpha = \Omega \cap (M_\alpha \backslash M_{\alpha-1})$$

是 f 的不变集,因而

$$\Omega_\alpha = \Omega \cap K_\alpha^f(\mathscr{M}).$$

由此可知各 Ω_α 都是紧致集.

证明. (i) 因为 $x \in M \backslash M_{\alpha-1}$, $f^{k+1}x \in fM_{\alpha-1} \subset \operatorname{int} M_{\alpha-1}$,所以存在 $U \in \mathscr{N}(x)$,使得

$$U \subset M \backslash M_{\alpha-1},\ f^{k+1}U \subset \operatorname{int} M_{\alpha-1}.$$

当 $n \geqslant k+1$ 时就有

$$\begin{aligned} f^n U &= f^{n-k-1}(f^{k+1}U) \\ &\subset f^{n-k-1}(\operatorname{int} M_{\alpha-1}) \subset \operatorname{int} M_{\alpha-1}. \end{aligned}$$

这时

$$f^n U \cap U = \varnothing.$$

这证明了 x 是 f 的游荡点.

(ii) 我们有

$$z = f^{-m}y \in M \backslash M_\alpha,$$

$$f^m z = y \in M_\alpha.$$

于是,由 (i) 可知 $z \notin \Omega(f)$. 因而 $y \notin \Omega(f)$.

(iii) 如果

$$x \in \Omega_\alpha = \Omega \cap (M_\alpha \backslash M_{\alpha-1}),$$

那么由 (i), (ii) 和 Ω 关于 f 的不变性可知

$$f^m x \in \Omega \cap (M_\alpha \backslash M_{\alpha-1}),\quad \forall m \in \mathbb{Z}.$$

这证明了

$$\Omega_\alpha = \Omega \cap (M_\alpha \backslash M_{\alpha-1})$$

是 f 的不变集,因而

$$\Omega_\alpha = \Omega \cap K_\alpha^f(\mathscr{M}). \qquad \square$$

命题 2.5 设 $\mathscr{M}$:

$$\varnothing = M_0 \subset M_1 \subset \cdots \subset M_l = M$$

是 M 关于 f 的一个滤子.

(i) 如果同胚 g 在 C^0 意义下充分接近于 f, 那么 $\mathscr{M}$ 也是关于 g 的一个滤子;

(ii) 如果 V_α 是开集, $K_\alpha^f(\mathscr{M}) \subset V_\alpha$, 那么对于在 C^0 意义下充分接近于 f 的同胚 g 也应有 $K_\alpha^g(\mathscr{M}) \subset V_\alpha$.

证明. (i) 因为

$$f(M_\alpha)\subset \mathrm{int}M_\alpha,$$

对于在 C^0 意义下充分接近于 f 的同胚 g 也应有

$$g(M_\alpha)\subset \mathrm{int}M_\alpha.$$

(ii) 如果

$$K_\alpha^f(\mathscr{M})=\bigcap_{j\in\mathbf{Z}} f^j(M_\alpha\backslash \mathrm{int}M_{\alpha-1})\subset V_\alpha,$$

那么存在 $N\in\mathbf{N}$，使得

$$\bigcap_{j=-N}^{N} f^j(M_\alpha\backslash \mathrm{int}M_{\alpha-1})\subset V_\alpha,$$

因而对于在 C^0 意义下充分接近于 f 的同胚 g 也应有

$$K_\alpha^g(\mathscr{M})\subset \bigcap_{j=-N}^{N} g^j(M_\alpha\backslash \mathrm{int}M_{\alpha-1})\subset V_\alpha. \qquad \square$$

§3 无环条件与滤子

定义 3.1 设 M 是紧致流形，$f\in \mathrm{Homeo}(M)$，$\Gamma\subset M$ 是 f 的闭不变集. 我们置

$$W^s(\Gamma)=\{x\in M \mid \lim_{k\to+\infty} d(f^kx,\Gamma)=0\},$$

$$W^u(\Gamma)=\{x\in M \mid \lim_{k\to+\infty} d(f^{-k}x,\Gamma)=0\}.$$

$W^s(\Gamma)$ 和 $W^u(\Gamma)$ 分别称为 Γ 的稳定集和不稳定集.

命题 3.2 设 M 是紧致流形，$f\in \mathrm{Homeo}(M)$，$\Gamma\subset M$ 是 f 的闭不变集，则

(i) $x\in W^s(\Gamma)\Longleftrightarrow \omega(x)\subset\Gamma$;

(ii) $x\in W^u(\Gamma)\Longleftrightarrow \alpha(x)\subset\Gamma$.

证明.

(i) "$\Longrightarrow$". 设 $x\in W^s(\Gamma)$，则存在 $z_n\in\Gamma$，使得

$$d(f^nx,z_n)\to 0 \quad (n\to+\infty).$$

对任意 $y\in\omega(x)$，存在自然数的递增子序列 $\{n_i\}$，使得

$$d(f^{n_j}x, y) \to 0 \quad (j \to +\infty).$$

于是

$$y = \lim_{j\to+\infty} f^{n_j}x = \lim_{j\to+\infty} z_{n_j} \in \Gamma.$$

"$\Longleftarrow$". 设 $\omega(x)\subset\Gamma$. 则对于任意的开集 $V\supset\Gamma$, 存在 $N=N_V\in\mathbf{N}$, 满足

$$n > N \Longrightarrow f^n(x)\in V$$

(否则 $\{f^n(x)\}$ 将在 $M\setminus V$ 中有极限点).

因而

$$\lim_{n\to+\infty} d(f^n(x), \Gamma) = 0.$$

(ii) 只须在 (i) 中把 f 换成 f^{-1}, 即可得到证明. □

定义 3.3(极限集) 设M是紧流形, $f\in \mathrm{Homeo}(M)$. 记

$$\mathrm{L}(f) = \bigcup_{x\in M} (\omega_f(x)\cup\alpha_f(x)).$$

我们把 $\mathrm{L}(f)$ 称为 f 的极限集.

命题 3.4 设M是紧流形, $f\in \mathrm{Homeo}(M)$, $\Lambda_1, \Lambda_2, \cdots, \Lambda_l$ 是 f 的两两不相交的闭不变集,并且

$$\mathrm{L}(f)\subset \bigcup_{i=1}^{l} \Lambda_i,$$

则

$$M = \bigcup_{i=1}^{l} \mathrm{W}^s(\Lambda_i) = \bigcup_{i=1}^{l} \mathrm{W}^u(\Lambda_i).$$

证明. 选择 Λ_i 的开邻域 $V_i(i=1, 2, \cdots, l)$,要求 $V_1, V_2, \cdots, V_l$ 两两不相交. 因为

$$f^{\pm1}(\Lambda_i) = \Lambda_i\subset V_i,$$

$$\Lambda_i\subset f^{-1}(V_i)\cap V_i\cap f(V_i),$$

可取开集 U_i 满足

$$\Lambda_i\subset U_i\subset \overline{U}_i\subset f^{-1}(V_i)\cap V_i\cap f(V_i)$$
$$(i=1, 2, \cdots, l).$$

对任意的 $x\in M$, 因为

$$\omega(x)\subset \mathrm{L}(f)\subset \bigcup_{i=1}^{l} \Lambda_i\subset \bigcup_{i=1}^{l} U_i,$$

所以存在 $N\in \mathbf{N}$，使得

$$n\geqslant N\Longrightarrow f^n(x)\in \bigcup_{i=1}^{l} U_i.$$

设

$$f^N(x)\in U_j.$$

则

$$f^{N+1}(x)\in \left(\bigcup_{i=1}^{l} U_i\right)\cap V_j=U_j.$$

用归纳法可证

$$f^n(x)\in U_j,\ \forall n\geqslant N.$$

于是

$$\omega(x)\subset \overline{U}_j\cap\left(\bigcup_{i=1}^{n} \Lambda_i\right)=\Lambda_j,$$

$$x\in \mathrm{W}^s(\Lambda_j).$$

这证明了

$$M=\bigcup_{i=1}^{l} \mathrm{W}^s(\Lambda_i).$$

同样可证

$$M=\bigcup_{i=1}^{l} \mathrm{W}^u(\Lambda_i).$$ □

定义 3.5 设 M 是紧致流形，$f\in \mathrm{Homeo}(M)$，$\Lambda_1,\cdots,\Lambda_l$ 是两两不相交的 f 的闭不变集. 我们在这些集合间定义如下所述的一种关系"$\succ$":

$$\Lambda_i\succ\Lambda_j$$
$$\Longleftrightarrow(\mathrm{W}^u(\Lambda_i)\backslash\Lambda_i)\cap(\mathrm{W}^s(\Lambda_j)\backslash\Lambda_j)\neq\varnothing.$$

如果存在两两不相同的 $i_1,\cdots,i_r(r\geqslant 1)$，使得

$$\Lambda_{i1} \succ \cdots \succ \Lambda_{i_r} \succ \Lambda_{i_1},$$

我们就说 $\Lambda_{i_1}, \cdots, \Lambda_{i_r}$ 形成了一个环．关系"$\succ$"称为是无环的，如果不存在任何环．

注记 3.6 如果 $i \neq j$，那么

$$W^u(\Lambda_i) \cap \Lambda_j = \varnothing,$$

$$\Lambda_i \cap W^s(\Lambda_j) = \varnothing.$$

因而定义 3.5 中的无环条件可以分述为

(a) 不存在两两不相同的 $i_1, \cdots, i_r (r > 1)$，使得

$$W^u(\Lambda_{i_j}) \cap W^s(\Lambda_{i_{j+1}}) \neq \varnothing$$

$$(j = 1, \cdots, r, i_{r+1} = i_1);$$

(b) $W^u(\Lambda_i) \cap W^s(\Lambda_i) = \Lambda_i$

$$(i = 1, \cdots, l).$$

定义 3.7(有向图) 设 V 是一个有限集．$A \subset V \times V$，我们把 (V, A) 称为是一个有向图，$v \in V$ 称为是这有向图的顶点，$(v, v') \in A$ 通常表示为 $v \to v'$．

有向图 (V', A') 称为是有向图 (V, A) 的一个子图．如果

$$V' \subset V, \quad A' \subset A \cap (V' \times V').$$

对于任意 $V' \subset V$．记

$$A|V' = A \cap (V' \times V').$$

子图 $(V', A|V')$ 称为是有向图 (V, A) 在 V' 上的限制．

有向图 (V, A) 称为是无圈的，如果不存在子图

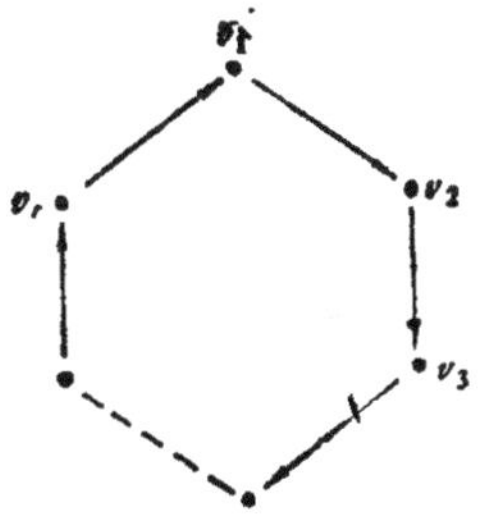

$(r \geq 1)$

顶点 $v \in V$ 称为是有向图 (V, A) 的一个下极端点，如果不存在 $v' \in V$，使得

$$v \to v'.$$

显然任何无圈的非空有向图具有下极端点.

命题 3.8 如果有向图 (V, A) 是无圈的，那么可以给 V 定义一个单序>，使得

$$v \to v' \Longrightarrow v > v'.$$

换句话说："→"可以嵌入到一个单序">"之中.

证明. 设 $\# V = N$. 我们将用 $1, 2, \cdots, N$ 来给 V 的顶点编号，使得

$$v_i \to v_j \Longrightarrow i > j.$$

首先，记 $V_1 = V,\ A_1 = A$,

$$E_1 = \{v \in V_1 | v \text{ 是 } (V_1, A_1) \text{ 的下极端点}\}.$$

设 $\# E_1 = N_1$. 我们先用 $1, 2, \cdots, N_1$ 这些数（按任意次序）给 E_1 中的顶点编号. 然后记

$$V_2 = V_1 \backslash E_1,\ A_2 = A | V_2,$$

$$E_2 = \{v \in V_2 | v \text{ 是 } (V_2, A_2) \text{ 的下极端点}\}.$$

设 $\# E_2 = N_2$，又用 $N_1 + 1, N_1 + 2, \cdots, N_1 + N_2$ 这些数(按任意次序)给 E_2 中的顶点编号.

依次这样做下去，最后给出 V 中所有的顶点的编号. 我们有

$$w \to v \Longrightarrow w \text{ 的编号在 } v \text{ 之后}.$$

按这样的编号，我们在 V 中定义了所要求的单序 >. □

注记 3.9 设 M 是紧致流形，$f \in \mathrm{Homeo}(M)$，$\Lambda_1, \cdots, \Lambda_l$ 是两两不相交的 f 的闭不变集. 如果 $\Lambda_1, \cdots, \Lambda_l$ 满足无环条件，那么它们可以按照一个单序排列. 必要时重新给这些集编号，我们总可以假定

$$\Lambda_i \succ \Lambda_j \Longrightarrow i > j.$$

反之，如果这些不变集的编号满足上述要求，那么显然 $\Lambda_1, \cdots, \Lambda_l$ 应满足无环条件.

定理 3.10 设 M 是紧致流形，$f \in \mathrm{Homeo}(M)$,

$$\mathscr{M}:\ \emptyset = M_0 \subset M_1 \subset \cdots \subset M_l = M$$

是 M 关于 f 的一个滤子. 则两两不相交的闭不变集

$$K_i(\mathscr{M}) = K_i^f(\mathscr{M})(i = 1, \cdots, l)$$

满足无环条件.

证明. 由

$$K_i(\mathscr{M}) \subset \mathrm{int} M_i,$$
$$d(M \backslash \mathrm{int} M_i, K_i(\mathscr{M})) > 0$$

和

$$f^{-1}(M \backslash \mathrm{int} M_i) \subset M \backslash \mathrm{int} M_i,$$

我们得到

$$W^u(K_i(\mathscr{M})) \subset \mathrm{int} M_i \subset M_i.$$

又由

$$K_i(\mathscr{M}) \subset M \backslash M_{i-1},$$
$$d(M_{i-1}, K_i(\mathscr{M})) > 0$$

和

$$f(M_{i-1}) \subset \mathrm{int} M_{i-1} \subset M_{i-1},$$

我们得到

$$W^s(K_i(\mathscr{M})) \subset M \backslash M_{i-1}.$$

由此,我们看到

$$K_i(\mathscr{M}) \succ K_j(\mathscr{M}) \Longrightarrow M_i \backslash M_{j-1} \neq \varnothing$$
$$\Longrightarrow i \geqslant j.$$

但不变集

$$W^u(K_i(\mathscr{M})) \cap W^s(K_i(\mathscr{M})) \subset M_i \backslash M_{i-1},$$

所以

$$W^u(K_i(\mathscr{M})) \cap W^s(K_i(\mathscr{M})) = K_i(\mathscr{M}),$$
$$K_i(\mathscr{M}) \nsucc K_i(\mathscr{M}).$$

因此

$$K_i(\mathscr{M}) \succ K_j(\mathscr{M}) \Longrightarrow i > j.$$

这证明了

$$K_1(\mathscr{M}), K_2(\mathscr{M}), \cdots, K_l(\mathscr{M})$$

满足无环条件. □

本节的主要目的. 是证明以上定理的逆命题:

如果M是紧流形，$f\in \mathrm{Homeo}(M)$的闭不变集$\Lambda_1, \cdots, \Lambda_l$两两不相交并且满足无环条件（因而可按注记 3.9 中的做法给这些不变集编号）. $\mathrm{L}(f)\subset \bigcup_{i=1}^{l} \Lambda_i$. 那么存在$M$关于$f$的滤子

$$\mathscr{M}: \varnothing = M_0\subset M_1\subset\cdots\subset M_l = M,$$

使得(按上面所说的编号)

$$K_i^f(\mathscr{M}) = \Lambda_i \ (i = 1, \cdots, l).$$

为了证明这一命题,先要介绍一系列的引理. 为方便起见,我们约定:

M表示一个给定的紧流形;

$f\in \mathrm{Homeo}(M)$;

$\Lambda_1, \cdots, \Lambda_l$是关于$f$不变的闭集,它们两两不相交,满足无环条件,并且已经按照注记 3.9 中所述的顺序编号:

$$\mathrm{L}(f)\subset \bigcup_{i=1}^{l} \Lambda_i.$$

引理 3.11 $\overline{\mathrm{W}^u(\Lambda_i)}\cap \mathrm{W}^u(\Lambda_j) \neq \varnothing \Longrightarrow \overline{\mathrm{W}^u(\Lambda_i)}\cap \Lambda_j \neq \varnothing$.

证明. $\mathrm{W}^u(\Lambda_i)$关于f不变. 因而$\overline{\mathrm{W}^u(\Lambda_i)}$也关于$f$不变. 设$x\in \overline{\mathrm{W}^u(\Lambda_i)}\cap \mathrm{W}^u(\Lambda_j)$,那么

$$\alpha(x)\subset \overline{\mathrm{W}^u(\Lambda_i)}, \ \alpha(x)\subset\Lambda_j,$$

因而

$$\overline{\mathrm{W}^u(\Lambda_i)} \cap \Lambda_j \neq \varnothing. \quad \square$$

引理 3.12

$$(i \neq j, \ \overline{\mathrm{W}^u(\Lambda_i)} \cap \Lambda_j \neq \varnothing)$$

$$\Longrightarrow \overline{\mathrm{W}^u(\Lambda_i)} \cap (\mathrm{W}^s(\Lambda_j)\setminus\Lambda_j) \neq \varnothing.$$

证明. 选取开集$U_\alpha\supset\Lambda_\alpha(\alpha = 1, \cdots, l)$,如同命题 3.4 的证明中所述,于是$U_1, \cdots, U_l$两两不相交. 并且

$$f(U_\alpha)\cap U_\beta = \varnothing \ (\alpha \neq \beta).$$

记

$$L_i = f^{-1}(\overline{U}_i)\backslash U_i.$$

因为

$$\overline{W^u(\Lambda_i)} \cap \Lambda_i \neq \varnothing$$

存在 $W^u(\Lambda_i)$ 中的序列 $\{x_k\}$，使得

$$\lim x_k = x \in \Lambda_i.$$

可设

$$\{x_k\} \subset U_i.$$

对于每一取定的 k，因为

$$d(f^{-m}(x_k),\ \Lambda_i) \longrightarrow 0\ (m \to +\infty)$$

和

$$\Lambda_i \subset M\backslash \overline{U}_i,$$

存在 $m \in \mathbf{N}$，使得

$$f^{-m}(x_k) \in M\backslash \overline{U}_i.$$

记

$$m_k = \min\{m \in \mathbf{N} \mid f^{-m}(x_k) \in M\backslash \overline{U}_i\}.$$

于是

$$f^{-m_k}(x_k) \in f^{-1}(\overline{U}_i)\backslash U_i = L_i.$$

因为 L_i 是紧致的，必要时选择适当的子序列，可设

$$f^{-m_k}(x_k) \to y \in L_i\ (k \to +\infty).$$

因为

$$\{x_k\} \subset W^u(\Lambda_i),$$

所以

$$y \in \overline{W^u(\Lambda_i)}.$$

我们指出

$$f^n(y) \in \overline{U}_i,\ \forall n \in \mathbf{N}.$$

若不然，设 $p \in \mathbf{N}$，使得

$$f^p(y) \in M\backslash \overline{U}_i,$$

只要 k 充分大就有

$$m_k - p > 0,$$

$$f^{-(m_k-p)}(x_k) = f^p(f^{-m_k}(x_k)) \in M \setminus \bar{U}_j,$$

这与 m_k 的取法相矛盾. 因此,只能有

$$f^n(y) \in \bar{U}_j, \ \forall n \in \mathbf{N}.$$

于是

$$\omega(y) \in \Lambda_j,$$

$$y \in \overline{W^u(\Lambda_i)} \cap (W^s(\Lambda_j) \setminus \Lambda_j). \quad \square$$

引理 3.13

$$(i \neq j, \ \overline{W^u(\Lambda_i)} \cap W^u(\Lambda_j) \neq \varnothing) \Longrightarrow i > j.$$

证明. 由引理 3.11 和引理 3.12, 存在

$$x_1 \in \overline{W^u(\Lambda_i)} \cap (W^s(\Lambda_j) \setminus \Lambda_j).$$

又由于

$$M = \bigcup_{k=1}^{l} W^u(\Lambda_k),$$

存在 k_1 使得

$$x_1 \in W^u(\Lambda_{k_1}).$$

由无环条件可得

$$k_1 > j.$$

如果 $i = k_1$, 那么命题已得证. 如果 $i \neq k_1$, 那么因为

$$\overline{W^u(\Lambda_i)} \cap W^u(\Lambda_{k_1}) \neq \varnothing,$$

由同样的推理可知,存在 $k_2 > k_1$, 使得

$$\overline{W^u(\Lambda_i)} \cap W^u(\Lambda_{k_2}) \neq \varnothing.$$

这样,经有限步之后,总可以得到

$$i = k_r > k_{r-1} > \cdots > k_1 > j. \quad \square$$

引理 3.14

(i) $\overline{W^u(\Lambda_i)} \subset \bigcup_{j \leq i} W^u(\Lambda_j)$. 因而 $\bigcup_{j \leq i} W^u(\Lambda_j)$ 是闭集, $\bigcup_{j > i} W^u(\Lambda_j)$ 是开集.

(ii) $\overline{W^s(\Lambda_i)} \subset \bigcup_{j\geq i} W^s(\Lambda_i)$. 因而 $\bigcup_{j\geq i} W^s(\Lambda_j)$ 是闭集，$\bigcup_{j<i} W^s(\Lambda_j)$ 是开集.

(iii) $\bigcup_{j\leq i} W^s(\Lambda_j)$是$\bigcup_{j\leq i} W^u(\Lambda_j)$ 的开邻域；$\bigcup_{j\geq i} W^u(\Lambda_i)$ 是 $\bigcup_{j\geq i} W^s(\Lambda_j)$的开邻域.

证明.

(i) $\overline{W^u(\Lambda_i)} \subset M = \bigcup_{j=1}^{l} W^u(\Lambda_j)$. 而$j>i$时 $\overline{W^u(\Lambda_i)} \cap W^u(\Lambda_j) = \varnothing$，所以

$$\overline{W^u(\Lambda_i)} \subset \bigcup_{j\leq i} W^u(\Lambda_j).$$

于是

$$\overline{\bigcup_{j\leq i} W^u(\Lambda_j)} \subset \bigcup_{j\leq i} W^u(\Lambda_j),$$

因而 $\bigcup_{j\leq i} W^u(\Lambda_j)$ 是闭集.

$$\bigcup_{j\geq i} W^u(\Lambda_j) = M \setminus \bigcup_{j\leq i-1} W^u(\Lambda_j)$$

是开集.

(ii) 在(i)中以f^{-1}代替f，并注意到这时不变集 $\Lambda_1, \cdots, \Lambda_l$ 的排列次序颠倒为 $\Lambda_l, \Lambda_{l-1}, \cdots, \Lambda_1$，即得证.

(iii) $\bigcup_{j\leq i} W^u(\Lambda_j) \subset M = \bigcup_{k=1}^{l} W^s(\Lambda_k)$，由无环条件，当 $k > i \geq j$ 时

$$W^u(\Lambda_j) \cap W^s(\Lambda_k) = \varnothing,$$

因而

$$\bigcup_{j\leq i} W^u(\Lambda_j) \subset \bigcup_{k\leq i} W^s(\Lambda_k). \quad \square$$

引理 3.15

(i) 设紧集 $R\subset\bigcup_{j=1}^{p} W^s(\Lambda_{i_j})$，则

$$\bigcap_{n\geq 0} f^n(R)\subset\bigcup_{j=1}^{p} W^u(\Lambda_{i_j}).$$

特别地，如果紧集 Q 满足

$$\bigcup_{j<i} W^u(\Lambda_j)\subset Q\subset\bigcup_{j<i} W^s(\Lambda_j),$$

那么

$$\bigcap_{n\geq 0} f^n(Q)=\bigcup_{j<i} W^u(\Lambda_j).$$

(ii) 设紧集 $R\subset\bigcup_{j=1}^{p} W^u(\Lambda_{i_j})$，则

$$\bigcap_{n\geq 0} f^{-n}(R)\subset\bigcup_{j=1}^{p} W^s(\Lambda_{i_j}).$$

特别地，如果紧集 Q 满足

$$\bigcup_{j>i} W^s(\Lambda_j)\subset Q\subset\bigcup_{j>i} W^u(\Lambda_j),$$

那么

$$\bigcap_{n\geq 0} f^{-n}(Q)=\bigcup_{j>i} W^s(\Lambda_j).$$

证明.

(i) 设 $x\in\bigcap_{n\geq 0} f^n(R)$，则

$$\alpha(x)\subset R\subset\bigcup_{j=1}^{p} W^s(\Lambda_{i_j}).$$

因为 $M=\bigcup_{i=1}^{l} W^u(\Lambda_i)$，可设 $x\in W^u(\Lambda_k)$. 于是又有

$$\alpha(x)\subset\Lambda_k.$$

这样

$$\varnothing\neq\alpha(x)\subset\left(\bigcup_{j=1}^{p}W^s(\Lambda_{i_j})\right)\cap\Lambda_k.$$

这说明 k 是 $i_j(j=1,\cdots,p)$ 中的一个.

$$x\in W^u(\Lambda_k)\subset\bigcup_{j=1}^{p}W^u(\Lambda_{i_j}).$$

(ii) 在 (i) 中以 f^{-1} 代替 f 即得. □

引理 3.16 设 M 是紧流形, $f\in\mathrm{Homeo}(M)$, P 是 f 的紧致不变集, Q 是 P 的紧邻域, 满足

$$\bigcap_{n\geqslant 0}f^n(Q)=P,$$

则存在 P 的紧邻域 V 满足

(a) $P\subset\mathrm{int}V\subset V\subset\mathrm{int}Q$,

(b) $f(V)\subset\mathrm{int}V$.

证明. 记

$$A_r=\bigcap_{j=0}^{r}f^j(Q),$$

则

$$A_r\supset A_{r+1}\ (r=0,1,2,\cdots),$$

并且

$$\bigcap_{r\geqslant 0}A_r=P=f^{-1}(P)\subset\mathrm{int}Q\cap f^{-1}(\mathrm{int}Q).$$

因而存在 $r\geqslant 0$, 使得

$$A_r\subset\mathrm{int}Q\cap f^{-1}(\mathrm{int}Q)\subset f^{-1}(Q).$$

于是

$$f(A_r)\subset Q,$$
$$f(A_r)=Q\cap f(A_r)=A_{r+1}\subset A_r.$$

又因为

$$\begin{aligned}P &= P\cap f(P)\cap\cdots\cap f^r(P)\\ &\subset \mathrm{int}Q\cap f(\mathrm{int}Q)\cap\cdots\cap f^r(\mathrm{int}Q)\\ &= \mathrm{int}A_r,\end{aligned}$$

$$\bigcap_{n\in\mathbf{N}} f^n(A_r) = P\subset \mathrm{int}A_r,$$

$$f^n(A_r)\supset f^{n+1}(A_r),\quad n = 1, 2, \cdots$$

所以存在 $n\in\mathbf{N}$，使得

$$f^n(A_r)\subset \mathrm{int}A_r.$$

记 $A = A_r$，我们看到：A 满足

(1) $P\subset \mathrm{int}A\subset A\subset \mathrm{int}Q$，

(2) $f(A)\subset A$，

(3) 存在 $n\in\mathbf{N}$，使得

$$f^n(A)\subset \mathrm{int}A.$$

如果 $n = 1$，则可取 $V = A$，引理已得证. 如果 $n\geqslant 2$，则选取 A 的紧邻域 B 满足

$$A\subset \mathrm{int}B\subset B\subset f^{-n}(\mathrm{int}A)\cap \mathrm{int}Q,$$

并置

$$C = A\cup(B\cap f^{n-1}B).$$

因为

$$\begin{aligned}&f(A)\subset A,\\ &f(B\cap f^{n-1}B)\subset f^nB\subset A,\end{aligned}$$

所以

$$f(C)\subset C.$$

又由

$$\begin{aligned}f^{n-1}(A)&\subset A\subset \mathrm{int}B,\\ f^{n-1}(A)&\subset f^{n-1}(\mathrm{int}B),\\ f^{n-1}(B\cap f^{n-1}B)&\subset f^{n-1}(f^{n-1}B)\\ &= f^{n-2}(f^nB)\\ &\subset f^{n-2}(\mathrm{int}A)\\ &\subset \mathrm{int}A,\end{aligned}$$

可得

$$f^{n-1}(C)\subset \operatorname{int}C.$$

我们看到,这样给出的 C 满足

(1) $P\subset \operatorname{int}C\subset C\subset \operatorname{int}Q$,

(2) $f(C)\subset C$,

(3) $f^{n-1}(C)\subset \operatorname{int}C$.

依次这样做下去,最后得到 P 的紧邻域 V,满足

(a) $P\subset \operatorname{int}V\subset V\subset \operatorname{int}Q$,

(b) $f(V)\subset \operatorname{int}V$. □

定理 3.17 设 M 是紧流形;$\Lambda_1,\cdots,\Lambda_l\subset M$ 是 $f\in \mathrm{Homeo}(M)$ 的紧致不变集,它们两两不相交,满足无环条件,并且按照注记 3.9 所述的顺序编号;$L(f)\subset \bigcup_{i=1}^{l}\Lambda_i$,则存在 M 关于 f 的滤子

$$\mathscr{M}:\ \varnothing=M_0\subset M_1\subset\cdots\subset M_l=M,$$

满足

$$K_i^f(\mathscr{M})=\Lambda_i\ (i=1,\cdots,l).$$

证明. 由于 $\bigcup_{k\leqslant i}W^u(\Lambda_k)$ 是紧集. $\bigcup_{k\leqslant i}W^s(\Lambda_k)$ 是它的开邻域. 必定存在紧集 Q_i 满足

$$\bigcup_{k\leqslant i}W^u(\Lambda_k)\subset \operatorname{int}Q_i\subset Q_i\subset \bigcup_{k\leqslant i}W^s(\Lambda_k).$$

由引理 3.15,我们有

$$\bigcap_{n\geqslant 0}f^n(Q_i)=\bigcup_{k\leqslant i}W^u(\Lambda_k).$$

又由引理 3.16,存在紧集 V_i 满足

(a) $\bigcup_{k\leqslant i}W^u(\Lambda_k)\subset \operatorname{int}V_i\subset V_i\subset \bigcup_{k\leqslant i}W^s(\Lambda_k)$,

(b) $f(V_i)\subset \operatorname{int}V_i$.

记

$$M_i = \bigcup_{j \leqslant i} V_j \quad (i = 1, \cdots, l),$$

则 $M_i (i = 1, \cdots, l)$ 满足

(a) $\bigcup_{j \leqslant i} W^u(\Lambda_j) \subset \mathrm{int} M_i \subset M_i \subset \bigcup_{j \leqslant i} W^s(\Lambda_j)$,

(b) $f(M_i) \subset \mathrm{int} M_i$

和

(c) $M_{i-1} \subset M_i$.

我们得到了滤子

$$\mathscr{M}: \varnothing = M_0 \subset M_1 \subset \cdots \subset M_l = M.$$

注意到 $i \neq j$ 时

$$\Lambda_i \cap W^s(\Lambda_j) = \varnothing,$$

我们有

$$\Lambda_i \cap M_{i-1} = \varnothing,$$

因而

$$\Lambda_i \subset M_i \backslash M_{i-1}.$$

又有

$$\bigcup_{j \leqslant i} W^u(\Lambda_j) \subset M_i \subset \bigcup_{j \leqslant i} W^s(\Lambda_j),$$

$$\bigcap_{n \geqslant 0} f^n(M_i) = \bigcup_{j \leqslant i} W^u(\Lambda_j);$$

$$M \backslash \mathrm{int} M_{i-1} \subset \bigcup_{j \geqslant i} W^u(\Lambda_j),$$

$$\bigcap_{n \geqslant 0} f^n(M \backslash \mathrm{int} M_{i-1}) \subset \bigcup_{j \geqslant i} W^u(\Lambda_j);$$

因而

$$\bigcap_{n \geqslant 0} f^n(M_i \backslash \mathrm{int} M_{i-1}) \subset W^u(\Lambda_i).$$

还有

$$\bigcup_{j \geq i} W^s(\Lambda_j) \subset M \setminus \mathrm{int} M_{i-1} \subset \bigcup_{j \geq i} W^u(\Lambda_j),$$

$$\bigcap_{n \geq 0} f^{-n}(M \setminus \mathrm{int} M_{i-1}) = \bigcap_{j \geq i} W^s(\Lambda_j);$$

$$M_i \subset \bigcup_{j \leq i} W^s(\Lambda_j),$$

$$\bigcap_{n \geq 0} f^{-n}(M_i) \subset \bigcup_{j \leq i} W^s(\Lambda_j);$$

因而

$$\bigcap_{n \geq 0} f^{-n}(M_i \setminus \mathrm{int} M_{i-1}) \subset W^s(\Lambda_i).$$

由上面的讨论，我们得到

$$\begin{aligned} \Lambda_i \subset & \bigcap_{n \in \mathbf{Z}} f^n(M_i \setminus \mathrm{int} M_{i-1}) \\ & \subset W^u(\Lambda_i) \cap W^s(\Lambda_i) = \Lambda_i. \end{aligned}$$

由此即得到

$$K_i^f(\mathscr{M}) = \Lambda_i \ (i = 1, \cdots, l). \ \square$$

§4　Ω 稳定性定理

设M是紧致光滑 Riemann 流形，$f \in \mathrm{Diff}^1(M)$. 我们陈述关于 f 的条件:

公理 A　$\Omega(f)$ 具有双曲构造，并且

$$\overline{\mathrm{Per}(f)} = \Omega(f);$$

无环性　$\Omega(f)$ 的谱分解的基本集满足无环条件.

本节将证明以下的Ω稳定性定理.

定理 4.1　如果 $f \in \mathrm{Diff}^1(M)$ 满足公理 A 和无环条件，那么 f 是Ω稳定的.

证明. 由于无环条件，存在M关于 f 的滤子

$$\mathscr{M}: \varnothing = M_0 \subset M_1 \subset \cdots \subset M_l = M$$

满足

$$K_i^f(\mathscr{M})=\Omega_i\ (i=1,\cdots,l).$$

于是

$$U_i=M_i\setminus \mathrm{int}M_{i-1}$$

是 Ω_i 的紧邻域并且

$$\bigcap_{n\in\mathbf{Z}} f^n(U_i)=K_i^f(\mathscr{M})=\Omega_i,$$

即 Ω_i 是 f 在 U_i 中的极大不变集.

由第十五章定理 3.7，存在 Ω_i 的紧邻域 $V_i\subset U_i$ 和 f 的 C^1 邻域 $\mathscr{V}_i$,使得对任意 $g\in\mathscr{V}_i$, 存在同胚

$$h_i:\ \Omega_i\to\Lambda_i=\bigcap_{n\in\mathbf{Z}} g^n(V_i),$$

满足

$$h_i\circ f|\Omega_i=g\circ h_i,$$

这里 $\Lambda_i=\bigcap_{n\in\mathbf{Z}} g^n(V_i)$ 是 g 在 V_i 中的极大不变集. 由本章的命题 2.5,必要时适当缩小 $\mathscr{V}_i$,可设对于任意 $g\in\mathscr{V}_i$

$$K_i^g(\mathscr{M})=\bigcap_{n\in\mathbf{Z}} g^n(U_i)\subset V_i,$$

于是

$$K_i^g(\mathscr{M})\subset\Lambda_i.$$

又由于

$$\Lambda_i=\bigcap_{n\in\mathbf{Z}} g^n(V_i)\subset\bigcap_{n\in\mathbf{Z}} g^n(U_i)=K_i^g(\mathscr{M}),$$

我们有

$$K_i^g(\mathscr{M})=\Lambda_i\ (i=1,\cdots,l).$$

考虑

$$\begin{aligned}\Omega_i(g)&=\Omega(g)\cap(M_i\setminus M_{i-1})\\&=\Omega(g)\cap K_i^g(\mathscr{M})\\&=\Omega(g)\cap\Lambda_i,\end{aligned}$$

显然有

$$\Omega_i(g)\subset\Lambda_i.$$

将证明

$$\Omega_i(g)=\Lambda_i.$$

事实上，因为 $\overline{\mathrm{Per}(f)}=\Omega(f)$ 并且各 Ω_i 是互相隔离的：

$$\Omega_i\subset \mathrm{int}M_i\backslash M_{i-1}\ (i=1,\cdots,l),$$

所以

$$\Omega_i=\overline{\mathrm{Per}(f)\cap\Omega_i}.$$

于是

$$\begin{aligned}\Lambda_i&=h_i(\Omega_i)\\&=h_i\,\overline{(\mathrm{Per}(f)\cap\Omega_i)}\\&\subset\overline{h_i(\mathrm{Per}(f)\cap\Omega_i)}\\&\subset\overline{\mathrm{Per}(g)}\\&\subset\Omega(g).\end{aligned}$$

因而

$$\Lambda_i=\Omega(g)\cap\Lambda_i=\Omega_i(g).$$

置

$$\mathscr{V}=\bigcap_{i=1}^{l}\mathscr{V}_i.$$

由上面的讨论，对于任何 $g\in\mathscr{V}$，存在同胚

$$h_i:\ \Omega_i\to\Omega_i(g),$$

使得

$$h_i\circ f|\Omega_i=g\circ h_i\quad(i=1,\cdots,l).$$

于是，由

$$h|\Omega_i=h_i\ (i=1,\cdots,l)$$

所决定的同胚

$$h:\ \Omega(f)\to\Omega(g)$$

满足

$$h\circ f|\Omega(f)=g\circ h.$$

这证明了 f 的 Ω 稳定性. □

推论 4.2. 满足公理A和无环条件的微分同胚组成 $\mathrm{Diff}^1(M)$ 中的一个开集.

证明. 参照 Ω 稳定性定理的证明并利用第十五章定理 3.7 和本章定理 3.10,即可得到本定理的证明. □

第十九章　α 伪轨与 β 跟踪及其应用

设M是光滑的 Riemann 流形，$f\in \mathrm{Diff}^1(M)$，$\Lambda\subset M$ 是 f 的紧致不变集．在上一章中，我们定义了Λ的稳定集 $W^s(\Lambda)$ 和不稳定集 $W^u(\Lambda)$（参看第十八章,定义 3.1）．如果 f 在紧致不变集 Λ 上有双曲构造，则又存在 f 在各点 $x\in\Lambda$ 的稳定流形 $W^s(x)$ 和不稳定流形 $W^u(x)$．这时显然有

$$\bigcup_{x\in\Lambda} W^s(x)\subset W^s(\Lambda),\quad \bigcup_{x\in\Lambda} W^u(x)\subset W^u(\Lambda).$$

能否有相反的包含关系,从而使上两式成为等式呢?当 f 在 Λ 上具有局部乘积构造时，对上述问题的回答是肯定的．我们将证明这一事实．证明中涉及的α伪轨与β跟踪技术，是动力系统研究中的一种很有用的工具．我们也顺便介绍这方法的一些其他应用．最后,我们还将指出,利用这里建立的结果，对于公理A微分同胚的无环条件,可以作更简单的陈述．

§1　α 伪轨与 β 跟踪

定义 1.1（α伪轨与β跟踪）　设X是一个度量空间，$f\in \mathrm{Homeo}(X)$，α是一个正实数，a和b是整数而且 $a<b$（$a=-\infty$或者 $b=\infty$ 的情形也是允许的）．X 中的点列

$$\{x_i\}_{i=a}^{b}\subset X$$

称为是 f 的一个 α 伪轨,如果

$$d(fx_i,\ x_{i+1})<\alpha,\ \forall i=a,\cdots,b-1.$$

我们说α伪轨 $\{x_i\}_{i=a}^{b}$ 被从 y 点出发的轨道所β跟踪,如果

$$d(f^iy,\ x_i)<\beta,\ \forall i=a,\cdots,b.$$

引理 1.2　设X是紧致度量空间，$f\in \mathrm{Homeo}(X)$，β是任意给

定正数，N是任意给定的自然数．则存在 $\alpha > 0$，使得任何长度为$N+1$的α伪轨 $\{x_i\}_{i=0}^N$ 可以被从 x_0 出发的轨道所β跟踪．

证明．由一致连续性，存在$\alpha > 0$，使得

$$d(u, v) < \alpha \Longrightarrow d(f^j u, f^j v) < \frac{\beta}{N}$$

$$(j = 0, 1, \cdots, N).$$

特别地

$$d(fx_j, x_{j+1}) < \alpha \Longrightarrow d(f^{i-j}x_j, f^{i-j-1}x_{j+1}) < \frac{\beta}{N}$$

$$(0 \leqslant j \leqslant i \leqslant N).$$

于是

$$\begin{aligned} & d(f^i x_0, x_i) \\ & \leqslant d(f^i x_0, f^{i-1}x_1) + d(f^{i-1}x_1, f^{i-2}x_2) \\ & \quad + \cdots + d(fx_{i-1}, x_i) \\ & < \frac{\beta}{N} + \frac{\beta}{N} + \cdots + \frac{\beta}{N} = \beta \end{aligned}$$

$$(i = 1, 2, \cdots, N). \quad \square$$

定理 1.3 设M是一个光滑的 Riemann 流形，$f \in \mathrm{Diff}^1(M)$ 以紧致集 $\Lambda \subset M$ 为其双曲不变集．如果 f 在 Λ 上有局部乘积构造，则对任意的$\beta > 0$，存在$\alpha > 0$，使得Λ中的任意α伪轨$\{x_i\}_{i=a}^b \subset \Lambda$（允许 $a = -\infty$ 或者 $b = +\infty$ 的情形）都能被从某点 $x \in \Lambda$ 出发的轨道所β跟踪．

证明．第一步．由给定的$\beta > 0$确定适当的$\alpha > 0$．

首先．由第十六章定理 2.2 和定理 2.17，对于充分小的$\eta > 0$，存在$0 < \mu < 1$，使得对任意 $y \in \Lambda$ 有

$$p \in W_\eta^u(y) \Longrightarrow d(f^{-1}p, f^{-1}y) \leqslant \mu d(p, y)$$

和

$$q \in W_\eta^s(y) \Longrightarrow d(fq, fy) \leqslant \mu d(q, y).$$

取$\varepsilon > 0$足够小，使得

$$\varepsilon < \eta,\ \varepsilon\left(\frac{3}{2} + \frac{1}{1-\mu}\right) < \beta.$$

由假定，Λ 具有局部乘积结构，因而对于 $\varepsilon > 0$ 存在 $0 < \delta < \varepsilon$，使得

$$y,\ z \in \Lambda,\ d(y,z) < \delta \Longrightarrow W_\varepsilon^u(y) \cap W_\varepsilon^s(z) \subset \Lambda.$$

再取 $N \in \mathbf{N}$ 充分大，使得

$$\mu^N \varepsilon < \frac{\delta}{2}.$$

由引理 1.2，对于取定的 $N \in \mathbf{N}$ 和 $\frac{\delta}{2} > 0$，存在 $\alpha > 0$，使得任何 α 伪轨 $\{y_i\}_{i=0}^N \subset \Lambda$ 可以被从 y_0 出发的轨道所 $\frac{\delta}{2}$ 跟踪.

第二步. 考虑 $a = 0$，$b = rN$ 的情形，也就是说，假设所给的 α 伪轨为 $\{x_i\}_{i=0}^{rN}$.

这时 $\{x_{jN+k}\}_{k=0}^N$ 被从 x_{jN} 出发的轨道所 $\frac{\delta}{2}$ 跟踪. 我们归纳地定义 $\{x'_{sN}\}_{s=0}^r$ 如下：
首先取

$$x'_0 = x_0.$$

然后置

$$x'_{(s+1)N} = W_\varepsilon^u(f^N x'_{sN}) \cap W_\varepsilon^s(x_{(s+1)N}).$$

因为

$$\begin{aligned} & d(f^N x'_{sN},\ x_{(s+1)N}) \\ \leqslant\ & d(f^N x'_{sN},\ f^N x_{sN}) + d(f^N x_{sN},\ x_{(s+1)N}) \\ \leqslant\ & \mu^N \varepsilon + \frac{\delta}{2} < \delta, \end{aligned}$$

所以上述归纳的做法每一步都有意义. 记

$$x = f^{-rN} x'_{rN},$$

我们将证明 $\{x_i\}_{i=0}^{rN}$ 被从 x 点出发的轨道所 β 跟踪.

对于 $j = (r-s)N + k$，$0 \leqslant k \leqslant N$，我们有

$$
\begin{aligned}
d(f^j x, x_i) &= d(f^j f^{-rN} x'_{rN}, x_i) \\
&= d(f^{-sN+k} x'_{rN}, x_{(r-s)N+k}) \\
&\leqslant d(f^{-sN+k} x'_{rN}, f^k x'_{(r-s)N}) \\
&\quad + d(f^k x'_{(r-s)N}, f^k x_{(r-s)N}) \\
&\quad + d(f^k x_{(r-s)N}, x_{(r-s)N+k}).
\end{aligned}
$$

但因为

$$
\begin{aligned}
& d(x'_{tN}, f^N x'_{(t-1)N}) \leqslant \varepsilon, \\
& d(f^{-N+k} x'_{tN}, f^k x'_{(t-1)N}) \\
= & d(f^{-(N-k)} x'_{tN}, f^{-(N-k)} f^N x'_{(t-1)N}) \\
\leqslant & \mu^{N-k} \varepsilon, \\
& d(f^{-sN+k} x'_{tN}, f^{-(s-1)N+k} x'_{(t-1)N}) \\
= & d(f^{-(sN-k)} x'_{tN}, f^{-(sN-k)} f^N x'_{(t-1)N}) \\
\leqslant & \mu^{sN-k} \varepsilon,
\end{aligned}
$$

所以

$$
\begin{aligned}
& d(f^{-sN+k} x'_{rN}, f^k x'_{(r-s)N}) \\
\leqslant & d(f^{-sN+k} x'_{rN}, f^{-(s-1)N+k} x'_{(r-1)N}) \\
& + \cdots + d(f^{-N+k} x'_{(r-s+1)N}, f^k x'_{(r-s)N}) \\
\leqslant & \mu^{sN-k} \varepsilon + \cdots + \mu^{N-k} \varepsilon \\
\leqslant & \frac{\varepsilon}{1-\mu}.
\end{aligned}
$$

又

$$
d(f^k x'_{(r-s)N}, f^k x_{(r-s)N}) < \varepsilon,
$$

$$
d(f^k x_{(r-s)N}, x_{(r-s)N+k}) < \frac{\delta}{2}.
$$

由这些估计，我们得到

$$
\begin{aligned}
d(f^j x, x_i) &\leqslant \frac{\varepsilon}{1-\mu} + \varepsilon + \frac{\delta}{2} \\
&\leqslant \left(\frac{1}{1-\mu} + \frac{3}{2}\right) \varepsilon \\
&< \beta.
\end{aligned}
$$

第三步 考虑 a, b 的一般情形.

对于 α 伪轨 $\{x_i\}_{i=0}^{n}$, 可取 r 充分大, 使得 $rN > n$, 然后补充定义

$$x_i = f^{i-n}x_n, \quad i = n+1, \cdots, rN.$$

于是, $\{x_i\}_{i=0}^{rN}$ 可以被从某点 $x \in \Lambda$ 出发的轨道所 β 跟踪. 因而 $\{x_i\}_{i=0}^{n}$ 也可以被从 x 点出发的轨道所 β 跟踪.

对于 α 伪轨$\{x_i\}_{i=a}^{b}$(a, b 有穷), 可以考虑另一 α 伪轨$\{x_{a+i}\}_{i=0}^{b-a}$. 如果这时从 $y \in \Lambda$ 出发的轨道 β 跟踪 $\{x_{a+i}\}_{i=0}^{b-a}$, 那么从 $x = f^{-a}y$ 出发的轨道也就 β 跟踪 $\{x_i\}_{i=a}^{b}$.

对于 $a = 0$, $b = +\infty$ 的情形. 我们选取 $0 < \beta' < \beta$, 然后取 $\alpha > 0$, 使得任意 α 伪轨 $\{x_i\}_{i=0}^{n}$ 可以被从 $y_n \in \Lambda$ 出发的轨道 β' 跟踪. 设 $x \in \Lambda$ 是 $\{y_n\}$ 的一个子列极限点. 由于

$$d(f^i y_n, x_i) < \beta', \quad i = 0, 1, \cdots, n,$$

所以

$$d(f^i x, x_i) < \beta, \quad i = 0, 1, 2, \cdots,$$

即从 x 出发的轨道 β 跟踪 $\{x_i\}_{i=0}^{+\infty}$. 对于 a, b 之一或者二者都是无穷的其他情形, 可以类似地讨论. □

注记 1.4 特别地, 上一定理中的 Λ 可以是 Anosov 微分同胚情形的紧流形 M, 也可以是公理 A 微分同胚情形的 Ω 集或者 Ω 集谱分解中的任何一个基本集.

§2 α 伪轨与 β 跟踪的应用

定义 2.1 α 伪轨 $\{x_i\}_{i=-\infty}^{+\infty}$ 称为是周期的, 如果存在 $n \in \mathbf{N}$, 使得

$$x_{i+n} = x_i, \quad \forall i \in \mathbf{Z}.$$

定理 2.2 (Anosov 封闭引理) 设 M 是紧致光滑 Riemann 流形, $f \in \mathrm{Diff}^1(M)$ 是 Anosov 微分同胚, 则 f 满足公理 A.

证明. 只须证明 $\overline{\mathrm{Per}(f)} = \Omega(f)$.

Anosov 微分同胚是可扩的. 设 $\sigma > 0$ 是 f 的可扩常数. 对于 $0 < \beta < \frac{\sigma}{2}$,可以确定 $0 < \alpha < \beta$, 使得M的任意 α 伪轨具有 β 跟踪. 对任意的 $y \in \Omega(f)$, 存在 $n \in \mathrm{N}$, 使得

$$d(f^n y, y) < \alpha.$$

对于

$$i = qn + k \qquad (q, k \in \mathbf{Z},\ 0 \leqslant k < n),$$

我们置

$$x_i = f^k y.$$

这样得到了一条周期为 n 的 α 伪轨 $\{x_i\}_{i=-\infty}^{+\infty}$. 于是存在从 $x \in M$ 出发的轨道 β 跟踪它:

$$d(f^i x, x_i) < \beta, \ \forall i \in \mathbf{Z}.$$

因为

$$\begin{aligned} & d(f^i f^n x, f^i x) \\ \leqslant\ & d(f^{i+n} x, x_{i+n}) + d(x_i, f^i x) \\ <\ & 2\beta < \sigma, \ \forall i \in \mathbf{Z}, \end{aligned}$$

所以

$$f^n x = x,$$

即

$$x \in \operatorname{Per}(f).$$

在上面的讨论中,对 β 的要求只是

$$0 < \beta < \frac{\sigma}{2}.$$

我们可以取 β 任意小. 因而对于取定的 β 和任意 $y \in \Omega(f)$, 都存在$x \in \operatorname{Per}(f)$, 使得

$$d(x, y) < \beta.$$

这样,我们证明了

$$\overline{\operatorname{Per}(f)} = \Omega(f). \quad \square$$

定理 2.3 设M是光滑 Riemann 流形, $f \in \operatorname{Diff}^1(M)$ 在其紧致双曲不变集 Λ 上有局部乘积构造,则

(i) $$W^s(\Lambda) = \bigcup_{x \in \Lambda} W^s(x),$$

(ii) $$W^u(\Lambda) = \bigcup_{x \in \Lambda} W^u(x).$$

证明.

(i) 显然有

$$\bigcup_{x \in \Lambda} W^s(x) \subset W^s(\Lambda).$$

我们来证明相反的包含关系.

由 Λ 的双曲性，可以确定 $\varepsilon > 0$ 满足第十六章 §2 中稳定流形定理的要求(对这取定的 ε，稳定流形定理的推论——第十六章推论 2.16成立). 取$0 < \beta < \frac{\varepsilon}{2}$. 对这样的 β，又可确定 $0 < \alpha < \beta$，使得 Λ 中的任意 α 伪轨具有 β 跟踪. 再选取 $0 < \gamma < \frac{\alpha}{2}$ 满足:

$$p, q \in \Lambda, d(p, q) < \gamma \Longrightarrow d(fp, fq) < \frac{\alpha}{2}.$$

任给 $y \in W^s(\Lambda)$，因为

$$\lim_{n \to \infty} d(f^n y, \Lambda) = 0,$$

所以存在自然数 N，使得当 $n \geqslant N$ 时

$$d(f^n y, \Lambda) < \gamma.$$

取 $x_n \in \Lambda (n = N, N+1, N+2, \cdots)$，使得

$$d(f^n y, x_n) < \gamma, \quad \forall n \geqslant N.$$

补充定义

$$x_n = f^{n-N} x_N, \quad \forall n \in Z, \ n < N.$$

因为

$$\begin{aligned} & d(fx_n, x_{n+1}) \\ \leqslant & \ d(fx_n, ff^n y) + d(f^{n+1} y, x_{n+1}) \\ \leqslant & \ \frac{\alpha}{2} + \gamma < \alpha, \quad \forall n \geqslant N \end{aligned}$$

和

$$d(fx_n, x_{n+1})$$
$$= d(f^{n-N+1}x_N, f^{n-N+1}x_N) = 0, \forall n < N,$$

我们看到：$\{x_n\}_{n=-\infty}^{\infty}$ 是 α 伪轨．从而存在 $x \in \Lambda$，使得从 x 出发的轨道 β 跟踪 $\{x_n\}_{n=-\infty}^{\infty}$．这时

$$d(f^n y, f^n x)$$
$$\leqslant d(f^n y, x_n) + d(x_n, f^n x)$$
$$\leqslant \gamma + \beta < \varepsilon, \forall n \geqslant N.$$

于是

$$f^N y \in W_\varepsilon^s(f^N x),$$
$$y \in f^{-N} W_\varepsilon^s(f^N x) \subset W^s(x).$$

这就证明了

$$W^s(\Lambda) \subset \bigcup_{x \in \Lambda} W^s(x).$$

(ii) 在 (i) 中以 f^{-1} 代替 f 即得． □

§3 关于基本集的无环条件——再谈 Ω 稳定性定理

在上一章，对于 $f \in \mathrm{Homeo}(M)$ 的两两不相交的闭不变集 Λ_1, Λ_2, $\cdots$, Λ_l，我们陈述了如下的无环条件：

不存在两两不相同的 $i_1, \cdots, i_r (r \geqslant 1)$，使得

$$(W^u(\Lambda_{i_j}) \backslash \Lambda_{i_j}) \cap (W^s(\Lambda_{i_{j+1}}) \backslash \Lambda_{i_{j+1}}) \neq \varnothing$$
$$(j = 1, \cdots, r, i_{r+1} = i_1).$$

在上一章，我们还指出，上述无环条件可以分述为

(a) 不存在长度 >1 的环，即不存在两两不相同的 $i_1, \cdots, i_r (r > 1)$，使得

$$W^u(\Lambda_{i_j}) \cap W^s(\Lambda_{i_j}) \neq \varnothing$$
$$(j = 1, \cdots, r, i_{r+1} = i_1);$$

(b) 不存在长度 $= 1$ 的环，即

$$W^u(\Lambda_i) \cap W^s(\Lambda_i) = \Lambda_i \ (i = 1, \cdots, l),$$

本节指出，如果上面涉及的那些闭不变集是公理A微分同胚 f 的 Ω 集的谱分解的基本集 $\Omega_1, \cdots, \Omega_l$，那么条件 (b) 自然而然地成立：

$$W^u(\Omega_i) \cap W^s(\Omega_i) = \Omega_i \quad (i = 1, \cdots, l).$$

因而，涉及公理A微分同胚的谱分解的基本集 $\Omega_1, \cdots, \Omega_l$ 的无环条件，可以陈述为：

$$\begin{cases} \text{不存在两两不相同的 } i_1, \cdots, i_r (r > 1), \text{使得} \\ W^u(\Omega_{i_j}) \cap W^s(\Omega_{i_{j+1}}) \neq \varnothing \\ \qquad\qquad (j = 1, \cdots, r, i_{r+1} = i_1). \end{cases}$$

先介绍两个引理

引理 3.1 设 M 是一个光滑的 Riemann 流形，$\Lambda \subset M$ 是紧致集，$f \in \mathrm{Diff}^r(M)$ 以 Λ 为其双曲不变集，$y \in \Lambda$ 是任意给定的点，$V \subset M$ 是开集. 如果

$$W^s(y) \cap V \neq \varnothing$$

$$(W^u(y) \cap V \neq \varnothing),$$

那么对于充分邻近于 y 的 $q \in \Lambda$ 也有

$$W^s(q) \cap V \neq \varnothing$$

$$(W^u(q) \cap V \neq \varnothing).$$

证明. 由双曲不变集的稳定流形定理(第十六章定理 2.2)，存在 C^r 嵌入圆盘的连续族

$$D^s(x) \subset W^s(x) \quad (x \in \Lambda),$$

满足

$$D^s(x) \cap B(x, \varepsilon) = W^s_\varepsilon(x), \quad \forall x \in \Lambda.$$

于是有

$$W^s(x) = \bigcup_{k \geq 0} f^{-k} W^s_\varepsilon(f^k x)$$

$$\subset \bigcup_{k \geq 0} f^{-k} D^s(f^k x) \subset W^s(x),$$

因而

$$W^s(x) = \bigcup_{k \geq 0} f^{-k} D^s(f^k x).$$

如果

$$v \in W^s(y) \cap V,$$

那么存在 $k \geqslant 0$，使得

$$v \in f^{-k} D^s(f^k y) \cap V.$$

因为 $f^{-k}D^s(f^k x)(x \in \Lambda)$ 也构成 C^r 嵌入的连续族，所以只要 $q \in \Lambda$ 充分接近于 y，在 $f^{-k}D^s(f^k q)$ 上就有一点充分接近于 v，因而

$$f^{-k}D^s(f^k q) \cap V \neq \emptyset,$$

由此即得

$$W^s(q) \cap V \neq \emptyset.$$

（同样可证：如果 $W^u(y) \cap V \neq \emptyset$，$q \in \Lambda$ 充分接近 y，那么

$$W^u(q) \cap V \neq \emptyset.) \quad \square$$

引理 3.2 设M是一个紧致光滑 Riemann 流形，$f \in \mathrm{Diff}^1(M)$ 满足公理 A，Ω_i 是 f 的 Ω 集谱分解中的一个基本集，y，$z \in \Omega_i$，$\zeta > 0$ 是任意给定的实数。则存在 f 的周期点 $p \in \Omega_i$ 和自然数 k，满足

$$d(p, y) < \zeta, \ d(f^k p, z) < \zeta.$$

证明。设从 $x \in \Omega_i$ 出发的轨道在 Ω_i 中稠密，则存在 $m, n \in \mathbf{Z}$，使得

$$d(f^m x, y) < \frac{\zeta}{2}, \ d(f^n x, z) < \frac{\zeta}{2}.$$

又因为周期点在 Ω_i 中稠密，存在 f 的周期点 $p \in \Omega_i$ 满足

$$p \in B\left(f^m x, \ \frac{\zeta}{2}\right) \cap f^{-(n-m)} B\left(f^n x, \ \frac{\zeta}{2}\right).$$

记 $k = n - m$，则

$$d(p, f^m x) < \frac{\zeta}{2}, \ d(f^k p, \ f^n x) < \frac{\zeta}{2}.$$

于是有

$$d(p, y) < \zeta, \ d(f^k p, z) < \zeta.$$

设 p 的周期为 h. 必要时以 $k'=k+lh$（这里 l 是充分大的自然数)来代替 k,可设 $k\in\mathrm{N}$. □

定理 3.3 设 M 是一个紧致光滑 Riemann 流形, $f\in\mathrm{Diff}^1(M)$ 满足公理 A, Ω_i 是 f 的 Ω 集谱分解中的任意一个基本集,则

$$W^s(\Omega_i)\cap W^u(\Omega_i)=\Omega_i.$$

这就是说: 公理 A 微分同胚 f 的谱分解的基本集之中，肯定没有长度为 1 的环.

证明. 设 $v\in W^s(\Omega_i)\cap W^u(\Omega_i)$, 而 V 是 v 的一个开邻域. 由定理 2.3,存在 $y\in\Omega_i$, $z\in\Omega_i$, 使得

$$v\in W^s(y)\cap W^u(z).$$

由引理 3.1 可知,存在 $\zeta>0$, 使得对任意满足

$$d(q,y)<\zeta,\ d(r,z)<\zeta$$

的 q, $r\in\Omega_i$, 我们有

$$W^s(q)\cap V\neq\varnothing,\ W^u(r)\cap V\neq\varnothing.$$

又由引理 3.2 可知,存在 $p\in\mathrm{Per}(f)\cap\Omega_i$ 和 $k\in\mathrm{N}$,使得

$$d(p,y)<\zeta,\ d(f^kp,z)<\zeta.$$

于是

$$W^s(p)\cap V\neq\varnothing,\ W^u(f^kp)\cap V\neq\varnothing.$$

由此可得

$$\varnothing\neq f^{-k}W^u(f^kp)\cap f^{-k}V\subset W^u(p)\cap f^{-k}V.$$

利用第十七章引理 2.9, 类似于该章推论 2.10 中的做法可以证明: 存在自然数 l, 使得

$$f^lV\cap f^{-k}V\neq\varnothing.$$

于是

$$f^{k+l}V\cap V\neq\varnothing.$$

上面的讨论说明 $v\in\Omega$,因而

$$v\in\Omega\cap W^s(\Omega_i)\cap W^u(\Omega_i)=\Omega_i.$$

这样,我们证明了

$$W^s(\Omega_i)\cap W^u(\Omega_i)\subset\Omega_i.$$

相反的包含关系是显然的. □

由于上一定理，我们可以把Ω稳定性定理（第十八章，定理4.1)重述为：

定理 3.4 (Ω 稳定性定理) 设M是一个紧致光滑 Riemann 流形，$f\in \mathrm{Diff}^1(M)$ 满足公理 A，$\Omega_1, \cdots, \Omega_l$ 是 f 的Ω集谱分解中的全体基本集．如果不存在两两不同的 $i_1, \cdots, i_r(r>1)$使

$$W^u(\Omega_{i_j})\cap W^s(\Omega_{i_{j+1}})\neq\varnothing$$
$$(j=1, \cdots, r;\ i_{r+1}=i_1),$$

那么 f 是Ω稳定的．

第二十章　链回归集与 R 稳定性定理

§1　链 回 归 集

定义 1.1(链回归集)　设M是紧致距离空间，$f\in \mathrm{Homeo}(M)$．点 $x\in M$ 称为是 f 的链回归点，如果对任意的 $\varepsilon>0$ 都存在通过 x 点的周期 ε 伪轨．f 的所有链回归点组成的集合称为是 f 的链回归集，记为 $\mathrm{R}(f)$．

以下，我们约定：M是一个紧致距离空间，$f\in \mathrm{Homeo}(M)$．

引理 1.2　$x\in \mathrm{R}(f)$ 的充分必要条件是：对任意 $\delta>0$，在 x 的 δ 球形邻域中有 f 的周期 δ 伪轨通过．

证明．必要性是显然的．我们来证明充分性．对任意 $\varepsilon>0$，取 $0<\delta<\frac{\varepsilon}{3}$ 满足：

$$p,q\in M,\ d(p,q)<\delta\Longrightarrow d(fp,fq)<\frac{\varepsilon}{3}.$$

设 $\{x_i\}_{i=-\infty}^{+\infty}$ 是满足条件 $d(x_0,x)<\delta$ 的周期 δ 伪轨，其周期为 n．我们置

$$x_i'=\begin{cases}x, & \text{如果 } i=kn,\\ x_i, & \text{其他情形}.\end{cases}$$

将证 $\{x_i'\}_{i=-\infty}^{+\infty}$ 是通过 x 点的周期为 n 的 ε 伪轨．分两种情形加以讨论．

<u>情形 1</u>．$n=1$．这时 $x_k=x_0$，$\forall k\in \mathrm{Z}$．我们有

$$d(x_0,x)<\delta<\frac{\varepsilon}{3},$$

$$d(fx_0,x_0)<\delta<\frac{\varepsilon}{3},$$

$$d(fx, fx_0) < \frac{\varepsilon}{3}.$$

因而

$$\begin{aligned} d(fx_0', x_0') &= d(fx, x) \\ &\leqslant d(fx, fx_0) + d(fx_0, x_0) + d(x_0, x) \\ &< \varepsilon. \end{aligned}$$

情形 2. $n > 1$. 这时有

$$d(x_0, x) < \delta < \frac{\varepsilon}{3},$$

$$d(fx, fx_0) < \frac{\varepsilon}{3},$$

$$\begin{aligned} d(fx_0', x_1') &\leqslant d(fx, fx_0) + d(fx_0, x_1) \\ &< \frac{\varepsilon}{3} + \delta < \varepsilon, \end{aligned}$$

$$\begin{aligned} d(fx_{n-1}', x_n') &= d(fx_{n-1}, x) \\ &\leqslant d(fx_{n-1}, x_0) + d(x_0, x) \\ &< \delta + \delta < \varepsilon. \end{aligned}$$

对上述两种情形，我们都证明了：$\{x_i'\}$ 是通过 x 点的周期 ε 伪轨. □

命题 1.3 $R(f)$ 是闭集.

证明. 设 $x \in \overline{R(f)}$. 则在 x 的任意 ε 球形邻域中有 f 的周期 ε 伪轨通过. 由引理 1.2 可知：$x \in R(f)$. □

命题 1.4 $R(f^{-1}) = R(f)$.

证明. 设 $x \in R(f)$，则对任意 $\varepsilon > 0$ 存在通过 x 点的周期 ε 伪轨 $\{x_i\}_{i=-\infty}^{+\infty}$. 置

$$y_i = fx_{(-i-1)},$$

则

$$d(y_0, x) = d(fx_{-1}, x_0) < \varepsilon,$$

$$d(f^{-1}y_i, y_{i+1}) = d(x_{(-i-1)}, fx_{(-i-2)}) < \varepsilon.$$

我们看到：$\{y_i\}_{i=-\infty}^{+\infty}$ 是 f^{-1} 的周期 ε 伪轨并且通过 x 的 ε 球形邻域. 因为 ε 是任意的，由引理 1.2 即得知 $x \in \mathrm{R}(f^{-1})$. 这证明了

$$\mathrm{R}(f) \subset \mathrm{R}(f^{-1}).$$

把 f 换成 f^{-1} 又可得

$$\mathrm{R}(f^{-1}) \subset \mathrm{R}((f^{-1})^{-1}) = \mathrm{R}(f). \qquad \square$$

命题 1.5 $\mathrm{R}(f)$ 是 f 的不变集.

证明. 对任意 $\varepsilon > 0$, 可取 $\delta > 0$, 使得

$$p, q \in M,\ d(p, q) < \delta \Longrightarrow d(fp, fq) < \varepsilon.$$

设 $x \in \mathrm{R}(f)$, 则存在通过 x 点的周期 δ 伪轨 $\{x_i\}_{i=-\infty}^{+\infty}$. 于是 $\{fx_i\}_{i=-\infty}^{+\infty}$ 是通过 fx 点的周期 ε 伪轨:

$$d(fx_i, x_{i+1}) < \delta \Longrightarrow d(f(fx_i), fx_{i+1}) < \varepsilon.$$

这证明了

$$f(\mathrm{R}(f)) \subset \mathrm{R}(f).$$

同样有

$$f^{-1}(\mathrm{R}(f)) = f^{-1}(\mathrm{R}(f^{-1})) \subset \mathrm{R}(f^{-1}) = \mathrm{R}(f).$$

因而

$$f(\mathrm{R}(f)) = \mathrm{R}(f). \qquad \square$$

命题 1.6 $\Omega(f) \subset \mathrm{R}(f)$.

证明. 设 $x \in \Omega(f)$, δ 是任意正数, U 是 x 的 $\frac{\delta}{2}$ 球形邻域. 则存在 $n \in \mathbf{N}$, 使得

$$f^n U \cap U \neq \varnothing.$$

取

$$y \in f^n U \cap U,$$

则以下各点可生成一个周期为 n 的 δ 伪轨

$$y, fy, \cdots, f^{n-1}y.$$

这伪轨通过 x 的 δ 球形邻域. 这样, 我们证明了: $x \in \mathrm{R}(f)$. $\square$

§2 Hausdorff 距离及其应用

对于非游荡集，一般说来 $\Omega(f|\Omega(f))$ 与 $\Omega(f)$ 并不一定相等. 由此产生了不少棘手的问题. 链回归集较之非游荡集更容易处理的原因之一，就在于以下关系总是成立:

$$\mathrm{R}(f|\mathrm{R}(f)) = \mathrm{R}(f).$$

为了证明这一事实，我们要引入 Hausdorff 距离作为工具.

设 (M, d) 是一个紧致距离空间. 由于

$$d: M \times M \to \mathbf{R}$$

是定义于紧致空间 $M \times M$ 上的连续函数，所以存在 $K \in \mathbf{R}$，使得

$$d(x, y) \leqslant K, \ \forall x, y \in M.$$

设 $\mathscr{F}$ 是 M 的所有的非空闭子集组成的集合. 在 $\mathscr{F}$ 上可以引入距离:

$$D(A, B) = \sup_{x \in M} |d(x, A) - d(x, B)| (\leqslant 2K),$$

这里

$$d(x, A) = \inf_{y \in A} d(x, y).$$

容易验证 D 满足关于距离的公理. 我们把这距离称为 Hausdorff 距离.

引理 2.1 Hausdorff 距离可以表示为

$$D(A, B) = \max\{\sup_{a \in A} d(a, B), \sup_{b \in B} d(b, A)\}$$

证明. 我们有

$$\sup_{b \in B} d(b, A) = \sup_{b \in B} |d(b, A) - d(b, B)| \leqslant D(A, B),$$

同样

$$\sup_{a \in A} d(a, B) \leqslant D(A, B),$$

因而

$$\max\{\sup_{a \in A} d(a, B), \sup_{b \in B} d(b, A)\} \leqslant D(A, B).$$

另一方面，对于任意 $x \in M$，$b \in B$，我们有

$$d(x, A) \leqslant d(x, b) + d(b, A).$$

于是

$$\begin{aligned} d(x, A) - d(x, B) &= d(x, A) - \inf_{b \in B} d(x, b) \\ &= \sup_{b \in B} (d(x, A) - d(x, b)) \\ &\leqslant \sup_{b \in B} d(b, A). \end{aligned}$$

同样有

$$d(x, B) - d(x, A) \leqslant \sup_{a \in A} d(a, B).$$

因而

$$\begin{aligned} D(A, B) &= \sup_{x \in M} |d(x, A) - d(x, B)| \\ &\leqslant \max\{\sup_{a \in A} d(a, B), \sup_{b \in B} d(b, A)\}. \qquad \square \end{aligned}$$

引理 2.2 设 $D(A, B) < \tilde{\varepsilon}$，则

(i) 对任意取定的 $a \in A$，存在 $b \in B$，使得 $d(a, b) < \tilde{\varepsilon}$；

(ii) 对任意取定的 $b' \in B$，存在 $a' \in A$，使得 $d(a', b') < \tilde{\varepsilon}$.

反过来，如果 (i) 和 (ii) 成立，则可得

$$D(A, B) \leqslant \tilde{\varepsilon}.$$

证明. 由 $\sup\limits_{a \in A} d(a, B) < \tilde{\varepsilon}$ 可得 (i). 反过来，由 (i) 可得

$$\sup_{a \in A} d(a, B) \leqslant \tilde{\varepsilon}.$$

关于 (ii) 的类似论断可同样证明. $\square$

紧致距离空间 (M, d) 是完备的. 据此，我们可以证明：

定理 2.3 距离空间 $(\mathscr{F}, D)$ 是完备的.

证明. 设 $\{A_n\}$ 是 $(\mathscr{F}, D)$ 中的 Cauchy 序列. 我们将证明

$$\lim_{n \to \infty} A_n = A = \bigcap_{p=1}^{\infty} \overline{\bigcup_{m \geqslant p} A_m}.$$

根据 Cauchy 序列的定义，对于 $0 < \tilde{\varepsilon} < \varepsilon$，存在 $N \in \mathrm{N}$，使得当 $m, n > N$ 时

$$D(A_m, A_n) < \frac{\tilde{\varepsilon}}{2} < \frac{\varepsilon}{2}. \tag{2.1}$$

将证明：当 $n > N$ 时

$$D(A, A_n) \leqslant \tilde{\varepsilon} < \varepsilon.$$

依据引理 2.2，我们分两步进行讨论.

第一步. 先证明对于任意取定的 $n > N$ 和 $b \in A_n$，存在 $a \in A$，使得 $d(a, b) < \tilde{\varepsilon}$.

为此，取

$$n_0 = n < n_1 < \cdots < n_j < n_{j+1} < \cdots,$$

使得当 $m, p > n_j$ 时

$$D(A_m, A_p) < \frac{\tilde{\varepsilon}}{2^{j+1}}.$$

取 $a_0 = b \in A_n = A_{n_0}$. 假定 $a_j \in A_{n_j}$ 已经取定，按照引理 2.2 可以取 $a_{j+1} \in A_{n_{j+1}}$ 满足

$$d(a_{j+1}, a_j) < \frac{\tilde{\varepsilon}}{2^{j+1}}.$$

由距离空间 (M, d) 的完备性，可以断定点列 $\{a_j\}$ 收敛于某点 $a \in M$：

$$\lim_{j \to +\infty} a_j = a$$

并且

$$d(a, b) = d(a, a_0) < \tilde{\varepsilon}.$$

尚须指出 $a \in A$. 事实上，$n_j > p$ 时我们有

$$a_j \in \bigcup_{m \geqslant p} A_m,$$

所以

$$a \in \overline{\bigcup_{m \geqslant p} A_m}, \quad \forall p \in \mathbf{N},$$

即

$$a \in A = \bigcap_{p=1}^{\infty} \overline{\bigcup_{m \geqslant p} A_m}.$$

第二步. 我们指出：对于任意取定的 $n > N$ 和 $a' \in A = \bigcap_{p=1}^{\infty} \overline{\bigcup_{m\geq p} A_m}$，存在 $b' \in A_n$ 满足

$$d(a', b') < \tilde{\varepsilon}.$$

事实上，因为

$$a' \in \overline{\bigcup_{m\geq n} A_m},$$

所以存在 $m \geq n$ 和 $c \in A_m$，满足

$$d(a', c) < \frac{\tilde{\varepsilon}}{2}.$$

注意到 (2.1)，我们断定：对上述 c，存在 $b' \in A_n$，使得

$$d(c, b') < \frac{\tilde{\varepsilon}}{2}.$$

于是

$$d(a', b') \leq d(a', c) + d(c, b') < \tilde{\varepsilon}.$$

通过上述两步骤，我们已经证明了当 $n > N$ 时

$$D(A, A_n) \leq \tilde{\varepsilon} < \varepsilon. \qquad \square$$

定理 2.4 距离空间 $(\mathscr{F}, D)$ 是紧致的.

证明. 对任意 $A \in \mathscr{F}$，我们定义一个连续映射

$$j(A):\ M \to \mathbf{R}$$
$$x \longmapsto d(x, A).$$

这样，我们把 $\mathscr{F}$ 嵌入到 $C^0(M, \mathbb{R})$ 之中

$$j:\ \mathscr{F} \to C^0(M, \mathbb{R})$$
$$A \longmapsto j(A).$$

容易看出，这嵌入是等距的:

$$\begin{aligned}\|j(A) - j(B)\| &= \sup_{x\in M} |j(A)(x) - j(B)(x)| \\ &= \sup_{x\in M} |d(x, A) - d(x, B)| \\ &= D(A, B).\end{aligned} \tag{2.2}$$

因为 $\mathscr{F}$ 是完备的，所以 $j(\mathscr{F}) \subset C^0(M, \mathbb{R})$ 也是完备的，因而是

闭的．又，我们有

$$|j(A)(x)| = d(x, A) \leqslant K,$$
$$|j(A)(x) - j(A)(y)| \leqslant d(x, y),$$
$$\forall A \in \mathscr{F},\ x, y \in M.$$

即 $j(\mathscr{F}) \subset C^0(M, \mathbf{R})$ 是一致有界并且等度连续的函数族．由 Arzela-Ascoli 定理，我们断定 $j(\mathscr{F})$ 是 $C^0(M, \mathbf{R})$ 中的紧致集．再利用等距性 (2.2)，即可断定 $(\mathscr{F}, D)$ 是紧致空间．□

做好了上述准备工作之后，我们来证明本节的主要定理．

定理 2.5 设 M 是紧致度量空间，$f \in \mathrm{Homeo}(M)$，则

$$\mathrm{R}(f|\mathrm{R}(f)) = \mathrm{R}(f).$$

证明．只须证明 $\mathrm{R}(f) \subset \mathrm{R}(f|\mathrm{R}(f))$（相反的包含式是显然的）．任给 $x \in \mathrm{R}(f)$ 和 $n \in \mathbf{N}$，存在过 x 点的周期的 $\frac{1}{n}$ 伪轨 C_n．显然 C_n 是非空闭集．即 $\{C_n\}_{n=1}^{+\infty} \subset \mathscr{F}$．由定理 2.4 和定理 2.3，存在 $\{C_n\}$ 的子序列 $\{C_{n_j}\}$ 收敛于非空闭集

$$C = \bigcap_{k=1}^{\infty} \overline{\bigcup_{j>k} C_{n_j}} \in \mathscr{F},$$

即

$$\lim_{j \to +\infty} D(C_{n_j}, C) = 0.$$

显然 $x \in C$.

我们来证明 $C \subset \mathrm{R}(f|C)$．由 f 在 M 上的一致连续性可知，对任意 $\varepsilon > 0$，存在 $0 < \delta < \frac{\varepsilon}{3}$，满足

$$p, q \in M,\ d(p, q) < \delta \Longrightarrow d(fp, fq) < \frac{\varepsilon}{3}.$$

取 n_{j_0} 充分大，使得

$$D(C_{n_{j_0}}, C) < \delta.$$

设 $C_{n_{j_0}} = \{x_i\}_{i=-\infty}^{+\infty}$ 的周期为 m．取 $z_i \in C$，使得

$$d(z_i, x_i) < \delta,\ i = 0, 1, \cdots, m-1.$$

我们看到,由 $\{z_0, z_1, \cdots, z_{m-1}\}$ 生成一个周期为 m 的 ε 伪轨:

$$d(fz_i, z_{i+1}) \leqslant d(fz_i, fx_i) + d(fx_i, x_{i+1}) + d(x_{i+1}, z_{i+1}) < \varepsilon.$$

对任意 $y \in C$, 由引理 2.2 可知,存在 $x' \in C_{n_{j0}}$ 满足

$$d(x', y) < \delta < \frac{\varepsilon}{3}.$$

相应地有 $z' \in \{z_i\}$ 满足

$$d(z', y) \leqslant d(z', x') + d(x', y) < \varepsilon.$$

在 y 的任意 ε 球形邻域中, 有 f 在 C 中的周期 ε 伪轨通过, 因而 $y \in \mathrm{R}(f|C)$. 这证明了

$$C \subset R(f|C) \subset \mathrm{R}(f).$$

特别地, x 的任意 ε 球形邻域中, 有 f 在 $C \subset \mathrm{R}(f)$ 中的周期 ε 伪轨通过,因而

$$x \in \mathrm{R}(f|\mathrm{R}(f)).$$

我们证明了

$$\mathrm{R}(f) \subset \mathrm{R}(f|\mathrm{R}(f)). \qquad \square$$

§ 3 R稳定性定理

以下假设M是一个紧致光滑的 Riemann 流形,$f \in \mathrm{Diff}^1(M)$.

将证: f 在 $\mathrm{R}(f)$ 上具有双曲构造的充分必要条件是它满足公理A和无环条件. 首先, 我们证明: 如果 $\mathrm{R}(f)$ 具有双曲构造, 那么

$$\overline{\mathrm{Per}(f)} = \Omega(f) = \mathrm{R}(f).$$

为此,需要推广以前的可扩性定理和伪轨跟踪定理(第十四章, 定理 2.5 和第十九章,定理 1.3).

定理 3.1 (推广的可扩性定理) 设 f 在紧致不变集 $\Lambda \subset M$ 上有双曲构造. 则存在 $\eta > 0$ 和 $\sigma > 0$, 使得只要

$$x, y \in V = \overline{\mathrm{B}(\Lambda, \eta)} = \{p \in M \,|\, d(p, \Lambda) \leqslant \eta\}$$

满足

$$f^n x, f^n y \in V, \ d(f^n x, f^n y) < \sigma,$$
$$\forall n \in \mathbf{Z},$$

就必定有：$x = y$.

证明. 取Λ的邻域U满足第十五章定理 2.3 的要求. 然后取$\eta > 0$充分小，使得

$$V = \overline{B(\Lambda, \eta)} \subset U.$$

于是，

$$\Delta = \bigcap_{n \in \mathbf{Z}} f^{-n} V$$

是f在V中的极大双曲集. 我们取σ为$f|\Delta$的可扩常数. 易见这样选取的$\eta > 0$和$\sigma > 0$满足定理的要求.

定理 3.2(推广的伪轨跟踪定理) 如果f在紧致不变集$\Lambda \subset M$上有双曲构造，那么对充分小的$\beta > 0$，存在$0 < \alpha < \beta$，使得Λ中的任意α伪轨有$V = \overline{B(\Lambda, \eta)}$中的轨道$\beta$跟踪它.

证明. 首先选取$\eta > 0$和$V = \overline{B(\Lambda, \eta)}$如上面定理证明中所述. 将证：对于充分小的 $0 < \beta < \eta$，可以确定 α，使得Λ中任意的α伪轨有V中的轨道β跟踪.

记$\mathbf{Z} = \mathbf{Z}$，并赋予它离散的拓扑. 定义$\mathbf{Z}$中的移位映射ω如下：

$$\omega: \mathbf{Z} \to \mathbf{Z}$$
$$i \longmapsto i + 1.$$

对于Λ中的α伪轨$\{x_i\}$，我们定义一个映射

$$\theta: \mathbf{Z} \to \Lambda$$
$$i \longmapsto x_i.$$

于是

$$d(f \circ \theta(i), \theta \circ \omega(i)) = d(f(\theta(i)), \theta(i+1))$$
$$= d(f x_i, x_{i+1}) < \alpha,$$
$$\forall i \in \mathbf{Z}.$$

考虑 Z 上的向量丛 $E=\theta^*(T_\Lambda M)$ 和 E 的有界截面空间 $\Gamma^b(E)$. 易验证: $\Gamma^b(E)$ 是一个 Banach 空间.

对于充分小的 $0<\rho<\eta$, 我们定义一个保持纤维的映射:

$$\Phi:\ E(\rho)\to E$$

$$\xi_{\theta(i)}\longmapsto \exp_{\theta(i+1)}^{-1}\circ f\circ \exp_{\theta(i)}\xi_{\theta(i)}.$$

因为 $|\xi_{\theta(i)}|\leqslant\rho$ 充分小, 所以 $\exp_{\theta(i)}\xi_{\theta(i)}$ 与 $\theta(i)$ 充分接近. 于是 $f\circ\exp_{\theta(i)}\xi_{\theta(i)}$ 与 $f\circ\theta(i)$ 充分接近, 因而与 $\theta(i+1)$ 充分接近(只要 α 充分小). 这说明 Φ 的定义是合理的. 再考察截面空间的映射

$$\tilde{\Phi}:\ \Gamma^b(E(\rho))\to\Gamma^b(E)$$

$$\sigma\longmapsto\Phi\circ\sigma\circ\omega^{-1}.$$

根据 Palais 引理(第十三章, 定理 2.2),

$$D\tilde{\Phi}(\tilde{0})\tau=(\widetilde{D}\Phi)_{\tilde{0}\circ\omega^{-1}}\circ\tau\circ\omega^{-1}$$

$$=Tf\circ\tau\circ\omega^{-1}.$$

容易看到 $A=D\tilde{\Phi}(\tilde{0}):\Gamma^b(E)\to\Gamma^b(E)$ 是一个双曲线性映射, 并且

$$A\ 的斜度\leqslant Tf|\Lambda\ 的斜度\leqslant\nu<1.$$

类似于第十五章引理 3.5 和引理 3.6 的讨论可以证明: 对于任意给定的 $\varepsilon'>0$, 存在 $0<\beta<\rho$, 使得在 $\Gamma^b(E(\beta))$ 上, $\tilde{\Phi}$ 表示为:

$$\tilde{\Phi}=A+\varphi,$$

这里 $\varphi:\Gamma^b(E(\beta))\to\Gamma^b(E)$ 满足

$$\mathrm{Lip}(\varphi)\leqslant\varepsilon'.$$

根据第十五章推论 3.3, 可以确定适当的常数

$$0<b\leqslant B,$$

$$0<\varepsilon'=\frac{b}{B}\varepsilon<\frac{b}{B}(1-\nu)$$

和

$$0<\mu=\nu+\varepsilon<1,$$

使得只要

$$|\tilde{\Phi}(\tilde{0})|=\sup_{i\in\mathbf{Z}}|\exp_{\theta(i)}^{-1}f\theta(i-1)|$$

$$=\sup_{i\in\mathbf{Z}}d(fx_{i-1},x_i)$$

$$\leqslant \alpha < \frac{b^2}{B^2}(1-\mu)\beta,$$

就能断定 $\tilde{\Phi}$ 在 $\Gamma^b(E(\beta))$ 中有唯一不动点，这不动点 γ 满足

$$|\gamma| \leqslant \frac{1}{1-\mu}\frac{B}{b}|\tilde{\Phi}(\tilde{0})| < \beta.$$

由 $\tilde{\Phi}$ 的定义，我们得到

$$\gamma(i) = \exp_{\theta(i)}^{-1} \circ f \circ \exp_{\theta(i-1)} \gamma(i-1),$$
$$\forall i \in Z.$$

即

$$\exp_{x_i}\gamma(i) = f\exp_{x_{i-1}}\gamma(i-1),$$
$$\forall i \in Z.$$

记

$$y_i = \exp_{x_i}\gamma(i), \ \forall i \in Z.$$

则有

$$y_i = fy_{i-1}, \ \forall i \in Z$$

和

$$d(y_i, x_i) = d(\exp_{x_i}^{-1}\gamma(i), x_i)$$
$$= |\gamma(i)| < \beta.$$

这证明了 $\{y_i\} = \{f^i y_0\}$ 是 β 跟踪 $\{x_i\}$ 的轨道. □

定理 3.3 如果 f 在 $R(f)$ 上具有双曲构造，那么

$$\overline{\mathrm{Per}(f)} = \Omega(f) = R(f),$$

因而 f 满足公理 A.

证明. 对于 $\Lambda = R(f)$，可以确定 $V \supset \Lambda$ 和 $\sigma > 0$ 如定理 3.1 所述. 对于充分小的

$$0 < \beta < \frac{\sigma}{2},$$

又可确定 $0 < \alpha < \beta$，使得 $\Lambda = R(f)$ 中的任意 α 伪轨都有 V 中的轨道 β 跟踪(定理 3.2). 对任意的 $x \in R(f) = R(f|R(f))$，存在过 x 点的周期 α 伪轨 $\{x_i\} \subset R(f)$，设其周期为 m. 又设过 y 点的轨道 $\{f^i y\}$ β 跟踪 $\{x_i\}$.

则有

$$d(f^i f^m y, f^i y) \leqslant d(f^{i+m} y, x_{i+m}) + d(x_i, f^i y)$$
$$\leqslant 2\beta < \sigma, \ \forall i \in \mathbf{Z}.$$

因而

$$f^m y = y,$$

即

$$y \in \mathrm{Per}(f).$$

在上面的讨论中，可取 β 任意小. 而对于任意取定的 $x \in \mathrm{R}(f)$ 和任意小的 $\beta > 0$，都存在 $y \in \mathrm{Per}(f)$ 满足

$$d(x, y) < \beta.$$

这证明了

$$\overline{\mathrm{Per}(f)} = \mathrm{R}(f). \quad \square$$

定理 3.4 如果 f 在 $\mathrm{R}(f)$ 上具有双曲构造，那么 $\Omega(f) = \mathrm{R}(f)$ 满足无环条件.

证明. 假设存在 $\Omega(f) = \mathrm{R}(f)$ 的基本集的环:

$$\Omega_1 \succ \Omega_2 \succ \cdots \succ \Omega_r \succ \Omega_{r+1} = \Omega_1,$$

则存在

$$q_i \in W^u(\Omega_i) \cap W^s(\Omega_{i+1}) \quad (i = 1, \cdots, r). \tag{3.1}$$

于是，对于任意的 $\varepsilon > 0$，存在充分大的自然数 m，使得

$$d(f^{-m} q_i, \Omega_i) < \frac{\varepsilon}{2}, \ d(f^m q_i, \Omega_{i+1}) < \frac{\varepsilon}{2},$$

$$i = 1, \cdots, r.$$

又由第十九章引理 3.2 可知，存在 $p_i \in \Omega_i$ 和 $k_i \in \mathrm{N}$ 满足

$$d(p_1, f^m q_r) < \varepsilon,$$
$$d(p_i, f^m q_{i-1}) < \varepsilon, \ i = 2, \cdots, r,$$

和

$$d(f^{k_i} p_i, f^{-m} q_i) < \varepsilon, \ i = 1, \cdots, r.$$

于是，以下有限点列生成一个周期 ε 伪轨:

$$p_1, \cdots, f^{k_1} p_1; f^{-m} q_1, \cdots, q_1, \cdots, f^m q_1;$$

$$p_2, \cdots, f^{k_2}p_2; f^{-m}q_2, \cdots, q_2, \cdots, f^m q_2;$$
$$\cdots \quad \cdots \quad \cdots \quad \cdots;$$
$$p_r, \cdots, f^{k_r}p_r; f^{-m}q_r, \cdots, q_r, \cdots, f^m q_r.$$

我们证明了：对任意 $\varepsilon > 0$，都存在过 q_i 点的周期 ε 伪轨，即 $q_i \in \mathrm{R}(f) = \Omega(f)$，这里 $i = 1, \cdots, r$. 但这与 q_i 的选取方式相矛盾(对照 (3.1)). □

推论 3.5 如果 f 在 $\mathrm{R}(f)$ 上具有双曲构造，那么 f 满足公理 A 和无环条件，因而 f 是 Ω 稳定的.

类似于第十八章命题 2.4，我们可以证明以下事实.

命题 3.6 设 M 具有关于 f 的滤子

$$\mathscr{M}: \varnothing = M_0 \subset M_1 \subset \cdots \subset M_l = M.$$

则有

(i) 如果 $x \in M \backslash M_{\alpha-1}$ 并且存在 $k \in \mathbf{N}$，使得 $f^k x \in M_{\alpha-1}$，那么 $x \notin \mathrm{R}(f)$;

(ii) 如果 $y \in M_\alpha$ 并且存在 $m \in \mathbf{N}$，使得 $f^{-m} y \in M \backslash M_\alpha$，那么 $y \notin \mathrm{R}(f)$;

(iii) f 的链回归集 $R = \mathrm{R}(f)$ 分解为两两不相交的集合之并：

$$R = \bigcup_{\alpha=1}^{l} R_\alpha,$$

这里

$$R_\alpha = R \cap (M_\alpha \backslash M_{\alpha-1}) \subset M_\alpha \backslash M_{\alpha-1}$$

是 f 的不变集，因而

$$R_\alpha \subset \bigcap_{k \in \mathbf{Z}} f^k(M_\alpha \backslash M_{\alpha-1}) = K_\alpha^l(\mathscr{M}),$$

$$R_\alpha = R \cap K_\alpha^l(\mathscr{M}).$$

证明. (i) 我们有

$$f(M_{\alpha-1}) \subset \mathrm{int} M_{\alpha-1},$$

可以选取 β 满足

$$0 < \beta < d(M \backslash \mathrm{int} M_{\alpha-1}, f(M_{\alpha-1})).$$

对于这样的β和$N = k + 1$，依据第十九章的引理 1.2 可以确定$0 < \alpha < \beta$，使得M中的任意α伪轨$\{x_i\}_{i=0}^N$都可以被轨道$\{f^i x_0\}_{i=0}^N$所β跟踪．据此，我们将证明：从x出发的任何α伪轨$\{x_i\}_{i=-\infty}^{+\infty}$ ($x_0 = x$) 都不可能是周期的．事实上，我们有

$$f^{k+1}x \in f(M_{\alpha-1}),$$

$$d(f^{k+1}x, x_{k+1}) < \beta < d(M \backslash \mathrm{int} M_{\alpha-1}, f(M_{\alpha-1})).$$

由此可得

$$x_{k+1} \in \mathrm{int} M_{\alpha-1} \subset M_{\alpha-1}.$$

从

$$x_{k+i} \in M_{\alpha-1}, \ f x_{k+i} \in f(M_{\alpha-1}),$$

$$d(f x_{k+i}, x_{k+i+1}) < \alpha < \beta,$$

又可得到

$$x_{k+i+1} \in \mathrm{int} M_{\alpha-1} \subset M_{\alpha-1}.$$

我们证明了

$$x_n \in \mathrm{int} M_{\alpha-1} \subset M_{\alpha-1}, \ \forall n > k.$$

这说明了$\{x_i\}_{i=-\infty}^{+\infty}$ ($x_0 = x$) 不可能是周期的α伪轨．

(ii) 我们有

$$z = f^{-m} y \in M \backslash M_\alpha,$$

$$f^m z = y \in M_\alpha.$$

由 (i) 可知$z \notin \mathrm{R}(f)$，因而$y \notin \mathrm{R}(f)$．

(iii) 如果

$$x \in R_\alpha = R \cap (M_\alpha \backslash M_{\alpha-1}),$$

那么由 (i)，(ii) 和R的不变性可得

$$f^k x \in R \cap (M_\alpha \backslash M_{\alpha-1}), \ \forall k \in \mathbf{Z}.$$

这说明了

$$R_\alpha = R \cap (M_\alpha \backslash M_{\alpha-1}) \subset M_\alpha \backslash M_{\alpha-1}$$

是f的不变集，因而

$$R_\alpha \subset \bigcap_{k \in \mathbf{Z}} f^k (M_\alpha \backslash M_{\alpha-1}) = K_\alpha^f(\mathscr{M}),$$

$$R_\alpha = R \cap K_\alpha^f(\mathscr{M}). \quad \square$$

定理 3.7 如果 f 满足公理 A 和无环条件，那么 $\mathrm{R}(f) = \Omega(f)$.

证明. 设 $\Omega = \Omega(f)$ 分解为基本集的并集：

$$\Omega = \Omega_1 \cup \Omega_2 \cup \cdots \cup \Omega_l.$$

依据第十八章定理 3.17，可以断定存在滤子

$$\mathscr{M}: \varnothing = M_0 \subset M_1 \subset \cdots \subset M_l = M,$$

满足

$$\Omega_i = K_i^f(\mathscr{M}) = \bigcap_{k \in \mathbf{Z}} f^k(M_i \backslash M_{i-1}).$$

于是

$$\begin{aligned} \Omega_i &= \Omega \cap K_i^f(\mathscr{M}) \\ &\subset R \cap K_i^f(\mathscr{M}) \\ &= R_i \subset K_i^f(\mathscr{M}) = \Omega_i, \end{aligned}$$

$$R_i = \Omega_i \ (i = 1, \cdots, l),$$

因而

$$R = \bigcup_{i=1}^{l} R_i = \bigcap_{i=1}^{l} \Omega_i = \Omega. \quad \square$$

推论 3.8 $\mathrm{R}(f)$ 具有双曲构造的充分必要条件是：f 满足公理 A 和无环条件.

定义 3.9 $f, g \in \mathrm{Homeo}(M)$ 称为是 R 共轭的，如果存在同胚

$$h: \mathrm{R}(f) \to \mathrm{R}(g),$$

使得

$$h \circ f | \mathrm{R}(f) = g \circ h,$$

即以下图表可交换：

$$\begin{array}{ccc} \mathrm{R}(f) & \xrightarrow{f} & \mathrm{R}(f) \\ h\downarrow & & \downarrow h \\ \mathrm{R}(g) & \xrightarrow{g} & \mathrm{R}(g) \end{array}$$

定义 3.10 设 $f \in \mathrm{Diff}^1(M)$. 如果任何在 C^1 意义下充分邻近

f 的 g 都与 f 彼此 R 共轭，则称 f 是 R 稳定的.

定理 3.11 (R 稳定性定理) 设 $f \in \mathrm{Diff}^1(M)$. 如果 $R(f)$ 具有双曲结构，那么 f 是 R 稳定的.

证明. 由推论 3.8 可知 f 满足公理 A 和无环条件，因而是 Ω 稳定的. 又由定理 3.7 可知 $R(f) = \Omega(f)$. 因为满足公理 A 和无环条件的微分同胚组成 $\mathrm{Diff}^1(M)$ 中的一个开集（第十八章推论 4.2），所以对于任何在 C^1 意义下充分接近 f 的 g 也有 $R(g) = \Omega(g)$. 于是，R 稳定性成为 Ω 稳定性的推论. □

参 考 文 献

[1] Z. Nitecki, Differentiable dynamics, M. I. T. Press, 1971.

[2] M. Irwin, Smooth dynamical systems, Academic Press, 1980.

[3] J. Palis and W. Melo, Geometric theory of dynamical systems, An introduction, Springer-Verlag, 1982.

[4] 张芷芬等,微分方程定性理论,科学出版社,1985.

[5] M. Peixoto, Structural stability on two-dimensional manifolds, *Topology*, **1** (1962), pp. 101—120.

[6] S. Smale, The mathematics of time, Springer-Verlag, 1980.

[7] 廖山涛，常微系统的结构稳定性及一些相关的问题，计算机应用与应用数学，**1978**、7，pp. 52—64.

[8] G. Naber, Topological metheods in Euclidean spaces, Cambridge University Press, 1980.

[9] W. Boothby, An introduction to differentiable manifolds and Riemannian geometry, Academic Press, 1975.

[10] A. N. Sarkoyskii, Coexistence of cycle of a continu.us map of a line into itself, *Ukr. Mat. Z.*, **16** (1964), pp. 61—71.

[11] P. Stefan, A theorem of Sarkovskii on the existence of periodic orbits of continuous endomorphisms of the real line, *Comm. Math. Phys.*, **54** (1977), pp. 237—248.

[12] L. Block, J. Guckenheimer, M. Misiurewicz and L. S. Young, Peoriodic points and topological entropy of one dimensional maps, Lecture Notes in Math., 819, Springer-Verlag, 1980.

[13] T. Y. Li and J. Yorke, Period three implies chaos, *Amer. Math. Monthly*, **82** (1975), pp. 985—992.

[14] M. Shub, Endomorphisms of compact differentiable manifolds, *Amer. J. Math.*, **91** (1969), pp. 175—199.

[15] M. Schechter, Principles of functional analysis, Academic Press, 1971.

[16] F. Riesz and B. Sz.-Nagy, Lecons d'analyse fonctionnelle, Budapest, 1965. (中译本：庄万等译，泛函分析讲义，第二卷，科学出版社，1983.)

[17] C. Pugh, On a theorem of P. Hartman, *Amer. J. Math.*, **91**(1969), pp. 363—367.

[18] J. Hocking and G. Young, Topology, Addison-Wesley, 1961.

[19] N. Steenrod, Topology of fibre bundles, Princeton University Press, 1951.

[20] D. Husemoller, Fibre bundles, McGraw-Hill, 1966.

[21] J. Dugundji, Topology, Allyn and Bacon, 1966.

[22] J. Eells, Fibre Bundles, In: Global Analysis and its Applications, Vol. I, International Atomic Energy Agency, 1974.

[23] Liao Shantao (廖山涛), On the stability conjecture, *Chin. Ann. of Math.*, **1** (1980), pp. 9—30.
[24] J. Palis, On Morse-Smale dynamical systems, *Topology*, **8** (1969), pp. 385—405.
[25] J. Palis, A note on Ω-stability, In: Global Analysis, Proc. Symp. in Pure Math., Vol. XIV, Amer. Math. Soc., 1970.

《现代数学基础丛书》已出版书目

1 数理逻辑基础(上册) 1981.1 胡世华 陆钟万 著
2 数理逻辑基础(下册) 1982.8 胡世华 陆钟万 著
3 紧黎曼曲面引论 1981.3 伍鸿熙 吕以辇 陈志华 著
4 组合论(上册) 1981.10 柯 召 魏万迪 著
5 组合论(下册) 1987.12 魏万迪 著
6 数理统计引论 1981.11 陈希孺 著
7 多元统计分析引论 1982.6 张尧庭 方开泰 著
8 有限群构造(上册) 1982.11 张远达 著
9 有限群构造(下册) 1982.12 张远达 著
10 测度论基础 1983.9 朱成熹 著
11 分析概率论 1984.4 胡迪鹤 著
12 微分方程定性理论 1985.5 张芷芬 丁同仁 黄文灶 董镇喜 著
13 傅里叶积分算子理论及其应用 1985.9 仇庆久 陈恕行 是嘉鸿 刘景麟 蒋鲁敏 编
14 辛几何引论 1986.3 J.柯歇尔 邹异明 著
15 概率论基础和随机过程 1986.6 王寿仁 编著
16 算子代数 1986.6 李炳仁 著
17 线性偏微分算子引论(上册) 1986.8 齐民友 编著
18 线性偏微分算子引论(下册) 1992.1 齐民友 徐超江 编著
19 实用微分几何引论 1986.11 苏步青 华宣积 忻元龙 著
20 微分动力系统原理 1987.2 张筑生 著
21 线性代数群表示导论(上册) 1987.2 曹锡华 王建磐 著
22 模型论基础 1987.8 王世强 著
23 递归论 1987.11 莫绍揆 著
24 拟共形映射及其在黎曼曲面论中的应用 1988.1 李 忠 著
25 代数体函数与常微分方程 1988.2 何育赞 萧修治 著
26 同调代数 1988.2 周伯壎 著
27 近代调和分析方法及其应用 1988.6 韩永生 著
28 带有时滞的动力系统的稳定性 1989.10 秦元勋 刘永清 王 联 郑祖庥 著
29 代数拓扑与示性类 1989.11 [丹麦] I.马德森 著
30 非线性发展方程 1989.12 李大潜 陈韵梅 著

31 仿微分算子引论 1990.2 陈恕行 仇庆久 李成章 编
32 公理集合论导引 1991.1 张锦文 著
33 解析数论基础 1991.2 潘承洞 潘承彪 著
34 二阶椭圆型方程与椭圆型方程组 1991.4 陈亚浙 吴兰成 著
35 黎曼曲面 1991.4 吕以辇 张学莲 著
36 复变函数逼近论 1992.3 沈燮昌 著
37 Banach 代数 1992.11 李炳仁 著
38 随机点过程及其应用 1992.12 邓永录 梁之舜 著
39 丢番图逼近引论 1993.4 朱尧辰 王连祥 著
40 线性整数规划的数学基础 1995.2 马仲蕃 著
41 单复变函数论中的几个论题 1995.8 庄圻泰 杨重骏 何育赞 闻国椿 著
42 复解析动力系统 1995.10 吕以辇 著
43 组合矩阵论(第二版) 2005.1 柳柏濂 著
44 Banach 空间中的非线性逼近理论 1997.5 徐士英 李 冲 杨文善 著
45 实分析导论 1998.2 丁传松 李秉彝 布 伦 著
46 对称性分岔理论基础 1998.3 唐 云 著
47 Gel'fond-Baker 方法在丢番图方程中的应用 1998.10 乐茂华 著
48 随机模型的密度演化方法 1999.6 史定华 著
49 非线性偏微分复方程 1999.6 闻国椿 著
50 复合算子理论 1999.8 徐宪民 著
51 离散鞅及其应用 1999.9 史及民 编著
52 惯性流形与近似惯性流形 2000.1 戴正德 郭柏灵 著
53 数学规划导论 2000.6 徐增堃 著
54 拓扑空间中的反例 2000.6 汪 林 杨富春 编著
55 序半群引论 2001.1 谢祥云 著
56 动力系统的定性与分支理论 2001.2 罗定军 张 祥 董梅芳 著
57 随机分析学基础(第二版) 2001.3 黄志远 著
58 非线性动力系统分析引论 2001.9 盛昭瀚 马军海 著
59 高斯过程的样本轨道性质 2001.11 林正炎 陆传荣 张立新 著
60 光滑映射的奇点理论 2002.1 李养成 著
61 动力系统的周期解与分支理论 2002.4 韩茂安 著
62 神经动力学模型方法和应用 2002.4 阮 炯 顾凡及 蔡志杰 编著
63 同调论—— 代数拓扑之一 2002.7 沈信耀 著
64 金兹堡-朗道方程 2002.8 郭柏灵 黄海洋 蒋慕容 著

65 排队论基础 2002.10 孙荣恒 李建平 著
66 算子代数上线性映射引论 2002.12 侯晋川 崔建莲 著
67 微分方法中的变分方法 2003.2 陆文端 著
68 周期小波及其应用 2003.3 彭思龙 李登峰 谌秋辉 著
69 集值分析 2003.8 李 雷 吴从炘 著
70 强偏差定理与分析方法 2003.8 刘 文 著
71 椭圆与抛物型方程引论 2003.9 伍卓群 尹景学 王春朋 著
72 有限典型群子空间轨道生成的格(第二版) 2003.10 万哲先 霍元极 著
73 调和分析及其在偏微分方程中的应用(第二版) 2004.3 苗长兴 著
74 稳定性和单纯性理论 2004.6 史念东 著
75 发展方程数值计算方法 2004.6 黄明游 编著
76 传染病动力学的数学建模与研究 2004.8 马知恩 周义仓 王稳地 靳 祯 著
77 模李超代数 2004.9 张永正 刘文德 著
78 巴拿赫空间中算子广义逆理论及其应用 2005.1 王玉文 著
79 巴拿赫空间结构和算子理想 2005.3 钟怀杰 著
80 脉冲微分系统引论 2005.3 傅希林 闫宝强 刘衍胜 著
81 代数学中的 Frobenius 结构 2005.7 汪明义 著
82 生存数据统计分析 2005.12 王启华 著
83 数理逻辑引论与归结原理(第二版) 2006.3 王国俊 著
84 数据包络分析 2006.3 魏权龄 著
85 代数群引论 2006.9 黎景辉 陈志杰 赵春来 著
86 矩阵结合方案 2006.9 王仰贤 霍元极 麻常利 著
87 椭圆曲线公钥密码导引 2006.10 祝跃飞 张亚娟 著
88 椭圆与超椭圆曲线公钥密码的理论与实现 2006.12 王学理 裴定一 著
89 散乱数据拟合的模型、方法和理论 2007.1 吴宗敏 著
90 非线性演化方程的稳定性与分歧 2007.4 马 天 汪宁宏 著
91 正规族理论及其应用 2007.4 顾永兴 庞学诚 方明亮 著
92 组合网络理论 2007.5 徐俊明 著
93 矩阵的半张量积:理论与应用 2007.5 程代展 齐洪胜 著
94 鞅与 Banach 空间几何学 2007.5 刘培德 著
95 非线性常微分方程边值问题 2007.6 葛渭高 著
96 戴维-斯特瓦尔松方程 2007.5 戴正德 蒋慕蓉 李栋龙 著
97 广义哈密顿系统理论及其应用 2007.7 李继彬 赵晓华 刘正荣 著
98 Adams 谱序列和球面稳定同伦群 2007.7 林金坤 著

99 矩阵理论及其应用 2007.8 陈公宁 编著
100 集值随机过程引论 2007.8 张文修 李寿梅 汪振鹏 高 勇 著
101 偏微分方程的调和分析方法 2008.1 苗长兴 张 波 著
102 拓扑动力系统概论 2008.1 叶向东 黄 文 邵 松 著
103 线性微分方程的非线性扰动(第二版) 2008.3 徐登洲 马如云 著
104 数组合地图论(第二版) 2008.3 刘彦佩 著
105 半群的 S-系理论(第二版) 2008.3 刘仲奎 乔虎生 著
106 巴拿赫空间引论(第二版) 2008.4 定光桂 著
107 拓扑空间论(第二版) 2008.4 高国士 著
108 非经典数理逻辑与近似推理(第二版) 2008.5 王国俊 著
109 非参数蒙特卡罗检验及其应用 2008.8 朱力行 许王莉 著
110 Camassa-Holm 方程 2008.8 郭柏灵 田立新 杨灵娥 殷朝阳 著
111 环与代数(第二版) 2009.1 刘绍学 郭晋云 朱 彬 韩 阳 著
112 泛函微分方程的相空间理论及应用 2009.4 王 克 范 猛 著
113 概率论基础(第二版) 2009.8 严士健 王隽骧 刘秀芳 著
114 自相似集的结构 2010.1 周作领 瞿成勤 朱智伟 著
115 现代统计研究基础 2010.3 王启华 史宁中 耿 直 主编
116 图的可嵌入性理论(第二版) 2010.3 刘彦佩 著
117 非线性波动方程的现代方法(第二版) 2010.4 苗长兴 著
118 算子代数与非交换 L_p 空间引论 2010.5 许全华 吐尔德别克 陈泽乾 著
119 非线性椭圆型方程 2010.7 王明新 著
120 流形拓扑学 2010.8 马 天 著
121 局部域上的调和分析与分形分析及其应用 2011.4 苏维宜 著
122 Zakharov 方程及其孤立波解 2011.6 郭柏灵 甘在会 张景军 著
123 反应扩散方程引论(第二版) 2011.9 叶其孝 李正元 王明新 吴雅萍 著
124 代数模型论引论 2011.10 史念东 著
125 拓扑动力系统——从拓扑方法到遍历理论方法 2011.12 周作领 尹建东 许绍元 著
126 Littlewood-Paley 理论及其在流体动力学方程中的应用 2012.3 苗长兴 吴家宏 章志飞 著
127 有约束条件的统计推断及其应用 2012.3 王金德 著
128 混沌、Mel′nikov 方法及新发展 2012.6 李继彬 陈凤娟 著
129 现代统计模型 2012.6 薛留根 著
130 金融数学引论 2012.7 严加安 著
131 零过多数据的统计分析及其应用 2013.1 解锋昌 韦博成 林金官 著

132　分形分析引论　2013.6　胡家信　著
133　索伯列夫空间导论　2013.8　陈国旺　编著
134　广义估计方程估计方程　2013.8　周　勇　著
135　统计质量控制图理论与方法　2013.8　王兆军　邹长亮　李忠华　著
136　有限群初步　2014.1　徐明曜　著
137　拓扑群引论(第二版)　2014.3　黎景辉　冯绪宁　著
138　现代非参数统计　2015.1　薛留根　著